铸就高情商之路

陈国鹏 ◎ 主编

华东师范大学出版社

图书在版编目(CIP)数据

铸就高情商之路/陈国鹏主编.—上海:华东师范大学出版社,2016.4
(明心书坊)
ISBN 978-7-5675-5077-3

Ⅰ.①铸… Ⅱ.①陈… Ⅲ.①情商-通俗读物
Ⅳ.①B842.6-49

中国版本图书馆 CIP 数据核字(2016)第 082024 号

铸就高情商之路

主　　编	陈国鹏
策划编辑	彭呈军
审读编辑	白锋宇
责任校对	赖芳斌
装帧设计	崔　楚

出版发行	华东师范大学出版社
社　　址	上海市中山北路 3663 号　邮编 200062
网　　址	www.ecnupress.com.cn
电　　话	021-60821666　行政传真 021-62572105
客服电话	021-62865537　门市(邮购)电话 021-62869887
地　　址	上海市中山北路 3663 号华东师范大学校内先锋路口
网　　店	http://hdsdcbs.tmall.com
印 刷 者	浙江临安曙光印务有限公司
开　　本	787×1092　16 开
印　　张	15.5
字　　数	238 千字
版　　次	2016 年 6 月第 1 版
印　　次	2016 年 6 月第 1 次
书　　号	ISBN 978-7-5675-5077-3/B·1012
定　　价	36.00 元

出版人　王　焰

(如发现本版图书有印订质量问题,请寄回本社客服中心调换或电话 021-62865537 联系)

目 录

前 言 ……………………………………………………… （1）

第一篇　情商 ABC …………………………………… （1）

一、什么是情商………………………………………… （3）
  1. 情商的由来 ……………………………………… （3）
  2. 情绪 ……………………………………………… （5）
  3. 情绪智力 ………………………………………… （10）
  4. 情绪智力的内涵 ………………………………… （13）
  5. 情绪智力与非智力因素的关系 ………………… （17）

二、情商与智商………………………………………… （17）
  1. 智商 ……………………………………………… （17）
  2. 情商与智商 ……………………………………… （20）

三、大众的情商观……………………………………… （24）

四、情商与大脑………………………………………… （25）

五、情商的可塑性……………………………………… （29）

第二篇　情商的发展与培养 ………………………… （33）

一、情商的毕生发展…………………………………… （35）
  1. 胎儿期(孕期) …………………………………… （35）
  2. 幼儿期(0—6 岁) ………………………………… （36）
  3. 儿童期(7—12 岁) ……………………………… （37）
  4. 青春期(13—18 岁) ……………………………… （40）
  5. 青年期(19—30 岁) ……………………………… （41）
  6. 成人期(31 岁以后) ……………………………… （42）

二、培养孩子做一个高情商的人……………………………（42）
　　　　1. 一般心境成分………………………………………（43）
　　　　2. 情绪的感知力………………………………………（52）
　　　　3. 情绪的表现力………………………………………（58）
　　　　4. 情绪的调控力………………………………………（65）
　　　　5. 情绪的适应能力……………………………………（68）
　　　　6. 建立良好人际关系的能力…………………………（70）
　　　　7. 亲子关系与情商……………………………………（78）

第三篇 情商在日常生活中的作用………………………………（85）
　　一、有自知之明的智慧………………………………………（88）
　　　　1. 认识真实的自己……………………………………（88）
　　　　2. 我的情绪我做主……………………………………（91）
　　二、情商高低影响我们的身心健康…………………………（96）
　　　　1. 情商与心理健康……………………………………（96）
　　　　2. 情绪状态与身体健康………………………………（99）
　　三、情商决定了你的社交影响力……………………………（102）
　　　　1. 高情商和良好的人际关系…………………………（102）
　　　　2. 情绪会传染…………………………………………（107）
　　四、高情商经营出幸福爱情与婚姻…………………………（108）
　　　　1. 日久见真爱…………………………………………（109）
　　　　2. 尊重婚姻，尊重他/她………………………………（114）
　　五、高情商父母是孩子的情商教练…………………………（119）
　　　　1. 情商教练的类型……………………………………（120）
　　　　2. 重视父亲的作用……………………………………（121）
　　　　3. 培养高情商孩子……………………………………（123）
　　六、高情商提高你的学习和工作效率………………………（125）
　　　　1. 学海无涯，高情商助你事半功倍…………………（125）
　　　　2. 赢在职场，高情商助你乘风破浪…………………（129）

第四篇 影响情绪智力发展的一些行为问题……………………（139）
　　一、感觉统合失调……………………………………………（142）

1. 感觉统合失调及其与情绪智力的关系 …………… (143)
2. 感统失调的具体表现 …………………………… (144)
3. 造成感统失调的原因 …………………………… (146)
4. 训练疗法 ………………………………………… (146)

二、儿童多动症 ………………………………………… (147)
1. 儿童多动症及其表现 …………………………… (148)
2. 儿童多动症的成因 ……………………………… (149)
3. 儿童多动症的矫治对策 ………………………… (150)

三、儿童焦虑障碍 ……………………………………… (152)
1. 儿童焦虑障碍常见分类及临床表现 …………… (153)
2. 儿童焦虑障碍产生的原因 ……………………… (153)
3. 儿童焦虑障碍的治疗 …………………………… (155)

四、攻击性行为 ………………………………………… (158)
1. 攻击性行为的特点 ……………………………… (158)
2. 攻击性行为产生的原因 ………………………… (158)
3. 矫治措施 ………………………………………… (159)

五、社交恐惧症和人际交往不良 ……………………… (161)
1. 认识恐惧 ………………………………………… (161)
2. 恐惧症的定义及其病因 ………………………… (162)
3. 社交恐惧症的表现及其治疗 …………………… (162)
4. 人际交往不良 …………………………………… (164)

六、青少年网络成瘾 …………………………………… (166)
1. 网络是一把"双刃剑" …………………………… (166)
2. 网络成瘾综合征及其症状 ……………………… (167)
3. 网络成瘾的原因 ………………………………… (168)
4. 应对方法 ………………………………………… (169)

七、挫折情绪和儿童抑郁症 …………………………… (169)
1. 挫折情绪 ………………………………………… (169)
2. 儿童抑郁症的临床表现 ………………………… (170)
3. 儿童抑郁症的危害 ……………………………… (171)
4. 儿童抑郁症的治疗 ……………………………… (171)

八、情感孤独 …………………………………………… (172)
1. 情感孤独的含义 ………………………………… (173)

  2. 情感孤独的类型 …………………………………… (174)
  3. 情感孤独的病因 …………………………………… (174)
  4. 情感孤独的预防和治疗 …………………………… (176)

第五篇 情绪智力的测量 …………………………………… (179)

 一、国外情绪智力评估量表简介 ……………………………… (181)
  1. 基于特质取向的情绪智力 ………………………… (182)
   (1) 巴昂情商量表(EQ-i) ………………………… (182)
   (2) 情绪智力量表(EIS) …………………………… (184)
   (3) 情绪胜任力量表(ECI) ………………………… (184)
   (4) 工作能力量表 EI 版(WPQei) ………………… (184)
   (5) 特质情绪智力问卷(TEIQue) ………………… (185)
   (6) 情绪智力量表(WLEIS) ……………………… (186)
  2. 基于能力取向的情绪智力 ………………………… (187)
   (1) 多因素情绪智力量表(MEIS) ………………… (187)
   (2) 梅耶—萨洛维—卡鲁索情绪智力量表(MSCEIT)
    …………………………………………………… (187)
   (3) 情绪智力测试(TEMINT) …………………… (188)
   (4) 情绪理解情境测验(STEU)&情绪管理情境测验
    (STEM) ………………………………………… (188)
 二、国内情绪智力量表简介 …………………………………… (189)
  1. 国外量表的中文修订 ……………………………… (189)
   (1) 情绪智力技能问卷中文版 …………………… (189)
   (2) 巴昂情商量表青少年版(EQ-i：YV)中文修订试用 … (190)
   (3) 情绪智力量表(EIS)中文修订试用 …………… (190)
   (4) 情绪智力量表(WLEIS)中文修订试用 ……… (191)
  2. 国内自主编制的量表 ……………………………… (191)
   (1) 大学生情商测评量表 ………………………… (191)
   (2) 情绪智力测定量表 …………………………… (191)
   (3) 情绪智力 9 要素测量问卷 …………………… (193)
   (4) 大学生情绪智力量表 ………………………… (193)
   (5) 情绪智力自陈量表和视频式问答量表 ……… (194)

三、EQ 趣味测试 …………………………………………… (194)
  1. 认识自己的情绪 …………………………………… (195)
    测试1：了解你和别人之间的关系 ………………… (195)
    测试2：了解你的心理适应能力 …………………… (197)
    测试3：你属于哪种情绪类型？ …………………… (199)
    测试4：你是个乐观的人吗？ ……………………… (201)
  2. 表达自己的情绪 …………………………………… (204)
    测试1：你善于表达自己的内心感受吗？ ………… (204)
    测试2：你的表达能力是什么水平？ ……………… (206)
    测试3：你能得体地表达自己的情绪吗？ ………… (207)
  3. 管理自己的情绪 …………………………………… (209)
    测试1：你能有效地化解压力吗？ ………………… (209)
    测试2：你能主动调整自己的情绪吗？ …………… (212)
    测试3：你的心理耐挫能力怎么样？ ……………… (215)
  4. 理解他人的情绪 …………………………………… (216)
    测试1：你认识他人情绪的能力如何？ …………… (216)
    测试2：你的观察能力怎么样？ …………………… (219)
    测试3：你是一个敏感的人吗？ …………………… (222)
  5. 控制他人的情绪及环境 …………………………… (224)
    测试1：你能主动调节他人的情绪吗？ …………… (224)
    测试2：你能主动调节环境氛围吗？ ……………… (227)

参考文献 ………………………………………………………… (231)

前　言

20世纪是心理学对智力研究的爆发期,有关智力和智商的研究成果丰硕,数不胜数。智商概念家喻户晓,当代人差不多没有不知道智商的,但当人们用其去解释一些日常生活中的现象时却发现有时并不好使。比如有人智商极高,按智商的相关理论,这种人应该在任何场合都能取得成功,但事与愿违。有些高智商者并不是生活中的强者,尤其是在职场上,其工作成就甚至还不如智商中等或中等偏下的人;相反,有些智力平平的人却在职场上如鱼得水,呼风唤雨,他们甚至还能指挥着高智商的人东奔西跑,为他们干活。还有一些高智商者的人际关系一塌糊涂,与他人格格不入,难以融入集体之中。那么在现实生活中,成功的奥秘何在? 除了智商,是否还有其他影响成功的因素? 心理学家通过努力探索和深入研究找到了一个重要因素,那就是情绪智力,当代人也称之为"情商",即一个人的自我觉察能力、情绪管理能力、自我激励能力、移情能力和人际关系能力。

　　情商概念是1990年前后被正式提出的,至今也不过二十多年,但其发展之迅猛超出心理学家的想象。心理学中没有一个概念能像情商那样铺天盖地呼啸而至,在短短的时间里迅速占领了人们的大脑和视野。如果说智商概念是用了好几十年乃至一个世纪的时间才让人们慢慢了解和接受的话,那情商概念则像一夜春风就刮落了一地的花瓣一样,让人们在短时间里就认识了这样一个心理学的概念,并心悦诚服地接纳它。当然,与有百多年研究历史的智商相比,情商名副其实还是一个小弟弟,所以人们对情商的认识和了解肯定不如智商。在心理学界,情绪智力的研究正方兴未艾,处于起步后的快速发展阶段,许多概念还很模糊,观点尚有分歧,理论也是五花八门,还需要时间和深入的研究来加以甄别和完善。但这一切都不妨碍人们对情绪智力研究的热情,因为大家都已经深刻地认识到,它将对我们的生活和工作产生极其重要的影响。

对情绪智力的研究在国内也不断升温。从二十世纪末国人开始关注情绪智力以来,这方面的研究成果不断出现,出版物不断增多。它们从不同的侧面对情绪智力加以介绍和阐述,虽然不尽完美,但对大众了解情绪智力功不可没,起到了很好的普及作用。

我们在2006年曾经出版过《做一个高情商的人》一书,向国内的读者深入浅出地介绍了情绪智力的研究和发展。十年后的今天我们重新审视该书,觉得有些内容已显得陈旧,有些观点已经被替代,并且社会也发展了许多情商培养的新方法,所以有必要在原书的基础上进行拾遗补阙,让读者能更好地了解情绪智力,由此我们重新编写了本书。本书分五大部分,第一篇主要介绍情绪智力的一般情况,它的由来和发展、各派理论、其生理机制、与智商的关系,以及情绪智力大众观等。第二篇主要介绍情绪智力的发展和培养,不同年龄的人的情绪智力有不同的水平和表现,了解这一点可以更好地认识儿童、青少年、成人的情绪智力状况。另外在每一个年龄阶段都可以对情绪智力加以培养,书中将阐述一些有用的做法。第三篇论述了情绪智力在日常生活中的作用,情绪智力会影响我们生活的方方面面,它不仅影响我们的学习和职业活动,还会影响人际关系、交友、恋爱、婚姻、家庭、亲子关系、生活幸福等。第四篇主要论述了与情绪智力发展不良有关的各种行为问题,如交往障碍、攻击性、情感孤独、焦虑障碍等。一旦出现这类问题该如何应对,本书提供了一些相关的矫治措施。第五篇主要介绍对情绪智力的测量方法,包括两大类测量方法:一类是科学的测量,这是由专业人士编制及实施的一种了解情绪智力的科学方法;另一类是趣味性的测量,这可以由人们自己来测量。当然后一种方法的准确性相对较低,但其操作简便,所以人们喜闻乐见。通过测量,人们可以了解自己的情商水平。

本书是集体劳动的结晶,第一篇由陈国鹏撰写,第二篇由谢依怡撰写,第三篇由王敏撰写,第四篇由陆丽娟撰写,第五篇由赵怡琳撰写。全书由陈国鹏统校。我们在撰写此书时参阅了同行的专著和论文,并引用了一些测验。对此,书中不能一一列举,但感激之情始终铭记在心。

虽然参与本书撰写的人都具有心理学研究的背景,但由于我们才疏学浅,对情绪智力的介绍难免挂一漏万,所以还敬请专家和读者不吝赐教。

陈国鹏

2015 年于华东师范大学俊秀楼

第一篇　情商 ABC

当代人们对智商已有足够的认识,并把它视作成功的重要因素。但同时却又发现,不少成功人士的智商并不是很高,或者至少不属于最高的那群人,那么他们的成功取决于什么呢?相反,有些人有很高的智商,但学习成绩并不出类拔萃,甚至还不如智力水平中等的人;有些人看似聪明伶俐,但生活中却屡屡碰壁,毫无亮点可言;还有些人在学生年代风光无限,备受老师的关注和呵护,但跨入职场后却一事无成,庸庸碌碌。这一切都似乎告诉人们,冥冥之中还有另外一种力量在与智商抗衡着,仅仅有高智商不足以确保成功,智商定律并不是普遍有效的。心理学家在对成功人士进行多年研究后,发现了他们身上存在的另一种品质,这就是情商。情商一经提出就成为与智商并驾齐驱的重要概念了。

一、什么是情商

1. 情商的由来

虽然在心理学中,情商算是一个较新的概念,但与其相关的想法在心理学中早就存在。如美国心理学家桑代克(E. Thorndike)在1920年就有过社会智力的论述,他认为社会智力"就是理解和管理男人和女人、男孩和女孩从而妥善处理人的关系的能力"。1985年,美国耶鲁大学心理学教授斯滕伯格(R. Sternberg)也认为,社会智力是一种截然有别于学业智力的能力,可以决定个体现实生活的成败。例如,敏锐破译情绪非言语信息的能力与管理成效大有关系。美国另一位著名的心理学家加德纳(H. Gardner)于1983年提出了多元智能理论,他的多元智能包括八种,其中有内省智能和人际交往智能,这两种智力都与情绪有关,主要表现为察觉并区分自己和他人的情绪、意向、动机及感觉的能力,前者关乎自我情绪,后者则关乎他人情绪。正式研究情商的鼻祖是美国耶鲁大学的心理学家彼得·萨洛维(Peter Salovey)和新罕布什尔大学的约翰·梅耶(John Mayer),他们于1990年正式提出了情绪智力的概念,用它来诠释人类对自我和他人情绪的认识、控制和调节的能力。1997年,他们又对这一情绪智力概念作了完善和补充,形成了一个有结构的模型,从而使情绪智力逐渐成为一个科学的概念。他们的情绪智力概念与后来被人们广为熟悉和接受的情商概念实际上是同一个东西。如果说萨洛维和梅耶的情绪智力还停留在学术研究的层面上,是科学研究的对象,那么美国心理学家,同时又是专栏作家的丹尼尔·戈尔曼(Daniel Goleman)则让它成了一个大众的话题。在收集了大量研究和生活中的个案后,戈尔曼于1995年出版了《情绪智力》(*Emotional Intelligence*)一书,书中首次公开使用了情商的概念,他所提出的情商只是借助于智商这一人们非常熟悉的概念,但并非像智商那样是通过测验计算出来的一种商数。戈尔曼在书中对情商概念进行了详尽的描述,并把它作为衡量一个人情绪智力水平的指标。如果说之前的情绪智力还是学院派人士在校园里的研究课题,那么自从戈尔曼的著作出版以来,情商概念从象牙塔走进了民间,逐渐被人们所熟悉和接纳,现在更是被人们所津津乐道。对此戈尔曼功不可没。《情绪智力》一经问世就以极大的魅力轰动全美,遥居畅销书榜首,并且很快被译成多种文字,情绪智力随之成为一个世界性的热门话题。随后,戈尔曼在1998年、2002年和2006年又相继出版了《工作与情绪智力》《本质领导力:学会用情商去领导》和《社会智力》三本专著,把情商推向生活和职业领域的各个方面。学术界对情绪智力的研究也是方兴未艾,据统计,目前美国论文数据库收录的研究情绪智力的博士论文就有700多篇。各国与情绪智力相关的论文数不胜数。近年来在心理学领域,神经科学的崛起使研究者能够探索情绪智力的神经机制,从而使得情绪智力获得了更高的科学地位。

虽然情绪智力和情商是指同一种东西,但它们的运用场合是有区别的。情绪智力更多是在学术界使用,作为一种科学的概念;而情商则更多在普通大众口中流传,在日常生活中更受重视。在本书中,虽然两种说法混合使用,但既然本书是一本通俗读物,自然也就更青睐于情商这一称谓。

虽然情商已成为人们热议的话题,但它的真正含义是什么?它包含哪些内容?如何了解一个人的情商?情商可以培养吗?如果情商发展方面有缺陷,那将导致怎样的严重后果?对于这些问题,恐怕不少人还是不甚清楚的,许多人口中的情商实际上与心理学家严格定义的情绪智力概念有很大的区别,因而有必要首先对情商作一个比较完整的介绍。

总体上而言,情绪智力理论和研究可以归纳为三大学派:

代表第一种观点的是情绪智力研究的鼻祖萨洛维和梅耶,他们给出的定义是:情绪智力是一种加工情绪信息的能力,其中包括准确评价自己和他人情绪的能力,恰当表达情绪的能力,以及适应性调控情绪的能力。萨洛维和梅耶完全是从情绪的角度来定义情绪智力的。这是学院派对情绪智力的最经典的解释,反映了学术界对情绪智力的观点。

第二种观点的代表性人物是戈尔曼,他在《情绪智力》一书中对情绪智力的定义是心理学中最通俗的一种解释,他概括了桑代克、加德纳和萨洛维等人的社会智力、内省智力、人际关系智力和情绪调控能力,在此基础上提出了一种由以下五个方面构成的情绪智力。

- 自我觉察能力,即能够知觉、了解和审视自己的情绪体验;
- 情绪管理能力,即能够调控自己的情绪,使之适时、适度地表现出来;
- 自我激励能力,即能够调动自己的情绪,使情绪专注的能力;

● 移情的能力（又称同理心），即能够发现、辨别和理解他人情绪的能力；

● 人际关系能力，即能够调控他人情绪的能力。

后来他又进一步把情绪智力精炼成四大要素，即自我意识、自我管理、社会意识和人际关系管理。

戈尔曼所定义的情绪智力的内容范围要比萨洛维和梅耶的定义宽泛了许多，既有情绪管理的能力，又有人格的特征。而这些都能左右人生的方向，具有与智商同样重要的地位，所以有了情商的说法。这种理论在社会各界引起的反响不小，因为它更多地关注行为层面，对人们在社会生活、职场、社交等领域取得成功具有较高的指导作用。这是一种市场派的观点。

第三种观点的代表人物是以色列心理学家鲁文·巴昂（R. Bar-On），他也是最早研究情绪智力的学者之一，他的博士论文就是关于情绪智力的研究。早在1988年，他就提出：情绪智力是一系列影响个体有效应对环境要求的情绪和社会能力。他的情绪智力包罗万象，包含了五个方面15种能力，即个人方面的情绪能力（情绪的自我觉知、高度自信、自尊、自我实现、独立），人际方面的情绪能力（人际关系、社会责任感、共感），适应性（问题解决、实际、灵活性），压力管理（压力耐受、冲动控制）和一般情绪（快乐、乐观）。这些能力都源自他对幸福的研究。情商的概念也是巴昂最早于1988年提出的。

2. 情绪

在心理学中，情绪是一个比较广义的概念，它包含情绪和情感两个方面。情绪是一种与人的生理需要相联系的心理活动过程。当一个人的生理需要得到了满足，便会产生积极的情绪体验，如高兴、愉快、喜悦、爱慕等；而当生理需要得不到满足，则会产生消极的情绪体验，如失望、痛苦、悲哀、忧愁、恐惧、愤怒、憎恨等。虽然不同的心理学家对最初情绪的数量有不同的看法，但他们都认为人类最初的基本情绪的数量不多，只有寥寥数种。有的认为有6种，如戈尔曼认为有愤怒、悲伤、恐惧、喜悦、喜爱和羞耻等。有的认为有8—10种。中国的《黄帝内经》中提出有五志，也就是五种情绪，喜、怒、悲、忧、恐。中国传统医学中有七情的说法，是指喜、怒、忧、思、悲、恐、惊七种基本的情绪。不管是哪种观点，有一点是共同的，即存在一定数量的基本情绪。而这些基本情绪在日后的发展中又可进一步演化出多达几十种的其他情绪。基本情绪都是先天的,是不学而会的,这些情绪反应是通过遗传在我们的大脑中预先设置好的。在生命的头几年,儿童主要表现出基本情绪,如愤怒、悲伤、快乐、惊讶和恐惧等。以后在心理发展过程中,这几种最初的基本情绪不断分化,如悲伤分化出忧伤、阴郁、忧愁、沮丧、绝望等,喜悦分化出快乐、满意、自豪、欣喜、癫狂等。由此人们的情绪表现日益丰富,产生了诸如尴尬、害羞、内疚、嫉妒和骄傲等进一步细化的情绪。情绪是一种心理过程,它会对人的许多活动产生影响,比如积极的情绪能提高人的活动能力,而消极的情绪则减弱活动的水平;积极的情绪使人的活动效率大大提高,而消极的情绪则相反。另外,情绪也会对生活质量和身体健康产生十分重要的影响,尤其是如果消极的情绪持续存在,就会影响人的生理机能,结果使身体产生疾病。情绪一般不太稳定,往往带有情境的性质。当某种情境消失时,相应的情绪也立即随之减弱或消失,所以它是不断变化着的、一时的状态。而情感是与人的社会需要相联系的心理活动,有道德感、理智感和美感等形式。它是比较稳定的,不会随一时的情境变化而改变。

  情绪有三个构成要素:认知、生理和行为要素。认知要素是指人们对事件或他人的认识、看法和期望等不同而产生不同的情绪。如一个人找到了一份喜欢的工作,他感到很愉快,每天都非常乐意去上班。如果他觉得那份工作很无聊,就会产生厌烦、无奈甚至痛苦的情绪,每天非常不情愿地去单位,过不了多久就换工作了。对于同样一件事,如果认识、看法和期望发生了改变,情绪就会截然不同。那个原本对工作很满意因而情绪愉快的人,一年半载后对这份工作感到厌倦了,或与同事的人际关系发生了问题,工作给他带来的就不是愉悦,而是烦躁。所以对事情的认知不同,情绪会发生改变。生理要素是指当我们产生情绪时会伴随有生理上的反应,如感到恐惧时就会出现心跳加快、口干舌燥、呼吸急促且不规则、颤抖、瞳孔放大、出汗和血糖升高等现象。生理的反应是自动产生的,不受我们的意志控制。这是我们的大脑在加工外界信息时向机体发出了信号,身体就会表现出相关的症状,以便接下来采取措施来应对。行为要素是情绪的表达。比如人们在感到快乐和幸福的时候会微笑。面部表情、手势、身体姿势、身体接触、眼神、语气、动作等都是情绪的行为表达。情绪的这三个要素之间相互影响,对事件的看法导致生理上的反应,进而出现相应的行为表达。如深夜遇到一个动物突然窜出会引发紧张,导致心跳加快和呼吸急促,于是面部表情很恐惧。有时候行为也可以反过来改善生理状态,如放松面部表情可以降低内心的紧张感。我们在安慰那些经历紧张事件的人时会请他笑一笑,或者请他放松肌肉,因为笑这种面部表情和肌肉松弛的状态可以影响内在的生理过程;还有运动员在开始比赛前大吼一声以减轻内心的压力或提高身体的紧张度。这些方面的研究构成了心理学的一个新研究领域,称为具身情绪,即可以通过改变身体的特征来影响情绪,比如让人用嘴横咬一支铅笔,使脸部呈现微笑的表情,这样做就能让人的心情变得愉快些。又比如有些人经常紧锁眉头,所以心情就不会好,请他松开眉头,就能提高愉悦度。有心理学研究发现,在表情、姿势或动作紧张和放松两种状态下,被试自我报告的情绪状态大不相同。在认知、生理和行为这三个要素中,对情商具有较大影响的是认知和行为要素,我们可以通过改善自己对事物和他人的想法以及改变行为方式来提高情商。

从发生的时间来看,情绪产生较早,新生婴儿就已经有某些情绪了。他们的情绪大多是天生的,因为这些情绪对婴儿的生存是必要的,通过情绪表达,婴儿可以从母亲那儿得到最恰当的照顾和哺育。而随着年龄的增长,社会生活环境的复杂化,儿童在天生的那几种情绪基础上不断分化出各种情绪类型,由此使情绪的表现越来越丰富。相比较情绪而言,情感的发展较晚,它是个体发展到社会化进程的一定阶段才产生的,所以情感是后天发展起来的,而且它是人所独有的。动物一般只有情绪而没有情感。

人类婴儿最初的情绪表现就是哭,这是天生的,它对人类具有重要的生物学意义,因为婴儿还不具有自我照料的能力,他需要成人的帮助,而哭是最能引发成人照料行为的手段。在两个月时,婴儿的第二种情绪出现了,那就是微笑。微笑更具有社会性意义,它是对成人照料感到满足的表示,并以此来获得成人进一步的照料。这些最初的情绪表现是未分化的,婴儿对任何人都能产生这些情绪,以后随着与母亲或照料人接触的增多,情绪逐渐开始分化,对熟悉的人和不熟悉的人产生了不同的情绪。从三个月开始,各种情绪逐一展现,愤怒、悲伤、惧怕、惊奇、害羞、轻蔑等。

情绪存在着个体差异,不同的人对同一种情境会产生不同的情绪或不同程度的情绪体验。这种个体差异主要是由于人的需要不同。例如,同样是面对美味佳肴,有的人兴高采烈,有的人愁容满面,这可能是因为前者觉得可以大饱口福,而后者在为体型担心。社会价值观和人生观的不同也会导致人们对同一种情境产生不同的情绪,如对于以强凌弱行为,有的人嗤之以鼻,有的人却欣赏有加。另外,人的神经类型和气质类型的不同也会影响人的情绪及情绪体验程度,如面对同一件事,有的人会产生积极的情绪,有的人却产生了消极的情绪。这些先天的素质会在情绪的表现和稳定性上对人产生影响。

按照一种比较常见的传统气质分类,人的气质可以分成四类,即多血质、胆汁质、黏液质和抑郁质。这四种气质类型的人在面对同一件事的时候会产生不同的情绪表现。通常多血质的人比较豁达、欢快和活跃,看问题一般比较乐观,因而积极的情绪比较多;胆汁质的人容易发怒、生气,脾气比较暴躁;黏液质的人比较迟钝、平静;抑郁质的人则更多地表现为忧郁、沮丧,看问题通常比较悲观,消极的情绪比较多。

情绪对人的重要性一点也不亚于理智,在正常的情况下,我们人的行为更多地受到理智的控制,但在有的时候,情绪的作用可能更重要,因为它的反应比较快。比如当人的生命处于危急时刻,需要依靠情绪和直觉来引导作出即刻的反应和行动,因为情绪脑的反应要大大快于理智脑,这时若停下来等深思熟虑后再采取行动,结果就可能是死亡了。当然这种情绪的优先反应并不一定都是好事,有时会产生相反的效果,因为其反应快速,所以缺乏精确、缜密的思考,比如一时激愤而做了出格的事,这时理智尚未就位,情绪就自作主张了。所以有人用孩子气来形容情绪,来得快,表现强烈,不受控制。在瞬间需要作出反应的场合中,往往是情绪领先,理智压后,因为这时负责思维的大脑皮层根本来不及了解情势,更别说权衡轻重了。有人说,情绪比逻辑思维快八万倍,可见其反应之迅速。这种情绪优先的表现也是进化的结果,那些反应慢的动物常常被强大的敌人吞噬。

情绪影响人的学习和工作效率,积极的情绪能使人的大脑处于最佳的状态,人在这种状态下能够产生最好的工作效果,尤其是那些需要大脑处于紧张状态的工作或学习,如高强度的智慧活动有赖于良好的情绪状态。一个儿童如果乐衷于学习,学习给他带来的是快乐,在这样一种情绪状态下,他的学习效率会非常高。而消极的情绪则降低人们的工作效率,人在情绪低落时,哪怕是一项简单任务,也会觉得力不从心或者不想去做。那些把学习看作是受难的儿童,学习就不会给他们带来乐趣,他们只会产生烦躁的情绪,在这种状态下学习,效果也就可想而知了。

情绪还会影响人的身心健康。七情六欲人皆有之，产生消极的情绪在所难免，关键是我们能不能迅速摆脱不良情绪的影响。如果我们的生活始终受到消极情绪的纠缠而无法摆脱，那健康就难免不受其影响。现代人的许多疾病都是心身疾病，也就是由心理因素导致产生生理上的病理症状，而在心理因素中，情绪问题是主要的根源。我们现在已经知道的许多疾病，如心脏病、高血压、糖尿病、胃溃疡、哮喘、消化道疾病等，都与长期的情绪紧张有关。另外肿瘤的形成也与不良的情绪状态密切相关，那些经常处于担忧、畏惧或苦闷等情绪状态的人容易得癌症。长期的紧张和焦虑往往会降低人抵抗病菌和其他致病因素的能力。

中国传统医学一向重视对情绪与身体健康关系的研究，提出了"七情内伤"的说法。如喜为心之志，怒为肝之志，就是说喜悦和愤怒这两种情绪与人体的心脏和肝有关系，喜悦能使人气血调和，心情舒畅；而愤怒只要发泄出来，也同样有助于机体气机疏通畅达，但如果压抑在心中，持久得不到发泄，就会对身体产生有害的影响。中医认为七情过激会引发人体五脏六腑的功能失调，并导致疾病。

情绪具有全球性的特点，不管是哪个国家和哪种文化背景，也不管在何种时空中，情绪的类型和功能大致相同，自古至今没有多少改变。不同文化背景下的婴幼儿都有相同的最初情绪。美国心理学家艾克曼（P. Ekman）的研究证实，人类的四种基本情绪——恐惧、愤怒、悲伤、喜悦，在世界各国不同的儿童身上都可以观察到，这说明情绪具有普遍性。

情绪也会因人们对人和事物的态度不同而不同。对同一个人或同一件事，如果态度不同，情绪也会完全不同。

当你在公路上行驶时，有辆车想超车并差点与你发生碰撞，你会很气愤，并想报复，你故意占住车道不让其超越，说不定还要骂他几句。如果对方也回骂，你就更生气了，恨不能给他两拳。但如果你对那辆车抱以宽容的态度，猜想他可能没有看清车距，或者他有要事需要急着赶路，这时你就不会大动肝火了，于是息事宁人，情绪也不会有太大波动。

情绪没有好坏之分，关键要看时机和场合，要在合适的场合表现合适的情绪，并控制不合适的情绪。因为情绪不是一个简单的心理过程，它对人产生的影响非常大，所以心理学家特别关注它，对它进行了各方面的研究，情绪智力的概念正是在这样的土壤中孕育并萌发。

3. 情绪智力

情绪智力不能简单地等同于情绪或情绪表现,它是情绪推理中的复杂、交错的智力,也就是对自己和他人情绪的感知、思维、评价和调节的能力。萨洛维和梅耶对情绪智力的定义是:个体准确、有效加工情绪信息的能力。具体表现在以下四个方面:准确地觉察、评价和表达情绪的能力;接近并产生感情以促进思维的能力;理解情绪和情绪知识的能力;调节情绪以帮助情绪和智力发展的能力。他们对情绪智力的理解更多地是从智力方面入手,因为智力就是对信息的加工能力,这种信息可以是语言文字的、数字的、图形的,同样也可以是情绪的,所以对自己和他人情绪的理解和控制能力也是智力的一种表现。他们提出的情绪智力是针对智商的不足而提出来的,它是智力中的一个单元。因此,把此种能力称为情绪智力是名副其实的。从这个意义上来说,情绪智力是对传统智力的内涵和外延的一种扩展。

另一位情绪智力的研究者戈尔曼对情绪智力的定义是:识别自己和他人情绪的能力、自我激励能力、管理自身情绪的能力和人际关系能力。具体表现在五个方面:认识自己情绪的能力,自我情绪管理的能力,自我激励的能力,认知、理解他人情绪的能力,妥善处理人际关系的能力。从戈尔曼的定义来看,他对情绪智力的理解中既有智力因素,又有人格特征和动机方面的内容,所含内容较杂,所以他提出的情绪智力不完全是一般意义上的智力,其内涵已超出了智力的范畴,似乎用情绪智力这个名词有点词不达意,但因为有萨洛维和梅耶的命名在先,已经约定俗成了。另外,因为智商这一概念对人们生活的影响实在太大了,所以戈尔曼就使用情商这个名称,想借此来引起世人的关注。

从心理学家的定义中我们可以看出,情绪智力就是有关情绪方面的能力和表现。而情绪会对人的生活产生重要影响,因此如何控制自己的情绪以及识别和理解他人的情绪就成为一个人的重要的日常活动。

情绪识别和理解是人的情绪认知发展中的一个重要内容,人在婴儿期就已经在这方面表现出初步的能力,比如他能够看懂母亲的情绪状态,并据此采取相应的行为。在母亲高兴的时候,他会愉快地与母亲交流;而在母亲生气的时候,他就会安安静静地躺着。儿童做错了事,首先会看看父母的脸色,也就是看看他们的情绪反应,以此决定自己下一步的行动。成人在日常工作和生活中更是时时在理解着他人的情绪意义。求人办事时,先看看当事人的心情好不好,心情好的时候所求之事办成的概率就高,否则还是不提为好,因为感到愉快的人更愿意帮助别人。当运动员参加比赛时,教练员要观察他们的情绪状态如何,如果情绪低落,那这次比赛的前景就不妙了,要赶紧采取措施。看不懂他人的情绪,以致提出了不恰当的要求,这种人一般会被人看作是不聪明的或不识时务的,因为他还不能意识到情绪对动机的重要影响作用。

在合适的场合适度地表达自己的情绪也是情绪智力的一个重要方面。控制情绪要适时适度。有情绪却硬压着,不让其表达出来,这并不是聪明之举,压抑自己的情绪并不是情绪智力高的表现。有情绪就要让其表达出来,关键是要找到合适的时间和地点去发泄,这才是所谓的情绪控制。亚里士多德曾说道:任何人都会生气,这没什么难的。但要能适时适所、以适当的方式对适当的对象恰如其分地生气,可就难上加难。

智力中的很大一部分是受遗传影响的,因而有些智力后天是无法改变的,比如有的人生来就对图形辨认和推理不敏感,不管怎么训练都没有明显的进步;有的人在这方面根本不需训练就发展得很好。而情绪智力中的绝大部分是后天学习和训练的产物,因而情绪智力的发展具有很大的潜力。比如在正常的发展过程中,每个孩子都慢慢地学会了控制冲动,随着他们逐渐成熟,发脾气的情况会越来越少;如果对他们加以特殊的训练,这种成熟和控制会发生得更早,他们也会表现得更好。根据戈尔曼的观点,负责情绪控制和理解的大脑部位前额叶直到青春期仍在不断发育之中,情绪智力的一些技能的关键期在童年期会持续好几年。所以我们有足够的时间去培养和塑造儿童的情商。

尽管情绪智力的正式提出是在20世纪90年代,但与此有关的思想和观点早已有之。如20世纪20年代,美国心理学家桑代克就在他的多因素智力理论中提出,可以把智力分成三类,第一类是具体智力,亦称机械智力,即了解事物、应用机械技术和科学的能力;第二类是抽象智力,即了解和应用文字或数学符号的能力;第三类是社会智力,即理解他人和与人相处的能力,以及与人合作、在社会情境中明智行动的能力。他认为社会智力包含理解他人和在社会情境中明智行动两部分。该社会智力所表达的意思与当今情绪智力有类似之处。但这种智力始终没有被纳入正统心理学家的智力概念中,他们更愿意把言语、数理逻辑推理和空间操作等能力视作智力,而把社会和日常生活中的能力视作另类。后来有些心理学家在社会智力的基础上演绎出非智力因素,并将其作为预测人能否取得成功的因素之一。既然是非智力因素,那自然就不能被纳入智力的范畴了。到了20世纪80年代,美国心理学家加德纳提出了一种全新的智力理论,即多元智能理论。他认为人的智力是多方面的,多维度的,传统的智力理论过分强调与学术有关的那部分智力而忽略了其他智力。前面说过,加德纳的多元智能由八个方面的内容所组成,其中包含了两种情绪维度的智力:内省智能和人际关系智能。内省智能是明白自己的内在情感和内心世界,并能有效地运用这种内省认识能力来指导自己的行为,它也包括"正视及辨识自身感受,并以此引导行为的能力"。而人际关系智能主要是指在人际交往中觉察并区分他人的情绪、意向、动机和感觉的能力,它还包括"准确识别及回应他人情绪、气质、动机和欲望的能力"。所以成功的销售员、政治家、教师、治疗师、宗教领袖很可能都有很高的人际关系智力。加德纳所提出的内省智能和人际关系智能实际上都属于情绪智力的范畴,只不过一个是指向自己,另一个是指向他人。所以加德纳曾经对戈尔曼说,"我最初讨论个人智力(人际关系智能和内省智能)时,其实讲的就是情绪,特别是内省智能,这是情绪上的自我调适的重要成分","不少 IQ 达到 160 的人为 IQ 只有 100 的人打工,只因为后者的内省智能高于前者。在日常生活中,再没有比人际关系能力更加重要的了。否则,你连结婚配偶也会找错,或找错了工作,诸如此类"。另一位当代著名的心理学家斯滕伯格也曾研究了一般人眼中的"聪明人",结果发现,处理人际关系的技能是其最主要的特征。斯滕伯格提出,社会技能截然有别于学术能力,但可以决定个人现实生活的成败。这类操作性的技能在职业领域受到高度重视。萨洛维和梅耶认为,情绪智力高的个体能将自己的情绪和他人的情绪作为构建与他人关系的基础,使个体在冲突管理中考虑他人的利益,把双赢的方案作为优先选项,即使在自身情绪状态不佳的情况下,仍能比较妥善地处理好与他人的关系,理智地进行冲突管理,更多地选择有利于关系和谐的合作策略。而情绪智力低的个体由于自我情绪调节能力差,所以在冲突管理中,尤其是在关系到个人利益的冲突中,容易感情用事,往往不能理性处理,更多地选择逃避策略。巴昂认为,情绪智力是决定一个人在生活中能否取得成功的重要因素,并直接影响人的整个心理健康。心理学的有关研究发展到这一步,情绪智力的提出也就水到渠成,呼之欲出了。

梅耶在 2001 年对情绪智力研究的发展作了一个总结,他认为对情绪智力的研究经历了五个阶段:1900—1969 年为第一阶段,在这个阶段情绪研究和智力研究相对独立,各自为政,缺乏交叉。1970—1989 年为第二阶段,在这个阶段情绪和智力融合为一个新的研究领域,被认为是利用理性来控制非理性,但尚无明确的情绪智力定义。1990—1993 年是第三阶段,萨洛维和梅耶、巴昂等人在进行一系列研究后正式提出了情绪智力的概念,并编制了情绪智力的测验。1994—1997 年是第四阶段,其标志是戈尔曼发表了他的专著《情绪智力》,使情绪智力风靡全球。虽然在此阶段情绪智力的学术概念得到推广,但其内容过于宽泛。1998 年以后是第五阶段,众多情绪智力的理论得到了进一步的研究和发展,情绪智力的学术概念得到了严格的界定,但内涵尚存争论。情绪智力的测验得到了很大的发展,其信效度指标也在不断改善。

4. 情绪智力的内涵

从 20 世纪 90 年代至今,心理学界对情绪智力进行了充分的研究,提出了各种理论观点,也形成了不同的情绪智力定义。观点虽然繁杂,但大致可分成两类:一类是智力取向,即把情绪智力看作是智力的一种,与思维能力、解决问题的能力、语言能力等平行,其代表人物是萨洛维和梅耶;另一类是不完全智力取向,这类观点对情绪智力的界定范围更为宽泛,不仅有智力因素,而且还包含了人格、动机等因素,其代表人物是巴昂和戈尔曼。

智力取向的情绪智力理论认为,智力是人类加工信息的能力,信息可以是抽象的,也可以是具体的,可以是言语的,也可以是数字的和空间的,而人们在社会交往中所传达的情绪信息自然也可以作为认知加工的对象,与加工和处理情绪信息有关的能力理所当然地也可以被定义为智力,所以情绪智力是一种加工情绪信息的能力。这是一种连接情绪和智力的理论,也即情绪智力既是智力的一部分,但又比较独特,与传统智力不相同。萨洛维和梅耶最初在 1990 年为此构建了一个有三个因素 10 个变量的模型,三个因素分别是情绪评估和表达能力、情绪调节能力以及情绪运用能力。他们后来不断地对情绪智力模型进行深入探索,1997 年在原有理论基础上经过大幅度的修改和补充,形成了一个有四大领域的情绪智力模型,每一个领域又由若干个子领域构成,同时这四个方面反映了情绪智力发展的不同成熟水平。四大领域分别是：

① 准确地觉察、评价和表达情绪的能力，隶属于这个领域的有以下几个方面：

在自身的生理和心理水平上辨别情绪的能力；

通过他人和客体辨别情绪的能力；

准确表达情绪及其相关需要的能力；

判别情绪表达准确性和诚实度的能力。

② 接近并产生感情以促进思维的能力，这一领域又可包括以下几个方面：

根据与事件相连的情绪体验改变思维方向和轻重缓急的能力；

激发有利于判断和记忆的生动情绪的能力；

利用心境变化捕捉多重视角并予以整合的能力；

利用情绪状态优化问题解决和创造力的能力。

③ 理解情绪及情绪知识的能力，该领域由以下几个方面构成：

理解情绪不同表达方式的能力；

理解情绪起因和结果的能力；

解释复杂情绪和矛盾情绪状态的能力；

理解和预见情绪转换的能力。

④ 调节情绪以助情绪和智力发展的能力，该领域包括以下几个方面：

理解对待积极和消极情绪体验的能力；

体察和反思情绪的能力；

依据所获知的信息与判断约束、延长或摆脱某种情绪状态的能力；

管理自己和他人情绪的能力。

这四种能力可以被看作是一个从低向高的层次，情绪感知和情绪表达能力处于最底层，属于最基本的能力，同时也为其他能力提供了基础。后面三种能力则不断递进。

这些能力既不同于传统的智力概念，又不是一般意义上的情绪，所以萨洛维和梅耶认为用情绪智力来命名最恰当。可以把它看作是传统智力的一个单元，与传统智力既有联系，又彼此独立。萨洛维和梅耶的这一理论模型构筑得极其严谨，对情绪智力的内涵作了非常详细的阐述，成为当今心理学中一个非常经典的情绪智力模型。

不完全智力取向的情绪智力理论则认为,情绪智力不仅仅是认知能力,还应该包括其他一些能力,而且它们更多地是从人格特征方面入手来对情绪智力加以定义。戈尔曼于1998年正式提出了一个由五个方面25种能力构成的情绪智力模型,这一模型中的内容很宽泛。其五个方面分别为:

- 认知自己情绪的能力,包括情绪的自我觉知、准确的自我评价和自信等3种能力;
- 自我情绪的管理,包括自我控制、可信、责任心、灵活性和创新等5种能力;
- 自我激励的能力,包括成就驱力、义务感、自发性和乐观性等4种能力;
- 认知、理解他人情绪的能力,包括理解他人、发展他人、服务定向、在多样化中达到平衡和政治意识等5种能力;
- 妥善处理人际关系的能力,包括影响力、沟通能力、冲突管理、领导能力、合作技能、团队能力、变革催化、建立联盟能力等8种能力。

不完全智力取向的情绪智力理论的内容中有较多的人格特征,所以称之为情绪智力有点名不副实。

巴昂把情绪智力定义为一系列影响个体有效应付环境要求的情绪和社会能力,所以巴昂的情绪智力是非认知性的。他的情绪智力模型包括五个方面15种能力:

- 个人方面的情绪能力,包括情绪的自我觉知、高度自信、自尊、自我实现、独立等5种能力;
- 人际方面的情绪能力,包括人际关系、社会责任感、共感等3种能力;
- 适应性,包括问题解决、实际、灵活性等3种能力;
- 压力管理,包括压力耐受、冲动控制等2种能力;
- 一般情绪,包括快乐、乐观等2种能力。

智力取向的情绪智力理论更多地立足于研究层面,所以比较严谨,结构也很清晰,更接近于智力的模型。而不完全智力取向的情绪智力理论实际上是一种通俗的见解,它迎合了一般人的认识水平,所以尽管它通俗易懂,但理论上的深度和结构的清晰度都远远不如智力取向的情绪智力理论。同时它也缺乏经验支持,对于该理论中所涉及的各种能力、品质、人格特征之间的联结是否能解释情绪智力仍然依据不足，缺乏证明。不过它对情绪智力概念的普及作出了不可磨灭的贡献，一般人对情绪智力的了解都是从戈尔曼的那本《情绪智力》开始的。社会大众对萨洛维和梅耶的情绪智力知之甚少，这也可能是因为他们的理论的学术味更浓些，要理解他们的理论需要有心理学相关知识作为基础。

我们国内也有不少学者对情绪智力进行了概念的界定和理论的研究，提出了各种情绪智力的定义。比如卢家楣提出，情绪智力是人成功地完成情感活动所需的个性心理特征或以情感为操作对象的一种能力；许远理将情绪智力定义为"加工和处理情绪信息和解决情绪性问题的能力"；徐小燕、张进辅认为，情绪智力是影响人们在学习、生活中成功与否的非认知性心理能力，包括情绪知觉能力、情绪评价能力、情绪适应能力、情绪调控能力和情绪表现能力等五种因素；郭庆科认为把情绪智力改名为情感或社会能力将更有利于情绪智力的研究。

情绪智力是先天遗传的还是后天可以培养的，对此，不管是智力取向的情绪智力理论还是不完全智力取向的情绪智力理论都更多地倾向于后者，虽然也不完全排除遗传的影响。如梅耶认为："情绪智力是一种形成情绪感觉并运用情绪信息的心理能力，个体在不同程度上都具备这种能力。这种能力有一部分是天生的，也有一部分是后天学习的。后天的学习部分是可以通过实践努力和经验积累而提高的。"萨洛维进一步扩充了梅耶的看法，他提出："情绪智力是一组能够通过教与学而习得的技能和能力，比如一个人的行为可以通过情绪教育做得更好。"戈尔曼也认为："情绪智力能够通过学习而提高。"这种学习也包括来自日常生活的经验，戈尔曼就曾认为："情绪智力传统上是通过日常生活得到传承的，比如和父母、亲戚相处，自由随意地玩耍。"他发起了一个社交和情感学习的项目，倡导在学校开设全面的情商课程，让每个孩子都接受情商启蒙，这种课程从幼儿园一直持续到中学，用循序渐进的方式向每个年级的学生传授各种情商技能。全世界许多国家都在进行这种情商训练，我们中国也有这样的训练项目和机构。

总体而言，情绪智力没有性别差异，但不同性别有不同的优势与缺陷。也就是说，男女在情绪智力的不同方面有不同表现，如男性在情绪的自我控制、自信心、适应环境、乐观积极方面强于女性，而女性在情绪敏感性、体贴他人、处理人际关系方面优于男性。但这种差别并不是很大。

情绪智力对许多领域都有特别重要的意义，按照戈尔曼的说法，它对心理健康、爱情、人际关系、高水平的竞技、企业领导、职场等领域都会产生很大的影响。

5. 情绪智力与非智力因素的关系

情绪智力的诞生和演变与非智力因素的概念有着很密切的关系,因为最初情绪智力就是作为智力之外的因素被人们认识的。当年人们发现有些事业上取得成功的人士并不是智商很高的人,用智商似乎无法解释他们的成功。于是有研究者就提出了非智力因素的概念,即除了智力以外的其他因素,以此来界定智力以外的其他导致成功的因素。非智力因素是一个包含内容很多的概念,可以说它把除智力以外的所有方面都涵盖在内了。在由林崇德等人主编的《心理学大辞典》中对非智力因素是这样解释的,非智力因素"是除智力以外但同智力活动效益发生交互作用的一切心理因素",它主要包括动机、兴趣、理想、意志、情绪、价值观、性格等。由此可见,情绪智力不完全等同于非智力因素,它远没有非智力因素那么内容广泛。从理论上来讲,情绪智力既然被看作是一种智力,那就不属于非智力因素,但就其内涵来看,情绪智力确实有一部分非智力因素在其中,所以情绪智力可以说是介于智力和非智力因素之间的一个维度,是情绪和能力整合的产物。我们在日常生活中也可以看到这两者间的联系,一般情绪智力水平高的人,善于操控情绪,使个体的情绪能更多地处于有利于智力活动发挥作用的状态,从而能充分调动情绪这一非智力因素的促智作用。

二、情商与智商

1. 智商

智商是人们非常熟悉的名词,几乎家喻户晓,它在近一百年前就已经出现在美国心理学家推孟(L. M. Terman)的斯坦福—比纳智力量表中。虽然一般人对它的确切定义和计算方法并不是很清楚,但都知道它是标志一个人是否聪明的指标,也是成功与否的最重要的影响因素。人们一般假设,智商高表示聪明,将来会有较大的成功的机会;智商低则表示不聪明,以后成功的希望很渺茫。虽然说智商与成功并不能完全画等号,但两者之间的关系是人所共知的,所以每一个父母都希望自己有一个高智商的孩子,并且为培养一个聪明的孩子而不遗余力。有的父母为自己有一个高智商的孩子而感到荣耀,洋洋得意,时不时拿出来向他人秀一下;而有的父母也会为自己孩子智商不高而垂头丧气,似乎觉得低人一等。由此可见,智商对人们的影响非常之大,它可能影响我们生活的方方面面。

智商的分数是通过智力测验获得的。通过智力测验,一个人获得了在该测验上的得分,然后根据这个测验得分来换算出智商的分数。智商有两种不同的计算方式,一种是把一个人的智力测验得分用智龄来表示,即具有几岁的智力水平,然后与个体自身的年龄相比较,看看这个智龄是高于年龄还是低于年龄,由此得出智商的分数,这种智商称为比率智商。另一种是把测验结果直接与同龄人作比较,看看是高于还是低于同龄人的平均分数,这样计算出来的智商称为离差智商。现在比较常用的是后一种智商计算方式。由此可见,智商是一个相对值,它是把一个人的测验得分与另一个指标相比较后得出的分数,因而这个分数是基本稳定的。

以聪明程度来标志智力的高低是通俗的做法,在科学上应该给它以明确的定义,这样才有利于更好地认识它。但心理学界对智力至今还没有一个明确的说法,对什么行为才算是智力或者算作聪明的举动,心理学家也还没有达成共识,各人从不同的角度去理解,于是就有了不同的看法。有的人认为学习潜能是智力,有的人认为适应新环境的能力是智力,也有的人认为智力是抽象思维的能力,各种定义不一而足,谁也说服不了谁。现在比较一致的是,大多数心理学家都不再认同智力只是一种能力的看法,都比较赞同智力是多种能力之总和,但在包含哪些能力上又陷入了争论之中,无法消除分歧。既然关于智力的定义众说纷纭,那智力测验要测什么也就无法统一了,当前的各种智力测验可能都只测到了智力的不同方面。如根据智力是学习潜能的理论而编制的智力测验,实际上测到的是学习潜能;根据智力是抽象思维能力的看法编制的智力测验,实际上测到的是思维能力。虽然测验结果都给出了智商的分数,但这个分数只能代表学习能力或抽象思维能力。由此看来,因为完整的智力应该包括哪些内容目前还不清楚,所以现在的每一种智力测验实际上都只测到了一部分智力。现在的智力测验结果,即智商,只能表示该测验所要测的那种智力的水平。

目前各种智力测验所测到的更多是与学习有关的能力,这些能力大多与课堂上的表现或学术能力有关,如语言、数量、逻辑推理、概括归纳、空间关系等。

如果一个人的智商高,那么他往往在学业方面也会出类拔萃;中等智商的人要非常努力才能取得好成绩;智商低的人在学习上的表现就差强人意了,再怎么努力也很难进入学习成绩优秀者的行列,所以有人说从学习成绩就可知道一个人的智商高低,这是有一定道理的。但在生活中人们也发现了一些有趣的现象,有的人智商很高,但在生活中却一筹莫展,无法应对生活中的情景,有时甚至做出连智商很低的人都不会做的傻事。而相反,有些智商不是很高的人却在职场上如鱼得水,扬眉吐气,有的人发展成亿万富翁,有的人成为一方大佬,业内领袖。智商对这些现象无法给出很好的解释,难道职场中的成功不需要人的智慧?甚至还有一些高智商的人在学业上也并不怎么出色,如所谓的高能低分者。这些现象促使心理学家不断反思,现有的智商对人的智力是否是最有效的评价?是否还有更好的智力解释?于是心理学家纷纷展开研究,著书立说,不仅反思已有智商的不足,而且还提出了一些新的智力观点。有的研究者从智力范畴内部去探索,把更多智慧内容纳入智力的范畴,如加德纳提出了多元智能理论,他认为智力由多个维度所构成,有言语智能、数理逻辑智能、空间智能、人际关系智能、音乐智能、运动智能、内省智能和观察自然智能。传统的智力测验只测到了其中的一小部分,主要是言语和数理逻辑智能,因而这种智力测验是不完整的,对人的总体智力水平的评价应该从各个方面入手,另外几种智能也需要加以测量。另外斯滕伯格认为,智力不仅表现为一个人有什么能力,还要看其是否会使用这些能力,如果仅仅是具有但不能在任何场合都能应用,那还不是智商高的表现。还有一些研究者从智力范畴以外去探索,因为智力并非是获得成功的唯一因素,人们探讨影响职业成功的人格、社会交往能力、自我概念等因素,这些被统称为非智力因素。情绪智力的提出也多少与这一背景有关。

人从出生后,智力不断发展,青少年期之前是向上增长,20岁左右停止增长,变为横向的发展,即保持稳定状态,随后有的能力会出现衰退。这就是心理学中著名的智力成长曲线。大多数人的智力都是按照这样一个发展轨迹运行的,但也有少数人不是严格按照这样的速率发展的。有的人的智力发展快于这一成长曲线,所以较早地达到了发展的顶峰;有的人则比一般人发展得晚,但后来居上,赶上甚至超过别人,这就是所谓的大器晚成。对这两类人的智力水平的测量可能会得出不准确的结论。对智力发展早的人会高估他们的智商,而对大器晚成者可能会低估他们的智商。

一个十几岁的男孩,从学校里带回一个给予父母沉重打击的坏消息:由于他从小反应迟钝,在学校里调皮捣蛋,学习成绩太差,智力水平太低,学校决定将他开除。开除通知单上这样写道:"把你留在班上,将是全班的不幸,而且还会影响其他学生。"这个男孩就是在11年后提出震动全世界的相对论的阿尔伯特·爱因斯坦。如果那个老师或校长还健在的话,一定会为他11年前的那个决定而悔恨终生,一个天才就这样从他的手中溜走了。

还有一个男孩,他的老师对他妈妈说:"你孩子是弱智,我们没有办法教他。"但妈妈不信,把他带回家亲自教导。结果,这个被认为是弱智的人成为人类史上最伟大的发明家之一,他就是爱迪生。

这两个天才在老师眼中怎么就成了弱智了呢?是什么影响了他们的判断?大概就是那个智商了。可见智商并不是对所有人都是准确的。

按照心理学家的观点,在一个较大的人群中,智商极高的人和极低的人都只占很小一部分,分别都只有2%,也即100人中只有2人。而大多数人的智商都是中等水平。所以从能力上来看,能不费吹灰之力或轻而易举地获得成功的人是凤毛麟角,少之又少,而绝大多数人都要付出一定程度的努力才能获取成功,因此智力以外的一些品质就显出其重要性来了。有些品质能使人的能力得以充分展现,如冷静、坚韧、乐观、好人缘等,具有这些品质再加上一定的智力水平有助于获得成功。有些品质则会阻碍能力的发挥,即使有能力也无法施展出来。由此可见,智力并非是成功的唯一因素。对大多数人来说,因为智商上的差异不是很大,所以其他品质就更为重要。因而心理学家也就越来越关注非智力因素在人的发展中的作用。

2. 情商与智商

不管是哪种情商理论都基于这样一种认识,即高智商并不代表社会适应良好。所以人类的智力应该具有比传统智力更广泛的内涵或者它还需要其他一些心理品质来加以辅助。

在事业上取得成功的重要因素中,智商只是其中之一。虽然智商很低的人在事业上要想出类拔萃确实非常困难,但智商高就一定能成功吗?答案自然不言自明,高智商者不一定是生活中的强者。有人说智商只能解释人取得成功的20%的因素,另外80%是智商以外的因素,其中也包括情商。这种说法虽然还没有获得足够的证据支持,但也不是没有道理的。有些智力非常超群的人却在生活中做出了极其愚蠢的事情,因为他们无法克制自己的冲动,让情绪在不合适的场合过于澎湃,结果把事情搞得一团糟。

在20世纪40年代,有研究者对95名哈佛大学生开展了从其毕业到中年的追踪研究,发现那些大学里考试成绩最高者,相较于成绩低一些的,在以后的收入、成就、行业地位等方面并没有显示出更大的成功。他们在生活满意度、友情、家庭以及爱情上也不见得更理想。也就是说,智商不是完全与生活和事业上的成功呈正比,它不能完全反映事业和生活的实际状况。另有研究发现,智商分数只能预测1/4的社会地位变异和1/6的经济收入变异。

据美国AT&T实验室的意向测验结果来看,那些工作绩效最好的人不是智商水平最高的人,而是那些善于处理人际关系的员工。

还有研究者对美国1981年毕业于伊利诺伊州多所高中的81名毕业典礼致辞者进行了跟踪研究。能够成为致辞者的都是学习成绩最优秀的学生,他们在大学里的表现也非常出色。但到了将近30岁的时候,他们取得的成就仅为中等水平,大多数人在职业领域中表现平平。

几十名不同学科的专家曾对世界各地近500家企业、政府机构、非营利性组织进行了分析调查,所得的结果十分相似:情商在取得工作成果的过程中扮演着举足轻重的角色。实际上其他任何工作单位的情况也是如此。

随着现代社会分工的细化,个体的工作越来越依赖于他人的协助。无论在学术界还是企业界,靠个人的奋斗和杰出的智慧想要长期不断地有所成就已经变得不现实。即使是类似过去的小作坊的个体职业者,也需要与客户和各种人打交道,所以合作成为工作社会中的主题,而情绪智力是合作成功的关键因素之一。

戈尔曼曾分析了许多岗位的职业能力模式,归纳提炼出各种能力,结果发现可以归结为认知和技术能力的只占少数,而大多数都可归入情感能力。所以他认为,在工作中情绪智力的重要性是智力和其他认知能力的两倍。

没有情商,智商就得不到充分的发挥。戈尔曼曾说过:"情感潜能可以说是一种中介能力,决定了我们怎样才能充分而又完善地发挥我们所拥有的各种能力,包括我们的天赋智力。"况且高智商者在人群中毕竟只占少数,按心理学的理论推算只有2%左右,大多数人是中等智力水平,所以更需要情商的辅助才能取得成功。现在有不少人甚至认为,在预测个人成功时,情商比智商更有用。戈尔曼说:"如果缺乏情商,一个人即使受到全世界最好的训练、思维敏锐、分析力强、创意层出不穷,也无法成为伟大的领导者。"

美国加州大学洛杉矶分校每年跟踪研究情商与智商对领导力的影响。调查结果显示,对领导力而言,智商只起7%的作用,而情商则起了93%的作用。对于一个优秀的领导者而言,情商远比智商重要。

另外美国一家很有名的研究机构调查了188家公司,测试了每家公司的高级主管的智商和情商,并将每位主管的测试结果与他的工作业绩联系起来进行分析,结果发现情商的影响力是智商的9倍。而且智商略逊的人如果情商很高也一样能取得成功。

美国一个心理学家赫尔姆斯用情商和智商两大指标分析了历代美国总统,结果发现在美国历史上被公认为非常出色的富兰克林·罗斯福只有二流智商,但他的情商却是一流的。

但如果由此认为情商比智商更重要,或者认为智商是无关紧要的,那也是错误的,不要从一个极端走向另一个极端。情商和智商应该是相辅相成的,两者不是对立的,而是互补的。过分强调情商的作用是有失偏颇的,实际上没有较高智商也是难以成功的,这就是为什么一些情商看起来很高的人在工作岗位上也同样无法取得令人满意的业绩,尤其是在那些研究领域。与爱因斯坦和爱迪生具有相同情商水平的人为数不少,但为什么成为伟大科学家的只有他们呢?那就是除了情商之外,他们还有极高的智商。另外在一定程度上,情商的高低也取决于智商的高低,情商中的情绪认知、调节能力都离不开智慧水平,这一点从弱智者的情绪智力也偏低的现象中得到证实。没有理智的参与,情商很高也是不可想象的。

智商是一个人获取成功的基本条件,没有这个必要前提,成功的希望不大。但只有这个条件不足以保证成功,所以可以说情商是智力水平得以充分施展的催化剂。如果一个人有很高的情商,那么哪怕他的智商只是中等,也有可能被完全发挥,成功的概率也就大大提高;而相反,一个人如果智商很高,但情商很低,以至于他的智商连一半都无法得以发挥,那要取得成功简直就是天方夜谭了。

在一些工作复杂程度较低的领域,个人的智力水平和职场表现有直接的关系,一个聪明的秘书肯定比平庸的秘书表现更好。但在比较复杂的工作领域,高智商的员工并不一定是工作中的佼佼者。在有些部门或团队中,高智商是普遍的现象,大家都具有很高的智力水平,这时情商的高低就能区分谁是成功者了。同样,在高级管理层,高情商者也往往更能取得管理上的成就和绩效上的提升。擅长处理情绪的人,在人生的任何领域都有优势。情商高的人在生活中也更有可能获得满足,由于掌握了提高自身效率的心理习惯,所以他们的效率更高。而不善于控制情绪的人,常常会经历内心的斗争,其专注工作和清晰思考的能力受到破坏。所以人生能否成功不仅取决于智商,而且也取决于情商,两者并驾齐驱,联袂登台,成功就有希望。在西方社会有一种说法,"智商使你被录用,而情商使你被提升"。

美国贝尔实验室是世界知名的科学智囊机构,在里面工作的都是高智商的工程师和科学家,但工作表现却有很大的差别。有人对明星工程师和一般工程师进行了比较,结果发现两者的智商没有差别,而在情商方面确有很大的不同,主要表现在完成任务所运用的内在策略和人际策略上。比如明星工程师平时注重与他人发展良好的人际关系,所以有需要时能随时求得他人的帮助;而一般工程师则不如明星工程师那么顺利地获得他人的帮助,因为他们平时没有注意建立这样一种人际关系网络。除此之外,明星工程师还会有下属协调团队的工作;在达成一致意见时起到领导作用;从他人的角度看待问题;善于说服他人;促进合作,避免冲突。所有这些技巧都取决于社交技能。明星工程师还十分积极主动,能够自我激励,勇于承担本职工作之外的责任,善于自我管理。所有这些技能都是情绪智力的组成部分。

情商对人的作用是通过智商来表现的,感知和调节自己和他人的情绪,与人进行很好的交流沟通,以便为了更好地展现自己的才能。也就是说,情商是一种工具,一种手段,它会在工作或学习领域中去影响人的活动水平和成果。

智商和情商各自独立,但并非对立矛盾。事实上两者是有联系的,是互补的。也就是说,在日常生活中,智商很高而情商极低的人或者情商很高而智商极低的人虽不能说绝无仅有,但也是少之又少。而两者都很高或很低的情况倒有不少。大多数人是情商和智商的不同组合,两者有关联,但又不是完全等同,即高智商者不一定是高情商者,高情商者也不一定是高智商者。这说明两者是独立的两大领域。两者之间是一种既独立又有联系的互补关系。

智商和情商对人的影响领域也是各不相同的,智商更多是对学业方面的成就产生影响；而情商则可以作为人在职业和生活上成功与否的预测指标，它也反映了个体的社会适应性。

在当代社会，我们对智商重要性的强调已经到了无以复加的地步，可以说我们的社会过于关注智商，而对情商的认识尚处于刚刚起步的阶段。然而人类在情绪智力方面是有差异的，个体处理情绪的能力也有高下之分，所以人们越来越认识到情商的重要作用。据我们的一项研究发现，现在人们已经开始倾向于认为情商比智商更重要，不管是对孩子还是成人自己。而且个体的文化程度越高，这一观点越强烈。另外心理学家从科学的层面揭示了情商的价值，相信随着对情商意义和作用的进一步研究，情商在人们生活中会成为一个越来越重要的砝码。

戈尔曼曾经对智商和情商的关系作了这样的论述：智商高、情商也高的人，春风得意。智商不高、情商高的人，贵人相助。智商高、情商不高的人，怀才不遇。智商不高、情商也不高的人，一事无成。由此我们可以看出，一个人要想在事业上取得成就，在生活中一帆风顺，智商和情商缺一不可，两者是相辅相成的。

三、大众的情商观

前文我们介绍了心理学家对情商的各种界定，这是专家的观点。那么普通大众是怎么看待情商的呢？他们的看法与专家是否相同？这是一个有趣的话题，专家和普通大众对许多心理学概念会有不同的看法，比如智商等，那么情商是否也有此类情况？

大众对情商的看法不像专家那样有条理性和逻辑性，但他们所列举的情商特征与心理学家的看法也有类似之处。在一项针对770人的调查中，我们发现大众认为情商的特征有：情绪调控能力强、善于沟通、乐观积极、适应能力强、抗挫折能力强、能换位思考、交往能力强、问题解决能力强、团队合作能力强、自信心高、值得信任、有爱心、会察言观色、有感染力和领导力强。也就是说，通常人们是从这些方面去判断一个人的情商的高低。如果把大众所提出的这15个特征进行归类的话，可以概括为四个大类，即人际交往和社会性、适应性、人格特点及情绪管理。由此可以看出，当前大众对情商的理解比较全面，涉及人际交往、人格特质、情绪管理等不同方面,既有认知因素,又有人格特质因素。这与巴昂等专家的观点有很多重叠之处,说明当今人们对情商的看法与专家的观点已非常接近,这可能是因为近些年来心理学研究成果不断推广,使得大众普遍接受了心理学家的思想。

大众的情商观有性别差异,对不同性别的人所提出的情商特征进行分析后发现,在"善于沟通"、"情绪调控能力"、"领导力强"、"问题解决能力"等四项特征上的评定等级存在显著的性别差异。男性比女性更加关注善于沟通、领导力这两项特征;而女性更强调情绪调控能力和问题解决能力。

同样在大众的情商观中还存在着年龄差别,最强调交往能力、领导能力及问题解决能力特征的年龄段在20—29岁,最强调善于沟通特征的年龄段是40—49岁。由此可见,生活和职业经历不同也会影响人们对情商的看法。

大多数人认为情绪智力是可以改变的,通过自身努力以及外界培养等途径可以提高情绪智力水平。对一些提高情绪智力的方法,如自我反思和总结、实践和经历、营造和谐环境、鼓励和引导、观察和模仿等,大家都比较认同。

大众认为影响情绪智力的方面有家庭因素、学校因素、社会因素、个人可控因素和个人不可控因素。其中,"家庭因素"被认为是影响情绪智力的最重要因素。在具体项目上,按重要程度排在前几位的是:父母的榜样作用、家庭和睦的氛围、父母的教养方式、同伴交往、性格、老师的指引、生活中的重大事件等。

当然,我们的调查对象大多数具有比较高的学历,也可以说,因为接受了比较多的教育,所以对情商的认识接近专家和学者的水平。但当前全社会的受教育程度普遍很高,因此也可以认为我们的调查结果能基本反映社会大众对情商的看法。

四、情商与大脑

不管是被看作智慧的表现还是作为情绪的调控,情商都离不开生理上的机制,也即是说,情绪智力与大脑有关,它的活动受大脑特定部位的控制。美国有一个神经科学研究团队专门研究了与情商有关的大脑部位,现已确定了几个对情商起着关键作用的脑区,它们与掌管智商的脑区并不相同。

人类大脑经过数百万年的进化演变，已经形成了各种功能区域，也就是说，人的各种行为在大脑中都有一个掌管区域。与情绪有关的主要是两个区域，一个是位于边缘系统底部、脑干上端的杏仁核，它不仅与各种情绪有关，而且所有的激情、狂怒等情感爆发也依赖于它，它是情绪的总管。杏仁核在大脑中发育成熟的时间很早，刚出生时就几乎完全成熟了。这个部位如果因为大脑疾病而被切除，那么人就会没有情绪、麻木不仁、离群索居，甚至六亲不认。没有了杏仁核，就失去了对情感的辨认，也失去了对情绪的任何感知。所以没有了杏仁核，生命也就变得没有意义了。另一个是大脑皮层的情绪控制中枢（主要在额叶），它负责对传入的各种情绪信息进行加工处理，然后作出情绪反应的决定。这是情商中的自我意识和自我调节的大脑控制部位。

有一个女士患上了一种罕见的大脑疾病，其杏仁核受到了破坏，其他大脑部位没有受到影响，但她从此却失去了恐惧感。她无法识别他人面部的恐惧表情，自己也做不出恐惧的表情。用治疗她的神经学家的话来说："如果有人拿枪指着她的头，她智力上知道应该害怕，但她不会像你我那样感到害怕。"

杏仁核的主要功能是接收感知觉发来的信息，然后扫描过去的经验，察看有没有危险的信号。一旦发现有危险便立即作出反应，拉响神经警报，同时促使机体分泌"战斗或逃跑"所需的激素，另外还通过其他物质来提高大脑主要部位的反应性。可以说一旦面临危急情况，杏仁核就篡位夺权，调动整个大脑来应付突发事件，同时架空了理智中枢。这种抢先反应在有的时候具有重要的生存意义，快千分之一秒可能就能挽救一个人的生命。所以在人脑，甚至动物脑中都保留着这样一个部位和这样的功能。

杏仁核是大脑的情绪记忆储存库，它存储着各种情绪信息，以后它可以利用这些存储的记忆信息来排查所有新进入的信息，如果这些新信息具有危险的含义，杏仁核马上会采取相应的措施。

美国拳王泰森和霍利菲尔德是拳坛上一对老冤家，两人在比赛中曾多次发生纠纷。在一次比赛中，霍利菲尔德用头顶撞了泰森，这让泰森勃然大怒，心怀怨恨，而那次比赛泰森输了。这种情绪信息被泰森的大脑杏仁核纳入储存。当8个月后，两人又在重量级拳王争霸赛中相遇时，泰森的杏仁核瞬时作出了反应，他咬下了霍利菲尔德的一块耳朵。这一没有经过大脑皮层理智思考的举动让泰森蒙受了巨大的损失,不仅被禁赛一年,还被判赔偿300万美金。

为什么在危急关头情绪会优先于理智作出反应呢?这是因为各种感觉信息进入大脑后首先到达丘脑,然后沿主干道进入大脑皮层,在那里信息经过分析、评估,最后大脑皮层指示作出适当的反应。若要作情绪反应,信号传至杏仁核,以激活情绪中枢;若要作动作反应,信号就传到运动中枢,然后由运动中枢指挥手或脚运动起来。在信息从丘脑出发去大脑皮层的同时还有另一条通路经突触直接到杏仁核,该通道能够承载的信息量很小,所以只能传递一些粗略的信号。但如果遇到需要马上作出反应的紧急情况,杏仁核便可能抢在大脑皮层之前作出情绪反应。这时的情绪反应是不经过大脑的,也就是人们所说的情绪冲破了理智。在生活中,如果一个人没有经过周全的思考就去做一件事,那么人们会形容他做事"不经大脑"。这里的"不经大脑",严格地讲是指没有经过大脑皮层中枢,只经过了皮层下的一些低级脑部位的加工,所以是不理智的,也有可能是不准确的。有时有的人在大发雷霆或咆哮后根本不知道自己为什么会这样做,因为杏仁核先于思维独立激发了原始的情绪反应。我们平时看到有的人会有情绪失控和情绪冲动的行为,这都是因为这些行为指令的发出者不是大脑皮层部位,而是皮层之下的杏仁核。有人把此种现象称为"杏仁核劫持"或"杏仁核绑架",就是指杏仁核越俎代庖,抢夺了皮层的任务职责。然而这种情绪先于理智的行为并不都是消极的,当人接收到一个危及生命的信号时,情绪也会抢先反应,以躲避危险,杏仁核就享有这样一种特权,这对人有非常积极的意义。因为杏仁核的反应非常迅速,只需几毫秒,而理性脑作出反应需要花几秒钟的时间,杏仁核的反应时间比理性脑的快80—100倍。

动物园里的动物都被关在笼子里,即使再凶猛的动物也无法伤害人,但人如果靠近那个笼子,动物突然向他跑过来时,人会不由自主地后退。这是因为在人还来不及对各种情景作完整分析前,杏仁核已经抢先作出了反应,觉得动物的这个行为可能会造成对生命的威胁。当皮层中枢参与到分析中时,后退的脚步就停下来了,因为通过理性分析确定这不会造成危险。

如果突然把一把刀放在你的颈脖上,你的人会立即往后倒退,这是你的杏仁核向你发出的倒退指令,而此时你甚至还没有意识到,但事后回想惊出一身冷汗。

不经过大脑皮层而传递到杏仁核的信息一般是不精确的,而且也经常会出错,所以要对外界传入的信息进行准确加工还有赖于大脑皮层。另外对杏仁核纯属冲动型的情绪反应也必须依赖于大脑皮层的控制。在大脑的额叶,即位于前额部位的大脑皮层部分,有一个情绪控制中枢。当人发怒或恐惧时,额叶就开始工作了,主要是镇压或控制这些感受,为的是有效对付眼前情势,或通过重新评估而作出与先前完全不同的反应。大脑皮层的额叶经过对一系列信息的接收、整合、分析与加工,然后发出比情绪冲动更具分析性的、更适当的反应指令,调控杏仁核及其他边缘系统结构,这样的工作效能是杏仁核的作用所无法比拟的。所以可以说额叶是产生理智反应的生理部分。

情绪和理智的调谐实际上就是杏仁核与额叶的联系。额叶可以协调由杏仁核所引发的情绪反应,杏仁核也可以干扰额叶的工作机能。如当人在焦躁不安的时候,常常会无法思考,因为思考所需要的工作记忆能力的控制部位也位于额叶,强烈情绪传递到额叶自然就干扰了它的正常工作状态。但切断大脑额叶和杏仁核的联系通道也是十分可怕的一件事,因为这时人就会失去情绪。

贝克前额部位长了一个橘子大小的瘤,医生通过开刀把它完全切除,手术很成功,他的智商丝毫没有受到影响,逻辑推理能力、记忆力和注意力及其他认知能力依然表现出色。但人们发现,自那以后,贝克完全变了,他变得毫无情绪。贝克曾经是一位成功的企业律师,但他现在不能继续做这份工作了。他的妻子也离开了他。他把积蓄都浪费在了毫无回报的投资上面,只好寄宿在他哥哥的家里。当他向心理学家讲述自己悲惨的遭遇时,连心理学家都感到十分伤心,但贝克本人却无动于衷,好像在说别人的事。贝克之所以有这种反常行为,是因为从大脑额叶至杏仁核的联系通道被手术破坏了,所以情绪信息无法传递,以致他丧失了情绪反应。

戈尔曼据此提出,人有两个大脑,两个中枢,两种不同的智慧形式——理性的和情感的。理性大脑是我们清醒的意识层面的认知模式,它能明确地思索、考虑、反省,而情感大脑则是另一套认知系统,有时可能不符合逻辑,表现为冲动性,但同样是强有力的。在大多数情况下,情感和理智相互联系又分别承担不同的机能,思维不能不带情绪,反之亦然。但理性和情感对大脑的控制有时存在着明显的倾斜:当情绪越是强烈时,情感大脑的主宰越是蛮横,理性越是无能为力。

小王一大早开车去上班,路上碰到一个人开车很粗鲁,几次差一点发生碰撞。小王被惹恼了,恨不得马上逼停那辆车,然后和车主吵一架。在接下来的几个小时里,他都很容易生气,对别人的无心之失大为光火,脾气极大,而他自己一点也没有意识到。后来同事向他指出,他感到非常吃惊。虽然他觉察不到自己的坏情绪,但正是这种愤怒情绪导致了他的坏脾气。经过同事的提醒,也就是说,当这种反应进入意识层面,被大脑皮层接收,他就开始重新评估这种情况,于是决定摆脱早上遗留下来的不快情绪,改变自己的表现和心态。

五、情商的可塑性

戈尔曼曾经说过,人的智商一辈子不会有太大的变化,而情商却可以得到发展和提高。情绪智力是可以通过经验和训练得到明显提高的,情商的可塑性远远大于智商。人们在谈论智商时会更多地看到遗传的作用,也就是说,人们一般认为遗传在很大程度上决定了一个人的智商水平。环境因素并不是可有可无的,但其影响远不能和遗传的作用相比。而且智力的发展到青春期以后就基本结束了,以后不会有太大的变化,到了老年期甚至还要衰退。这样一种思想在心理学界是非常普遍的,比如即使是比较关注后天影响的心理学家卡特尔(R. Cattell),他把智力分为流体和晶体两种,晶体智力与后天的环境、教育和文化等因素有关,但他也更强调先天遗传的作用。据他的说法,人的智力80%是先天的,只有20%是后天培养的。也就是说,如果要培养人的智力,只有区区一小部分是能够发生改变的,其他的都是无法改变的。照卡特尔的说法,即使那部分可以培养的智力也有赖于先天的潜能,如果没有先天的潜能,培养也无从谈起。后天的培养只是使先天的潜能得以充分的发挥而已。所以虽然人们也一直在倡导和实施对智力的培养,但那种带有宿命论的悲观想法始终没有排除,即智力是先天决定的,后天的培养收效甚微。

而情商就不一样了,大多数心理学家都认为它更多地与后天的生活环境等因素有关,所以它的可塑性更强。而且在我们的一生中,情商可以通过训练而得到不断的提高。情商与种族、阶层、受教育程度或社会经济地位无关,只要进行培养,每个人的情商都可以得到提升。另外情商包含的各种特质可以比较容易、便捷地加以培养与提高。多数人可以通过不同培养途径而拥有高水平的情商。据心理学家研究发现,成人的情商要比儿童的高。比如萨洛维和梅耶对几百名成年人与青少年进行比较研究后发现,总体上来讲,成年人的情商比青少年的高。梅耶认为:"在童年到成年这段时期,人们的情商会随着年龄的增长和人生阅历的丰富而不断提高。"巴昂主持过一项研究,针对3 000多名10岁到50岁的人进行情商评估,结果也发现情商随着人们年龄的增长而稳步提高。从神经生理的发展上也能证实情绪智力发展的可塑性。大脑中掌管情绪智力的主要是额叶这一区域,而它是人的大脑和中枢神经系统各个部分中最晚成熟的区域,它的生理发育要维持一个比较长的时间。另外有研究发现,通过相关的训练后,与情商有关的脑区也会发生明显的积极改变,其活动更活跃。从这一点上来看,其可塑性也是很大的。

儿童期是一个能力和人格都在快速发展的重要时期,所以这一时期对于后天培养来说是重要的时期,现代社会比较关注的早期教育正是在这样一个认识上被提出来的。合适的教育手段和措施能使包括情绪智力在内的各个方面得到更好的发展。戈尔曼认为,尽管情绪智力的形成贯穿个体的整个学龄期,但塑造情绪智力要素的先机则是在人生的最早几年。孩子后来获得的情绪能力都是建立在早年情绪智力的基础之上的。

美国国家临床婴儿项目中心的研究发现,几乎所有在学校里表现不佳的孩子都缺少一项或多项情绪智力,主要表现在自信心、自控力、沟通能力、好奇心、对他人的理解和交往能力、合作性等方面。

要培养儿童的情绪智力,最重要的是家庭中父母的教养方式。因为我们知道,家庭是儿童最早的一个社会环境,父母是他们的第一任老师,所以父母的一举一动都将给孩子留下无形但又是举足轻重的影响。父母的教养方式是儿童所能看到的最早的行为方式。儿童最初是从父母的教养方式中学到待人接物的方式。在各种教养方式中,民主权威型最好,其他诸如放任、溺爱、专制的教养方式都不利于情商的培养。一般情况下,民主权威型的父母更多地鼓励孩子,给他们以示范,身体力行地帮助他们去学会识别他人的情绪,并学会控制和调节自己的情绪。虽然在有些情景中他们也会严厉地批评或惩罚孩子,但这种批评和惩罚的意义明确,孩子能够从中学会一些东西。在这种既有温暖接纳又有合理控制的教养方式下成长起来的儿童,情商通常都比较高,因为他们从与父母的那种温暖的人际关系中学会了如何与他人交往；另外他们也能坚持自己的一些合理要求，既接纳合理的要求又不盲目崇拜权威。放任型的父母根本就不关心他们孩子的需要和发展，或者对此不敏感，以致很多教育机会就轻易流失了。这些儿童根本不知道如何与人相处，适应环境的能力极差，他们有敌视他人、反社会的行为倾向。溺爱型的父母只知道一味迁就纵容孩子，由着他们的性子去行为。这类父母不承担自己应尽的责任，不适时地提供教育，实际上是主动放弃了父母的职责，这比轻视忽略更有害，因为这时父母对孩子的教育关系颠倒过来了。由于长期被纵容娇惯，所以这类儿童通常的表现是冲动和攻击性、以自我为中心、缺少控制性。他们与周围人很难相处，他们根本不在乎别人怎么想，只考虑自己的利益，就像在家里那样。而专制型的父母则完全根据自己的需要来教育孩子，认为孩子是自己的，想对他们怎么样就怎么样，所以他们会提出很多要求或限制，以成人的标准去要求孩子，而且不解释为什么要这样做，行为方式毫无灵活性，儿童达不到要求就严厉惩罚。在这种教养方式教育下的儿童一般情绪不稳定，对周围人不友好，容易被激怒。早期的教养方式将在儿童心中留下深刻的烙印，影响他们今后的行为。所以要培养一个具有高情商的孩子，父母要学会良好的教养方式。

要培养一个高情商的孩子，父母自身的情商也是一个重要的因素。据研究发现，高情商的父母对子女有很大的帮助。心理学家对照研究了善于和不善于识别与调控情绪的两组父母的子女表现，发现两组儿童有明显的不同，由此可以看出父母的作用。父母一般都会根据自己的特征来教育和要求孩子，而高情商的父母当然也会用他们所具有的那些技能和特征来教育勉励孩子，使得他们的孩子从小得到这方面的熏陶和锻炼。如果父母本身对情绪的识别和调控都是有问题的，那如何培养子女的这方面能力呢？

有一项研究观察孩子与父母之间的交往方式，发现很多父母不善于处理孩子的情绪问题，有三种最常见的方式：一是完全忽视孩子的感受。父母认为孩子情绪不安是微不足道的小事，过一会儿他自己就会恢复平静。他们没有利用这个机会去教会孩子如何处理自己的情绪。二是过于自由放任。父母注意到了孩子的感受，但任由孩子自行来应对，不加以任何指导。三是表示轻蔑，不尊重孩子的感受。这种父母通常会严厉地批评和惩罚孩子，禁止孩子有任何情感的流露。这些做法对孩子情绪智力的发展都没有起到促进作用。只有当孩子产生不安情绪时,给予适当的辅导,对孩子的感受加以共感,并帮助他调节情绪,这样才能教会儿童情绪智力的各种基本技能。

另外,情绪具有感染的作用,人们的心情不管是好还是坏都会互相影响,尽管这种相互影响很细微,不容易被发觉。因而多与有积极情绪的人相处很有好处,因为能从他那儿感染到正能量。久而久之,自己的情绪也总是会处在积极的状态。

第二篇 情商的发展与培养

我们每个人的生命（从胚胎到死亡）都是一个连续的过程，当下的生命阶段受到我们以前的"历史阶段"的影响，"当下的我"和"历史的我"共同塑造"将来的我"。情绪智力也有一个发展的过程，不同年龄的人会有不同的表现。

根据情绪智力理论，情绪智力的培养可以从五个方面入手，分别是：情绪的感知力、情绪的表现力、情绪的调控力、情绪的适应能力以及建立良好人际关系的能力。

一、情商的毕生发展

一个人的情商发展开始于胎儿期,发端于幼儿期,形成于儿童期和少年期,成熟于青年期。而在青年期之后,人的情商水平在一定程度上仍然能够持续不断地提高。

1. 胎儿期(孕期)

可以说在孕期,妈妈的情商就开始影响宝宝了。孕妇的所想所闻,甚至梦中的感觉,都可能转变成胎内环境的变化信息,在不知不觉中传递给胎儿。因此,准妈妈们在怀孕期间要学会控制自己的情绪,保持轻松、愉快、平和的心态,才会有利于胎儿的身心健康。

胎儿生长发育所需要的营养,是由孕妇血液循环通过胎盘提供的。孕妇不良的情绪变化会影响营养的摄取、激素的分泌和血液的生化成分,以致于血液中有害于神经系统的其他组织器官的物质剧增,并通过胎盘影响胎儿发育,进而导致胎儿畸形。当孕妇情绪过度紧张时,肾上腺皮质激素分泌增加。该激素有明显阻碍胚胎某些组织联合的作用,因而可引起胎儿唇裂、腭裂、先天性幽门狭窄等。如果孕妇严重焦虑,会常伴有妊娠呕吐,并易导致早产、流产。当情绪激动时,胎动会明显增加,最高时可达平常的10倍。如果激动时间延长,往往会引起胎儿循环障碍,影响发育甚至造成胎儿死亡。如果胎儿经常不安宁,体力消耗过多,出生时体重会比一般婴儿轻453.6~907.2克。孕妇情绪不安还会影响胎儿的智力。怀孕期间遭受过重大不幸、压力过大的孕妇,相比于身心愉快、没有压力的孕妇,更有可能生下具有先天缺陷的孩子。

(1) 通过调节准妈妈们的情绪来为宝宝的情商打基础

妊娠期是孕妇的心理脆弱期,其社会适应功能下降,尤其是初孕妇,由于受到妊娠所带来的生理和心理上的双重影响,紧张、易怒、抑郁等现象已经成为很多准妈妈在怀孕期间所普遍遇到的情绪困扰。这一时期更需要家人的照顾、支持和关心。充分的社会支持将有助于增强准妈妈们处理事情的能力和信心,而社会支持的最大来源是伴侣及其他家庭成员。家庭和夫妻关系对孕妇的心理状况有着直接的影响,准爸爸们应倍加关心、体贴、爱护妻子。家人的照顾和支持、良好的夫妻关系是避免产后焦虑、抑郁情绪的保护性因素。

(2) 父亲的参与——从孕期就开始参与孩子的生活

准爸爸们应该从孕期就开始参与孩子的生活。研究显示,丈夫更多地参与妻子的孕期生活,能为日后的家庭互动打下良好的基础,增进夫妻感情,有益于孩子的成长,加强父亲与孩子之间的感情联结。

此外,如果父亲在妻子怀孕时就参与照顾妻子和孩子,那么他们在孩子幼年时期和青春期时更有可能参与孩子的生活。父亲如果想和孩子建立牢固的关系,就应该从孕期以及孩子出生的头一个月就开始做基础工作。准爸爸们应该明白,迎接一个新生命是需要亲身实践的重要学习过程,需要不断摸索。从孩子出生前就充分参与,能让夫妻二人一同为宝宝的奇妙而喜悦不已。

(3) 营造能促进情商发展的家庭氛围

就像环境中的空气、水和土壤会影响小树的生长一样,父母的婚姻氛围、家庭氛围也影响着孩子情绪的健康发展。如果生活在父母冲突的压力下,胎儿的自主神经系统发育将受到影响,这将从根本上决定孩子今后应对变化的能力。夫妻双方应该了解良好的夫妻关系是建立在彼此相互尊重、理解、信任、关怀的基础上,而不是过分地支配和控制对方的生活,造成对方精神上的负担。因此,在怀孕期间,家庭成员应该互相体谅,营造良好的家庭氛围。丈夫应为妻子创造一个轻松自在、和谐融洽的家庭氛围,使其感受到家庭的温暖和夫妻的恩爱,以愉快的心情孕育新的生命。

2. 幼儿期(0—6岁)

虽然情绪智力也受遗传因素的影响,但与传统智力相比,它更多地受后天因素的制约,可以通过后天的学习和环境的熏陶来培养。因此情绪智力具有较强的可塑性。尤其对于幼儿,他们已具有较为丰富的情绪体验,有较强的认识情绪、表达情绪的能力以及初步的调节情绪能力。一般成年人体验到的情绪大部分已为幼儿所体验,只是在引起情绪的动因、情绪的表现方式上有所不同。因此,幼儿期可以被看作情商发展和培养的初始阶段,或者叫做准备阶段,奠基阶段。大量的研究表明,幼儿期是进行情绪智力培养的关键时期。

(1) 幼儿期是情绪识别能力发展的关键期

4—6岁是孩子情绪识别能力发展的关键期。这一时期孩子的主要任务是通过模仿成人来学习语言及基本的社会和生活常识。一般在3岁以前,儿童的内抑制发展缓慢,约从4岁起,与情绪有关的神经系统(如边缘系统)开始迅速发育,这些为幼儿情绪智力的发展提供了认知基础和生理基础。研究者发现,4岁的儿童对表情识别的正确率是50%,6岁儿童的正确率达75%。因此,父母应充分利用这一关键期,引导儿童认识不同的情绪。儿童情绪识别能力的发展有助于情绪的理解、表达和控制。

(2) 幼儿期情绪理解能力的发展

情绪理解能力是建立在情绪感知基础之上的,包括对自己和他人情绪的理解和体会,主要指对自己和他人面部表情、身体语言、音调和语言内容等的辨识和体会的能力。培养幼儿的情绪理解能力就是要使他们能够准确感知自己的情绪体验,辨识他人的情绪表现,并具有一定的移情能力。

(3) 幼儿期情绪表达能力的发展

情绪表达是个体将其情绪体验和感受通过行为活动表露于外。幼儿在成长过程中,情绪表达逐渐从外露向内隐过渡。比如,当孩子在幼儿园里被人欺负或受了委屈时,会极力控制自己的情绪,等到回家看见亲人后才立即大哭。情绪表达能力的培养就是让幼儿能较准确合理地或创造性地表达自己的各种情绪体验和感受,充分表达自己的喜怒哀乐。

(4) 幼儿的情绪调控能力开始发展

情绪调控能力是情绪智力的核心成分。由于幼儿的皮质兴奋机制相对抑制机制仍占很大优势,而且受认知发展水平的限制,所以幼儿的自我调节控制能力较弱,更多地表现为冲动性,常常会因为一些琐碎小事而大哭大闹,因此需要进行长期的、有计划的培养和教育。

3. 儿童期(7—12岁)

孩子升入小学以后,便开始接受正规的教育。他们的大部分时间在学校里度过,学习时间多于游戏时间,并且与幼儿期相比,家长向他们提出了更多的要求与期望。很多小学老师反映,这一阶段的孩子好奇、好动,似乎有用不完的精力,强烈的好奇心促使他们产生求知欲望,活泼好动促使他们不断尝试与冒险。

探索会带来收获,但同时也存在着危险,所以对这一时期的孩子,家长和老师必须给予正确科学的引导。既要顺应儿童的天性,发掘儿童独特的天赋,培养孩子的创造力,同时也要制定适当的规范,引导儿童树立是非观念。

在儿童早期,孩子们的情绪一般比较激烈、不稳定、很容易发脾气,显得不易相处,也不易管教,这常常令父母感到苦恼。等到年龄大些,一些孩子开始学会利用游戏和活动来为自己的消极情感寻找发泄的出口,例如参加画画、赛跑、踢球等一些他们喜爱的活动。与此同时,伴随着生活空间的扩大,他们开始接触到更多的同龄伙伴,通过一块儿学习和玩耍,他们对小伙伴们显示出越来越多的兴趣与好奇。开始与同伴交往的这一阶段,是培养孩子情商和人际交往技巧的一个非常重要的阶段,一个绝好的机会。这一阶段发展顺利的孩子更具有同理心和乐群性,而这一阶段发展受阻的孩子可能养成回避怯懦或嚣张跋扈的性格。

因此,作为家长,一方面要积极倾听孩子的心声,接纳并尊重他们的感受,引导他们正确体察自己及他人的情绪和行为;另一方面要辅导孩子的人际交往技能,引导他们在保持自我的情况下学会设身处地地为别人着想,培养他们的同理心以及宽以待人的优良品质。在这样良好的沟通与鼓励中让孩子的情商和人际交往能力得到发展,使他们变得更自信,更有创造力。

(1) 想要高情商的孩子,请先做高情商的父母

高情商的父母不仅对自己的情绪,而且对他人的情绪都有很强的觉察能力,他们甚至能够看到孩子负面情绪中的有利因素,他们会对正处在愤怒、悲伤中的孩子有更多的耐心,而且能够帮助他们走出负面情绪,转向积极正面的情绪。父母可以通过学习一些心理学课程或者参与专业人士的咨询和辅导来训练提升自己对情绪的管理能力。如果父母能够用更恰当的方式处理自己的情绪,并且用新的方法来探索孩子的情绪,很大程度上能有效帮助自己的孩子发展情绪智力。

(2) 父母是孩子的"情绪示范员"

有一句话叫做"父母是孩子的镜子",孩子通过观察父母的言行来学习。最初孩子不懂如何识别好坏,他们可能会学习父母在生活中的一言一行。因此,为了给孩子起示范作用,爸爸妈妈们务必改掉自己的坏毛病,学会"谨言慎行"。提高孩子的情商,可以从了解情绪、识别情绪、表达情绪、管理和调节情绪几方面入手。让孩子认识情绪的最简单方法是说出自己的情绪,同时鼓励孩子适当地表达自己的情绪。在开始的时候,爸爸妈妈们需要示范如何表达自己的情绪,如

"今天老师表扬了多多,妈妈真高兴",或"今天听到这个新闻,我简直惊呆了"。当父母表达自己的情绪的时候,孩子就知道大人什么时候是悲伤的、愤怒的或开心的,也会从中慢慢建立起对情绪的感知。

(3) 孩子的感受需要获得父母的认同

作为成年人,对于许多情绪的处理,我们已经驾轻就熟。而孩子很多时候是第一次面对各种不同的情境,对各种各样的情绪的认知不敏感,也不清楚应该如何正确地处理这些情绪。作为父母,首先需要去关注孩子的情绪;接着尝试理解孩子,站在孩子的立场上去理性地思考问题。孩子正确的处理情绪的方式需要得到父母的认同和赞扬。在一次次的认同和赞扬之中,孩子可以学习到正确的情绪处理方式。另外,父母的认同和赞扬能让孩子知道你能体会和理解他的感受。在悲伤、失望、生气时,孩子心中有标准、有支撑,从而能够以更加恰当的行为来应对自己的情绪。

(4) 父母需要提供给孩子工具和方法,以帮助他们调节情绪

认同和接受孩子的感受,是父母对孩子情绪教育的第一步。让孩子知道爸爸妈妈是了解他、支持他的,孩子的内心就会有安全、安定的感觉。当孩子表现出生气、胆怯等不良情绪时,父母应该抓住机会,提供给孩子情绪调节的工具和方法,逐步地引导孩子处理好情绪。对于年龄比较小的孩子,利用一些洋娃娃做情绪扮演是一个非常好的办法。例如,如果孩子在幼儿园或学校与别的同学发生了不愉快的事情,可以让他们用娃娃来表演自己的内心感受,父母和孩子用娃娃一起扮演当事人,将整个不愉快的事情重新演绎一遍,让孩子直观地了解自己在这件事情中是如何反应的。父母则要观察孩子面对事件的情绪反应和处理方式,以及孩子是否认同这种情绪表达和处理方式,从而引导孩子提高在相应情境中的情绪处理能力。

(5) 父母要帮助孩子提升管理负面情绪的能力

焦虑、紧张、愤怒、沮丧、悲伤、痛苦是几种常见的负面情绪。不同性格和气质类型的孩子对负面情绪的易感能力是不同的。一般而言,性格内向、偏抑郁质的孩子更容易体会到负面情绪。

一个常见的误区是,人们往往认为负面情绪是不好的,是应该避免的。事实不然,我们应该尊重每一种情绪。焦虑、悲伤、愤怒等负面情绪在人类的心理调节中起着重要作用。一个人的一生中不可能完全避免负面情绪,负面情绪在某

些时候甚至能推动人的内心发展,是人类心理动力的重要组成部分。当孩子面对负面情绪时,父母可以用四个步骤来加以指导。第一个重要的步骤是"意识到它",即让孩子知道,因为"某事",我感到很生气(或愤怒,或伤心)。第二个步骤是"认知评价",即在"这种情形"下,有"这种情绪"是合理的吗?第三个步骤是"情绪隔离"。悲伤、愤怒这类负面情绪都是一些很强的心理动力,如果沉浸在这类负面情绪中,孩子很难作出理性的选择。即便是成年人,有时也会在负面情绪感染的情况下作出让自己后悔的行为和决定。因此,"情绪隔离"是一个好办法,即在孩子被负面情绪冲昏头脑时,暂时强制地让他离开那个情境,转移他的注意力,让他进行一些合理的发泄活动(如体育运动、倾诉等)。第四个步骤,当孩子的情绪渐趋平稳,父母需引导孩子回顾整件事情,与其交流处理情绪的方式是否得当。如果父母经常使用这四个步骤来处理孩子的负面情绪,孩子就会逐渐明白负面情绪不可怕,关键是要学会正确处理。

4. 青春期(13—18 岁)

有心理学家将青春期称作"暴风骤雨"的时期,由此可见青少年在思想与情感上正经历着剧烈的波荡。青春期的孩子有一个显著的特征就是情感丰富。可以说,人类所具有的各种情绪都会在青少年身上以不同层次、不同强度体现出来,例如悲哀有遗憾、失望、难过、悲伤、哀痛、绝望之分。这一阶段的情绪可谓千头万绪,剪不断,理还乱。并且青少年心境低落的时间开始明显增长。幼儿难过不超过 5 分钟,而同样的情绪在青少年身上却能持续数小时。

据研究显示,青少年的情绪问题主要集中在以下几个方面:首先是情绪控制方面,易兴奋、自控能力差、缺乏恒心和耐心、思维较偏激、容易冲动。其次是情绪调节方面,不懂得调节和控制情绪的方法,易为消极情绪所困扰,难以有效抑制情绪冲动。第三是学业竞争压力使他们过于担心将来的事情,而且以往学习失败的消极后果使他们对再次遭遇挫折、失意普遍感到担忧、恐惧,难以专心学习。第四是自尊方面,很多家长、老师对中学生的期望过高,评价过低,容易使中学生对自我的认识产生矛盾,自信心和自尊心受挫。

青少年是否能够走好这段"暴风骤雨"的时期,其学业、能力发展是否能够成功,情商的高低是一个关键性因素。

较高的情绪智力能帮助青少年很好地对自己及他人的情绪进行识别、评价、能通过适当的非言语动作将自己的情绪准确表达出来,使他们不仅有"自知之明",而且能准确觉察、理解他人的态度,彼此之间能够相互理解、和睦相处,从而获得良好的人际关系。

良好的人际关系对青少年的成长和发展非常重要,因此,要注重培养和发展青少年的人际交往能力,提高他们的情商。

首先,我们可以帮助青少年树立交往的自信,教会青少年用真诚去对待他人,只有坦诚相待才能相互理解,建立信任感。同时青少年还要学会宽容,对交往中的非原则性问题要持宽容的态度。

其次,学会尊重他人,任何以强欺弱的做法都将严重阻碍和谐的人际关系。同时,在尊重他人时,也要做到自尊与自重,抓住人际交往时机,形成良好的人际关系。

第三,提高交往艺术,谈吐的美在于用词准确,言之有物,有一种自然的吸引力。用恰当的行为、神态来沟通人际间的感情,做到友好大方,分寸得当;用洒脱的仪表和适当的礼节与人交往,产生使人愿意交往的魅力。

第四,青少年的交往能力主要还是在实际生活中锻炼出来的,所以我们应鼓励青少年积极参与人际交往,并帮助他们总结经验,引导青少年正确处理交往中的冲突与矛盾,建立良好的人际关系,提高人际交往的幸福感。

5. 青年期(19—30 岁)

青年人风华正茂,他们的心理与生理日趋成熟,比起多愁善感的青春期,青年人心中充满了对理想的憧憬与期待。尽管如此,对于处在青年早期的大学生而言,虽然对自己的情绪有了一定的调控能力,情绪渐趋稳定,但与成熟的成年人相比,他们的情绪起伏仍较大,这可能是由于他们的社会阅历不多,实践经验贫乏,受年龄特点限制,在看问题、评价人物和事件时往往带有较为浓厚的主观色彩和明显的情感偏激。因而,正确认识自己、激励自己有利于他们对自我情绪的有效控制和调节。

在完成学业步入社会以后,青年人逐渐由理想化向现实化过渡,开始承担社会与家庭的责任。成熟使青年人在这一时期能较好地控制和把握自己的情绪,但还是难免陷入消极的心境。此外,好交朋友是青年人的特点,由于同社会联系更加密切,同辈人的相互影响大于父母,因而要引导青年人树立正确的友谊观,增强识别是非的能力,把情商提高的重心放在人际交往方面。恋爱也是青年人面对的一个主要问题,恋爱的不顺利和挫折容易造成情绪波动或出现不良后果,故树立正确的恋爱观对青年人的情绪管理是非常必要的。

6. 成人期(31岁以后)

进入成人期以后,个体便开始在躯体和心理上从成熟走向衰老,心智的成熟使成年人学会了自我舒缓,懂得以各种方式驱散、控制或者掩饰自己不愉快的情绪,而不再像青年人那样喜怒形于色。成年人的人际交往能力逐渐完善,能把握和适应环境,并按正确的批评意见和社会规范来调整自己的行为。他们的自我意识明确,能根据自己的才能和地位来决定自己的言行,有坚韧的意志力,一旦确定目标,往往就能坚定不移地为达到目标而奋斗。

面对错综复杂的社会生活和并不是一帆风顺的人生,虽然成年人的社会知识和实践经验都已经相当丰富了,但他们仍然具有继续发展和成长的机会,这有赖于继续学习和进一步的自我探索。他们可以通过回溯已有经验来获得新的启示,也可以通过学习新经验、新知识和人际技巧来获得新的人生感悟。

根据戈尔曼的理论,一个人无论处于情商发展的哪个阶段,都要对情商的各个方面进行有目的的培养,不可忽视其中任何一个。而我们的教育长期以来过分强调智力的培养和提高,忽视了情商培养。因此,重新审视和看待情绪智力在个人成功中的重要地位和作用,真正把情商教育放到家庭、学校和社会背景中,应该是全面培养孩子综合素质的关键环节。

二、培养孩子做一个高情商的人

我们可能会发现,在工作或个人生活中,有的人无论在什么样的情况下,总能知道该说什么以及怎么说,十分关心和体贴他人,跟他们相处十分愉快。

我们可能也会发现,有的人很善于管理自己的情绪,即使在压力情境下,他们也能很好地控制自己的情绪。他们有能力冷静地看问题,找出解决的办法。他们是优秀的决策者,知道什么时候应该相信数据,什么时候应该相信自己的直觉。他们通常愿意正视自己的问题,能够接受批评,并且知道如何改善他们的表现。他们总是以乐观的心态面对挑战,即使处于低谷也能不断地进行自我激励。

这类人有很高的情商,他们能够很好地了解自己,也能察觉别人的情感需求。

相比于智商,情商的先天成分要少很多,主要是后天形成的。这就意味着,无论孩子的天赋如何,都能通过培养和训练获得较高的情商。

1. 一般心境成分

一般来说,我们理解的情商包括情绪的感知力、情绪的表现力、情绪的调控力、情绪的适应能力以及处理人际关系的能力。

如果把一个人情商的发展比喻成树木的生长,那么情绪的感知力、表现力、调控力、适应力以及管理人际关系的能力便是"情商大树"上的几大枝桠。而要使"情商大树"得以生长、繁茂,必须依赖它的树干,即情商的一般心境成分。情商的一般心境成分包括主观幸福感、自信心、自尊以及责任感。没有一般心境成分,情商的几大能力只能是无源之水,无本之木。

可以说,情商的各种具体能力和情商的一般心境成分是相辅相成的关系。只有当它们相互影响、相互促进时,"情商大树"才能够根基深厚,枝叶繁茂。

(1) 幸福力(主观幸福感)

主观幸福感是指个体根据自定的标准对其生活质量所进行的整体性评估,通俗地讲,就是对自己是否幸福的判断。主观幸福感是衡量个体生活质量的综合性心理指标,它包括认知评价和情感体验两个基本成分。认知评价是指在总体上对个人生活作出满意判断的程度,也称为生活满意度;情感体验指个体在生活中的情感感受,包括积极情感(愉快、高兴、轻松等)和消极情感(沮丧、悲伤、焦虑等)。这两个方面构成了主观幸福感,对总体的生活满意度越高,体验到的积极情感比消极情感多,则个体的主观幸福感越强。

具有高情商的人善于体会并理解别人的心态,能设身处地为他人着想,感悟对方的感受,尊重别人的意见。他们善于人际交往,人际关系和谐融洽,能够在复杂的人际环境中游刃有余。因此,高情商的人的主观幸福感往往更强。这种让自己感到快乐的能量不仅有利于其本人的认知表现和生活满意度的提高,也能为身边的人带来正能量,进而促进人际关系的发展。

相反,情商较低的人容易产生孤立无援或被社会抛弃的感觉,形成偏执、自卑、嫉妒、猜疑、恐惧和孤僻等情绪障碍或人格障碍。而这些负面的能量不仅影响人们自身的身心健康,降低幸福感,而且极容易导致人际关系不和谐。长此以往,形成恶性循环,将对一个人的认知能力和社会能力的发展带来极大威胁。

研究表明,主观幸福感的高低与现实情况的相关性低于与认知和态度的相关性。也就是说,你是否感觉到幸福,与你的现实情况可能并没有什么关联,相反拥有乐观的认知、积极的态度,却是与你内心感受到的幸福更为相关。因此,父母可以通过培养孩子的乐观性格来提升他的主观幸福感。

① 营造积极乐观的家庭氛围

要培养高情商的孩子,不可或缺的一个方面就是帮助孩子建立积极乐观的心态。培养乐观的孩子,父母首先必须改变自己的心态,营造快乐的家庭氛围。有一句话叫做"大气的父母养出大气的孩子",父母的乐观豁达会直接影响孩子对待逆境的反应。

妈妈在打扫卫生的时候因为不小心把花瓶打碎了而懊恼不已:"哎呀,我怎么会把这么贵重的花瓶打碎呢?这可怎么办?为什么这种倒霉的事情发生在我的身上?早知道我应该先把它拿开的,我真的是笨死了!"如果孩子目睹了这一幕,他就会形成这样一种认识:在生活中坏事情经常都会发生,而且无法避免;一旦发生了,犯错误的那个人唯一能做的只有抱怨和懊悔不已。假如妈妈换一种说法:"哎呀,花瓶摔碎了!真是可惜。不过大家不都说'碎碎平安'嘛。"如此一来便给孩子树立了一个乐观积极的榜样,让他们懂得用"好眼光"来看待坏事情。

家庭中还可以形成一种习惯,即每周抽出一两个晚上,全体家庭成员聚在一起,共同分享这几天所看到、听到或所遇到的最开心、最感动的事情。可以着重倾听孩子经历的开心和喜悦,同时帮助他们看到不愉快事件里的快乐,这样既可以培养孩子遇事从积极的角度进行思考的习惯,又可以拉近家庭成员之间的距离,使父母和孩子的关系更加紧密。

② 在日常点点滴滴中培养孩子的乐观心态

除了良好的家庭氛围,孩子的乐观性格还源于家长在日常生活中的引导,其中特别重要的一个方面就是积极奖励和适当批评。奖励是巩固孩子良好行为的重要手段,孩子从奖励和表扬中还能体验到成功的喜悦,这喜悦能给他们带来自信。为此,家长可以和孩子一起讨论,把他所有的好品质和成功的事列在一张表格上,然后把表格放在他常常能看到的地方,当孩子沮丧时,可以提醒他看看那个表格,以鼓励孩子积极乐观地朝前走。

心理学家塞利格曼(M. Seligman)指出:"爸爸妈妈批评孩子的方式,是造成孩子乐观或悲观的重要因素。"对孩子的任何批评都要注意一个原则,即批评只针对行为,不针对孩子的价值。

3岁的小阳在房间里转悠,来到电视机前,闪闪发光的旋钮和开关使他着迷,伸手就想摸,这时,妈妈说道:"别碰!小阳,妈妈说过你只能看电视,但不能碰它,这儿有别的东西你可以碰。"说完她摇摇手中的玩具,小阳在电视机前又站了一会儿,进行了一番思想斗争,然后就转身离开拿玩具去了。面对这样的情境,有的妈妈会说:"小阳真是个好孩子!"如果他不听妈妈的话,碰了电视机,有的妈妈就会说:"小阳不听话!不是个好孩子!"这样的评判就是对孩子本身的价值判断。由于年幼的孩子对自己的认识完全依赖于成人的评价,这样就会使孩子觉得自己一会儿好一会儿坏,对自我的认识产生模糊。而且他们会觉得,父母对自己的爱是有条件的,只有符合父母的要求和期待才会被爱,这种有条件的爱会让孩子对自己的价值产生怀疑。再看看小阳的妈妈,她作出了一种恰当的反应:"做得好,小阳!"这样可以使孩子明白自己有选择的能力,做得好就受表扬,做得不好就受批评,爸爸妈妈只是对自己的行为进行价值判断,而自己始终被爸爸妈妈当作好孩子来培养。这种微妙的差异会给孩子的自我形象带来天壤之别。

当然,乐观并不意味着不许难过,每个人都会有喜怒哀乐,所以也要允许孩子生气,允许他们表达自己的愤怒和委曲,而不能一味地要求孩子时时保持快乐的心情。当孩子哭泣时,父母不要一味地劝阻,或许孩子在哭过之后会感觉更好。

在培养孩子乐观品质的过程中,家长们需要注意的是不要让孩子"盲目地乐观"。也就是说,"乐观"不只是高喊着"我的生活会越来越好"的口号,人生充满了挫折和挑战,只有面对事实,积极正确地评估现实中的困难,才能获得处理困难所需的坚定信念。

(2) 自信心(自我效能感)

自我效能感是美国心理学家班杜拉(A. Bandura)提出的一个概念,是指一个人对能成功执行任何特定行动任务的期待。换句话说,自我效能感就是指个体对自己能成功地完成特定任务的信心。自我效能感影响着个体的行为,能够预测他的相关行为。这表明一个人认为自己是否能做到和他实际上胜任行动的能力之间存在着密切的联系。

自我效能感影响着人们为自己设立的目标和愿意冒的风险,人们感知到的自我效能感越强,选择的目标就越高,在从事目标活动时的毅力也越强。相反,那些认为自己缺乏应付生活能力的人,也就是自我效能感低的人容易焦虑,可能形成回避倾向,面对逆境时容易抑郁,在应付不能控制的压力时免疫系统容易受到损害。相比之下,自我效能感高的个体能够坚持,轻易不放弃。

自我效能感越高,自信心越强。自信心作为一种积极进取的内部动力,其发展水平是与活动的成败相对应的。正如范德比尔特(Vanderbilt)所说:"一个充满自信的人,事业总是一帆风顺的,而没有自信心的人,可能永远不会踏进事业的门槛。"

然而,我们必须承认,几乎每个人都存在不同程度的自卑,儿童期是人的一生中各方面能力和条件都十分弱小的时期。他们的先天条件不同,身体和认知能力的发展并不均衡,父母所处的社会经济地位也不同。他们在成长过程中会与不同的成人和孩子互动,而在这一次次的互动中可能就会落下自卑的种子。

3岁的莹莹上幼儿园了,尽管头几天在幼儿园里哭闹了一阵,但是,很快盈盈就被幼儿园里丰富的玩具吸引住了,对幼儿园的生活也开始习惯了。可是,好景不长,过了三个月,妈妈发现盈盈开始不愿意上幼儿园了。每天早晨要上幼儿园时,她总是哭丧着脸,一会儿"肚子疼",一会儿"我要小便",总是拖拖拉拉地不愿出门。有时,盈盈在上幼儿园的路上还会问妈妈:"妈妈,我很笨吗?"盈盈妈上班都快迟到了,便没好气地说:"是啊,我们家的盈盈最笨了,多好玩的幼儿园都不要去。"后来,经过向老师了解,盈盈妈才知道,老师为了鼓励孩子们学会独立,因此在吃饭、睡觉的时候,都让他们自己独自完成,有时还进行比赛。可是,由于盈盈在同班的孩子中年龄偏小,所以在独立完成一些事情的时候,不是把饭粒撒在桌上,就是比别人慢半拍。因此,盈盈很难过,渐渐地开始不说话了,也不愿意和小朋友们一起玩了。妈妈这才想起,盈盈为什么会问自己"妈妈,我很笨吗",原来,盈盈体验到自卑了。

从上面的例子中可以看到,当幼儿在同伴面前表现得较差时,他们就会产生对自我能力的否定,进而是对自己的全盘否定,丧失了信心,认为自己"很笨","什么也不会",由此产生自卑心理。甚至有时候,自卑还会在孩子们相互"攀比"的过程中产生。"我的衣服比你漂亮!""我有一辆很棒的小汽车!""我妈妈是小学校长!"在这样的比较中,处于劣势的孩子会一次次体验到挫败感,自卑感也就开始悄悄地萌生。

由此可见,自卑感产生于孩提时期,最初表现为逃避,不喜欢竞争,也不喜欢和别人交往;长大以后,自卑感如果得不到及时调整,会形成根深蒂固的自卑人格,结果很可能会变得厌恶社交、孤僻和强烈的不自信,以致于一事无成。对于孩子来说,自卑使他们悲观,失去信心和勇气,害怕别人的嘲笑,做什么事都缩手缩脚,经不起挫折和打击。自卑就像枷锁一般,会锁住孩子朝气蓬勃的心,使它暮气沉沉。然而自卑是可以战胜的,尤其是处在发展中的儿童,他们的性格尚未定型,人生观和价值观尚不成熟,学校、家庭都有责任和义务去帮助、引导他们走出困惑。

自卑的心理,很大部分是由于自己主观"认为"造成的,"认为"自己无能,"认为"自己不如别人,"认为"自己不能取得成功,等等。确切地说,就是一种心理暗示下的自我击败。所以,不要单纯地设想,而是直接去做,在行动中提高自我效能感,对自己的能力形成正确认识,从而逐步获得自信。另外,父母要用积极语言暗示孩子,为孩子打气,在孩子遇到困难时给予鼓励和引导,这样才能帮助孩子满怀信心地面对学习和生活。

心理自卑的孩子通常有一些外貌和行为上的特点,如穿着保守、说话吞吞吐吐、走路畏缩等。据国外最近的实验结果显示,人在举重时如果大喊一声,就能多使出15%的力量,举起更重的杠铃。实验同时还证实,昂首阔步的举止及整洁大方的打扮也能提高自己的信心。因此,从改变服饰、说话的音量、走路的姿势入手,也能在一定程度上帮助孩子改变心态,克服自卑。

自信的养成是建立在成功经验之上的,科学家的研究表明,每一次成功都会在大脑中留下痕迹,当人们回忆起往日的成功行为时,会重新体验到那种成功的喜悦,这样就会对自己充满信心。在消除孩子自卑心理的时候,为了能让他们不忘记成功的感觉,一个行之有效的方法就是指导他们建立成功档案,将每一次哪怕是非常小的成功与进步都记录下来,积少成多,每隔一段时间就拿出来看看,经常重温成功的心情,这样能使他们有信心去克服困难。

此外,"夸大"也不失为消除自卑的一个好方法,即用自己的长处去比别人的短处,或者放大自己的优点而缩小自己的不足。这种方法对成人来说看似自欺欺人,自我夸大,但对于"羡人之长,羞己之短"的孩子来说,这种"逆向比较"对于消除自卑,达到心理平衡却能收到意想不到的效果。

(3) 自尊

自尊(esteem)一词来源于拉丁语 aestimate,意思是"估计或评价"。自尊其实就是我们大家常说的自尊心,它是指个体对自己的喜欢或赞许程度,是在社会学及印象管理当中非常重要的概念之一。

有研究发现,自尊影响个体的认知加工过程,如注意和警觉。研究表明,自尊偏低的个体对负性信息表现出更高的关注和警觉。自尊也影响个体对积极和消极信息的加工及提取的偏向。

在学校里我们常常可以看到,同样一群学生听同一个老师讲课,却往往获得不同的成绩;即使是在同一个环境中长大的兄弟姐妹之间也是迥然不同的。"世界上没有两片一样的叶子",我们每个人都是世界上独一无二的个体。一个人从童年开始,在与别人交往的过程中,不断地进行自我调整,努力让自己的言行举止得到他人的认可和称赞。不管是儿童还是成人,没有人希望自己遭到批评或嘲笑。但是,无论我们如何改造自己,也无法使周围的每一个人都满意,因此,有时被冷落、被忽视甚至被否定也是在所难免的。对儿童来说,因为缺乏对自己的全面了解和客观评价,他们更易受他人评价的影响,因此,要着力培养他们自我接纳的意识和能力。

所谓自我接纳,是指在充分认识自身的优点和缺点的同时完全接受自己。根据我国学者的研究,自我接纳的意识和能力通常包括三个方面:接纳自己的身体、接纳自己的外部行为、接纳自己的内在品质,它是由低到高逐渐发展的,形成高水平的自我价值感是关键。为此,父母可以利用各种机会帮助孩子获得他们可能掌握的能力,这就要求家长对孩子提出的目标必须是孩子经过努力能达到的。另外,还可以设计一些能促使孩子成功的情境,尽量让他们自己解决问题,在这一过程中,父母注意一定要耐心地让孩子完成其力所能及的活动,横加干涉或包办代替只会让孩子永远感受不到成功的体验。而且,父母要对孩子的言行提出及时而适度的评价,肯定他们的优点和长处,以积极、正面的态度去接纳儿童的各种行为。家长不要吝啬带有鼓励性的语言,因为成人的评价在很大程度上影响着孩子的自我评价。

6岁的儿子正试图组装一个飞机模型，可是失败了，他对父亲说："我不做了，我什么都做不好。"

爸爸回答："你知道，儿子，有时候我也有这种感觉，觉得自己什么都做不好，可我一直在注意你，我认为你能把很多事情做好。"

"我不太明白，爸爸。"

"你看，在家里，你能对我们表现出关注和爱心，在我和你妈妈生病的时候，你为我们做小卡片；你对小猫很温柔也很耐心，总是给他们的盘子里放满足够的水和食物。我想你能把很多事情做好，这些只是其中的一部分。"

在肯定孩子的时候，像这位父亲一样能用具体的例子来证明要肯定的品质，这对孩子来说无疑具有重大意义，他们会在这个过程中慢慢地看到自己的独特价值。

自我接纳和自我价值感的认可在青春期会表现出更大的冲突。对青少年来说，自我接纳意味着能欣赏自己，对自己的发展充满信心，并经常保持一种良好的自我感觉，自我接纳程度的高低是青少年能否健康成长的重要心理因素。在青少年的身上，常常会看到两种极端的情况，一种是"我最崇拜的是我自己"这一带有较强自恋色彩的态度，另一种则是"和别人比起来我真差，简直不知道自己有什么优点"这一强烈贬抑自己的态度。其实，无论是"自恋"还是"自我贬抑"，都不难看出青少年对自己的看法常常存在明显的矛盾倾向：一面自傲，一面自卑；表面坚强，内在软弱；嘴上说着"不在乎"，内心却纤细敏感。

一些人喜欢将所有的鸡蛋都盛在一个篮子里，这样便可以一口气将所有的鸡蛋运走，但是如果篮子翻了，所有的鸡蛋也会被摔破。另一些人则将鸡蛋分放在不同的篮子里，这样在运送鸡蛋的时候虽然比较麻烦，可是其中任何一个篮子翻了，也不致把全部的蛋摔破。同样地，有的青少年习惯整体性评价自己，如"我是一个有用的人"或"我是一个失败的人"。他们就像是把所有鸡蛋都放在一个篮子里的人一样，当有一点成就时，便觉得自己非常成功，感到得意洋洋，一旦遭遇挫折，如学业或感情失败，便全面否定自己的价值，觉得自己是个失败者，非常失意。而能客观评价自己的青少年，才能积极地接纳自己，他们明白健康、相貌、学业、家庭、朋友均是自我的一部分。譬如，他们会觉得也许自己的相貌并不出众，但健康和道德修养不错；学习成绩虽然一般，但朋友关系很好。他们就像是将鸡蛋分放在不同篮子里的人一样,不会因为某个方面取得了成绩就沾沾自喜、自傲自大,也不会因为遇到某方面挫折而一蹶不振。

自我接纳意味着自珍和自爱,这是最健康的一种自我肯定方式。自爱的人不盲目,他们对自己的评价中肯而积极,他们知道自己的不足,也能接纳这种不足,也正是因为他们知道自己的欠缺所在,才能更现实地爱自己。有了接纳、欣赏和爱自己的力量,才能去肯定别人的存在和价值,这是健康完满人格的表现之一。

(4) 培养孩子的责任感

责任感是个体能自觉地做好分内的事情,并主动承担应该承担的过失的内心体验,是一种特殊的道德情感。社会责任感从广义上说是指个人、组织对自己、对他人、对家庭、对社会所应承担的责任,并自觉承担应承担的过失的情感体验。从狭义上说是指个人、组织对社会所应承担的责任,并自觉承担应承担的过失的情感体验。

孩子刚出生时,处在一种全然无助的状态中,如果没有大人的帮助,他们不会自己吃饭,不会自己穿衣,更别说在屋里到处走动了。当孩子渐渐地长大,就开始学着走路,学着自己把食物放进嘴里,学着咿咿呀呀与人交流;再长大些,就能够选择自己喜爱的活动,学习科学和文化;更大一些,便开始发展自己的人际关系,建立自己的人生哲学,开始过独立的生活。从这个角度来看,成长的过程就是孩子学着自食其力、自我负责的过程。

在美国,曾有一个小学生因破坏性行为受到停乘校车一周的处罚,孩子只好每天步行上学。有人问他的母亲为什么不用家里的汽车送他去上学,母亲坚决地说:"不,他应该对自己的行为负责!"如果这事发生在我们周围,很可能有两个结果:一是家长出面与学校交涉,要求撤销对孩子的处罚;二是家长自己开车送孩子上学。这里就折射出两种不同的教育观:那位美国母亲的做法是恰当而正确的,她使孩子认识到一个人应为自己的行为负责,并培养孩子自觉遵守规则、积极自律的观念和习惯;而第二种教育观则是一种无原则的溺爱,结果将会导致孩子漠视规则,轻视规范的约束力,并且缺乏责任心。

责任感是任何一个民族和文化所崇尚的最重要的道德品质之一,"对自己负责"通常是指对自己的选择和行为负责,也要对自己的生活和幸福负责,这是一种重要的生活态度,是高情商不可缺少的元素之一。家长的溺爱和过分袒护会让孩子变得毫无责任感,甚至把自己的失误也迁怒于他人。在孩子的成长过程中,如果父母帮他们作好所有决定,摆平所有障碍,会给孩子造成一种错觉,即生活对他们来说是顺理成章的,没什么可期待,也没什么责任需要背负,这将会导致他们依赖性格的形成或能力发展欠缺。

  对幼儿来说,需要培养的责任感主要包括两个方面:一是对自己的生活负责。父母可以适当放手,让孩子做力所能及的事情,如自己穿衣叠被,自己整理玩具,做简单的家务等。这样做既能培养孩子热爱劳动的好习惯,也使他们逐步形成对责任感的基本意识。二是对自己的行为负责。例如,孩子损坏了小朋友的玩具,一定要重新买一个还给别人。也许对方会认为损坏的玩具没多少钱,或认为小孩子损坏玩具是常有的事,或者不好意思收下孩子的赔偿,但家长应坚持让孩子给予对方补偿。这样可以让孩子知道,谁造成不良后果,就该由谁负责,做到"言必行,行必果"。当然,在教育过程中,父母们切莫忘记以鼓励为主,孩子的自尊心很强,你越是信任他,他就越主动,越自觉。此外,给孩子以适当的权力有助于孩子建立责任感。例如,为了让孩子早睡,就给他权力,由他监督父母每天晚上9点钟以前上床,电视也必须关掉,如果谁有特殊情况,要征得他的同意才行。孩子在行使"特权"时,能体会到自己的地位和自身的力量,当他去做一些事情时,对自己也能加以约束。这样,孩子在运用权力的同时自己也被约束了。

  当孩子渐渐长大,他们将会面对更有挑战性的事件和更多困难,也要担负起更多的责任。当前,青少年违法犯罪的现象已对社会产生了较为严重的困扰,有学者认为,其中一个影响因素就是一些青少年的责任意识较差。在与同学发生冲突或遭遇失败时,总是试图寻找别人的错误和缺点,却很少反思自己,常常做出不明智的举动,犯了错误还理直气壮。因此,青少年责任感的培养首先要鼓励他们的自省意识,学会查找自己的失误。此外,敬业精神是强烈责任意识的一个重要表现,对青少年来说,要养成敬业精神须从日常生活做起,无论是家庭劳动还是班级值日,都应履行自己应尽的职责。

  对父母而言,在青少年面临学业或生活问题时,应该鼓励他们朝着独立的方向努力,让他们自己作出决定。当然家长可以在适当的时候给他们一些帮助,例如可通过向孩子提出一些问题来引导他们,"从长远来看,怎样做才能够使你幸福?""你是否可以想想还有什么方法来解决这个问题?"等。但父母必须告诉孩子,决定最终是由他自己作出的,因而他也应该为自己的选择负责。不仅如此,父母还需鼓励孩子接触社会,承担家庭和社会责任,这是促使青少年走向成熟的关键一环。例如,可以鼓励孩子用自己的零花钱资助山区的特困学生,鼓励孩子主动参与绿化、美化、净化校园的活动。

有些青少年的母亲生怕孩子"变坏"而紧紧抓住他们,过度干涉孩子的生活和行为,如交朋友、衣着发型、休闲活动等都要管。这种行为的后果常常是要么致使孩子丧失主见,一味听从,要么诱发他们的逆反心理。恰当的做法是信任并且尊重孩子,给他们选择权和决定权,向他们说明父母的原则和理由,一同制订可行的计划并预期越轨的后果。只有放开管束的缰绳,才能给青少年学习对自己负责提供机会,才能帮助他们对自己的前途作出成熟而明智的决定。

2. 情绪的感知力

(1) 培养高情商孩子,父母的正确情绪感知和反馈很重要

古希腊哲学家苏格拉底曾提出一个著名的命题"认识你自己",他认为,人之所以能够认识自己,在于其理性;认识自己的目的在于认识最高真理,达到灵魂上的至善。"认识你自己"被刻在古希腊阿波罗神殿的石柱上,与之相对的石柱上刻着另一句箴言"毋过",这两句名言作为象征最高智慧的"阿波罗神谕",告诫我们应该有自知之明,不要做超出自己能力范围的事。

可以说,从古到今,人们对于自我的认识始终处于无尽的探索之中。不仅如此,认识自己,弄清楚"我是谁"、"我能做什么"、"我的一生会如何"也是一个人毕生发展的任务之一。认识、了解自己的情绪是认识自我的重要组成部分,也是情商的第一个重要内容,是管理自己情绪、识别他人情绪的前提和基础。谁了解自己的情绪,谁就能充分利用自己的情绪,就能操控和驾驭它们,否则只能听任它们的摆布。因而,学习了解自己的情绪,在生活中把握自己的体验,是发展和健全人格的第一步。

因此爸爸妈妈在孩子情商发展之初应充当一面"镜子",学会理解孩子的情绪并作出恰当的反应,帮助孩子留心并捕捉各种情绪体验。

从人的一生发展来看,婴儿出生以后的 36 个月是成长的关键时期,营养和环境刺激对大脑发育会产生重要影响。这个时期的孩子看似与外界没有过多的

联系,实际上他们是异常敏锐的,在无声无息中就把很多外界刺激吸收到他们心灵中去,从而为今后的发展埋下基石。宝宝从出生那天起,就在家庭这个情绪启蒙学校里学习如何对待自己的情绪,如何理解和表达自己的希望与担忧。在与爸爸妈妈的交往互动中,宝宝稚嫩的心灵已经悄悄地开始发芽生长了。可以说,父母的教育、父母对自己情绪问题的解决以及父母之间的情感交流对孩子情绪能力的发展起到了基石的作用。也就是说,虽然孩子的情商在整个少年期和青春期都在不断地向前发展,但其基本能力却是在他初到人世间的那些岁月里形成的,以后的情绪能力都建立在这个基础之上。

当孩子初学走路或玩玩具时,妈妈以欢笑与孩子的感受共鸣,这样会强化孩子的成功体验。孩子感到自己正在被看着、被听着、被赞赏、被支持,从中获得的极大满足能够强化自尊,从而逐渐意识到自己的力量。在孩子受挫折时,他们会大发脾气、蹬腿、尖叫,此时母亲要以温和而平静的话语以及轻柔的抚摸来接纳孩子的情绪,使其平静下来,有时孩子伤害自己和破坏东西的行为,会在母亲的搂抱、呵护和坚决制止中缓和下来。通过这一过程,母亲用自己的姿态、动作和语言包容了孩子的紧张和愤怒情绪,调节并转变它们。这样,一方面能够使孩子认识到自己的情绪;另一方面也教会孩子如何控制为所欲为的想法,以及学会平息挫折所带来的不安与焦虑。

母亲对孩子的各种扶助和引导行为能使他们学会在成功时不会妄自尊大,在失意时也不会一蹶不振。正如一些心理学家所说的那样,这种在短时间内对孩子的情绪状态进行调节,能够使得孩子们的情绪由最初的他人调节逐渐发展成为自我控制与调节。

随着年龄增加,孩子的情绪逐渐复杂起来,因此父母们有必要察觉和把握孩子传达出来的情绪线索,以便进行正确引导和教育。通常,孩子的喜怒哀乐会真实而自然地写在脸上,但有时也会比较隐蔽,需要父母认真去识别。例如,当他们感到内心紧张时,会紧紧地抓住爸爸妈妈的手,或者突然改变平时的习惯,变得寡言少语或者喋喋不休,甚至出现暂时性的口吃;在缺乏安全感或面临困境时,孩子也许会表现为退缩,不参加活动,有时还会产生一些攻击性行为以示反抗,而且往往越是不自信的孩子越容易采用哭叫或攻击性行为的方式来保护自己;有时家长还会看到孩子采用一种习惯性动作来表达自己的情绪,常见的是吸吮手指头,这往往是孩子内心焦虑的一种征兆,或者反映了需要得到更多安全保障的愿望。此外,咬指甲、吮衣角,甚至玩弄自己的生殖器等行为,都与孩子紧张、焦虑、寻求满足等情绪有关。面对这些现象,爸爸妈妈不要随意粗暴地训斥、打骂孩子,也不要强行夺走孩子的东西,因为这样做只会加剧孩子的紧张和焦虑,造成更大的心理伤害。正确的做法应该是充分利用孩子给我们显示的情绪线索,找出令他们产生不安情绪的根源,然后采用适当而温和的方式,如唱歌、游戏、画画、认识大自然等活动,让孩子体会到父母的关爱,意识到情绪宣泄的适当途径。随着孩子情绪的调适,一些行为习惯也会逐渐得到改善。

(2) 让孩子学习感知他人的情绪

一个人一生的成长和发展离不开社会,离不开群体,每个人的生活也离不开与他人的交往,因此人际关系的好坏就关系到个人生活的幸福与否。拥有一个融洽和谐的人际氛围无疑是幸福的,身在其中能享受到生活和工作的乐趣;相反,如果人际关系充满了紧张和敌意,那么会给一个人带来孤寂、疑虑、焦躁等不良心理感受。

孩子对他人的理解,即对他人性格、行为和心理感受的理解,与他们自我理解的发展是一致的。并且,随着发展,孩子们一面加深对自己和他人内心世界的关注,一面开始关注人际关系。例如,学龄前儿童就已经理解什么是友谊了,但在他们眼中友谊是具体的,就是游戏和玩具交换的伙伴。看到隔壁的小朋友,说一声"你好"就能成为朋友。逐渐地,朋友在他们的生活中占据越来越重要的位置,同伴关系不再仅仅限于一块儿玩耍,而是更多地表现为分享经验与情感。

有的家长认为,孩子的生活环境主要是家庭,只要父母提供足够的爱与关怀,他们就能健康成长了。其实不然,人是社会性动物,对群体和同伴的需要不能依据年龄来判断。亲子关系与同伴关系对于儿童的发展是互补的,亲子关系强调爱与关怀,这为孩子进入同龄人的世界提供了必需的安全感;而与同伴之间的交往主要包括游戏以及一些社会化活动,如共同劳动、学习等,又反过来为儿童进一步发展在早期家庭生活中获得的社会生活技能提供了有利的环境。因此,亲子关系和同伴关系相辅相成才是培养之道!

① 移情能力是人际交往的基础

对每个人来说,理解和表达情绪是相互交织在一起的,心理学上把对他人情绪的意识以及与他人情绪产生共鸣的能力称为移情。换句话说,移情就是洞察他人情绪的能力,是设身处地从他人的视角看待问题,从而理解他人的情绪状态并和其共同感受的能力。移情能力是人际交往的基础，和谐的人际关系源于沟通双方情绪的协调能力，因而，不能识别他人的情绪可以说是情绪智力的重大缺陷。移情能力发展较好的孩子更能得到同伴和大人的喜爱，他们通常有着良好的人际关系，在学校和日后的工作中有更多的成功机会。

儿童移情能力的发展经历以下几个阶段：

0—1岁：尚未形成自我意识，不具备移情能力

一岁前的宝宝对自己身体和情绪状态的意识还比较差，通常还不能很好地区分自己及自身之外的事物，对他们来说，妈妈就是自己的一部分，因而也较难识别他人的情绪状态。爸爸妈妈的主要培养任务是帮助孩子认识自己与外界事物的关系，例如，在孩子够得到的地方挂一个铃铛，通过触摸铃铛发出声响来认识和控制自己的身体。

1—2岁：开始注意他人的情绪变化，移情能力萌发

这一阶段的孩子对他人的情绪有了一定的意识，但对自己及他人内在心理活动及情绪体验的认识仍然不足，他们通常是从自己的角度出发作出反应。看见他人开怀大笑，他可能也会一起笑；看到他人伤心痛苦，他可能也会闷闷不乐。1岁半以后的孩子，看见小伙伴摔倒受伤，他很可能会跑过去抱抱对方，或者把自己的玩具送给对方。对此，家长可以引导孩子描述他自己处在相同情景下的感受，例如可以问："如果被小朋友拒绝了，你会是什么心情呢？"进而让孩子推测别人的感受。

2—4岁：理解他人情感的能力增强，具备一定的移情能力

孩子上了幼儿园以后，他的活动范围扩大，社会交往经验逐渐丰富起来，这使得孩子的理解能力更强，而且开始不再以自我为中心，尝试站在别人的角度看待问题。这个时期，父母需要为孩子树立榜样，父母之间的相互体谅以及对他人情感的关心和重视都会给孩子传达积极的信息，有助于培养孩子观察别人、设身处地为他人着想的能力。

4—7岁：开始体验较复杂的情绪，移情能力进一步发展

随着知识经验的积累和生活体验的丰富，这一阶段的儿童开始能够理解不同的人面对不同情景时会有不同的感受，尤其是开始注意到即使在同一情景中，不同的人也会有大不相同的感受，开始明白要从实际出发理解对方的感受。父母可以和孩子共同讨论一些话题，诸如"老师的鼓励能带给'好学生'和'坏学生'

什么不一样的感受","一个富人丢了十元钱和一个穷人丢了十元钱有什么不同",等等。

家庭教育对于孩子移情能力的培养起着重要作用。如果父母教育孩子对他人的情绪要敏感,要同情他人,那么孩子长大以后就更懂得同情他人的疾苦。例如,父母可以提醒孩子关注自己的不良行为给他人带来的痛苦,"你看看你让妹妹多伤心"的说法比"你怎么这么淘气"说法更有助于发展孩子对他人情绪的敏感性。此外,当孩子表现出不适当的情绪时,父母要及时给予指导,告诉他对人善良的重要性,这也能提高孩子的移情水平。相反,以惩罚为主的家庭教育对孩子移情能力的发展特别不利。国外曾有研究者观察过一群受严重体罚的学步儿童,看他们如何对其他儿童的痛苦作出反应。与没有受过体罚的同龄孩子相比,他们很少会关心别人;相反,他们表现出害怕、愤怒甚至对他人的攻击。在一年以后的再次观察研究中,那些受体罚的孩子逐渐开始模仿父母,漠视甚至是怒视他人的痛苦。

父母是孩子认识世界、获取知识的第一任老师,父母是否善于表现自己所产生的移情直接影响到孩子移情能力的发生和发展。模仿是孩子的天性,他们会根据自己所看到的情景表现出类似的行为,所以在生活中,当父母看到别的孩子跌倒了或是受伤害了,可以直接表现出关切和疼惜,孩子们会默默记住并在下一个情景中亲身实践。

② 观点采择能力是感知他人情绪的重要元素

感知他人情绪能力发展的另一个关键点是心理学中所称的观点采择。观点采择是指个体设身处地理解与感受他人想法与情绪的能力,是一种具有亲社会倾向的认知策略。在以往的研究中,观点采择主要被视为助人行为、亲社会行为等行为结果的前因变量。例如,有研究发现,观点采择是个体助人行为的重要预测变量,即一旦个体对他人产生认知的或情感的观点采择后,就能引发不同程度的助人行为。鉴于此,在早期的某些研究中,研究者们试图通过提高青少年的观点采择水平促进其助人行为的发生,从而促进青少年的道德发展。

观点采择并不能直接引起助人行为发生,而是以共情反应为中介对助人行为的过程起作用。这里,共情既是一种对他人设身处地、感同身受的倾向(共情倾向),也是一种由他人的痛苦和烦恼等消极情感诱发的,个体基于他人的幸福并以他人为中心而出现的关心、怜悯等反应性情感(共情反应)。艾森伯格(N.

Eisenberg)等人在对巴西青少年的研究中发现,观点采择需要通过共情反应与亲社会倾向的中介作用,才能间接预测助人行为。也即是说,一个人感知了别人的情绪,有对别人境遇的感同身受和亲社会倾向,就有可能做出助人行为。

有观点采择能力和高水平共情能力的人可以接收到广泛的情绪信号,他们能感知到一个人或者一个团队未经言表的内心情绪。这样的人会认真倾听,并了解其他人的观点,感知其他人的情绪,会更容易与那些来自不同背景、不同文化的人友好相处。

③ 如何更好地感知他人的情绪?

读懂别人的面部表情和身体语言

情绪在人类的交流活动中扮演了重要的角色。个体可以通过一些重要的非言语性的暗示(如表情、姿态等)向他人表达自己的情绪,这些表达被接收者读懂,从而能够解释和传递发送者正在感受到的某一种情绪的意义。

虽然几种基本情绪是跨文化的,但是人们在社会化过程中,由于文化、风俗或社会规范等方面的不同,其情绪表达规则各有不同。

从规则上讲,情绪表达规则是一套规定个体在什么情境下、对谁、应该表现出什么样的情绪的规则;从功能性上讲,管理、调节和表达个体的情绪,以达到一定的人际交往目的;从风俗文化上讲,受特定的社会文化和约定俗成的影响,会表现出各种不同的情绪。因此,了解相应的情绪表达规则是读懂别人面部表情和身体语言的前提。

家长应该在生活中一点一滴地向孩子渗透如何读懂别人的面部表情和身体语言以及它们背后的真正意图。例如,家长通过指导孩子记"情绪日记"的方式,来给他们创造情绪识别的机会。参加集体活动或家庭聚会,或发生在孩子身上的生活事件,都是家长培养孩子情绪识别能力的好机会。让孩子学会观察他人的言行举止,观察什么样的行为会引起什么样的反应,并帮助他们在观察后记录"情绪日记"。孩子在积累了这些"情绪素材"之后,积水成渊,对情绪的辨识能力自然就强了。

换位思考,感同身受

共情是高情商孩子的一个必备能力。在对方开心的时候能感受到这种快乐,在对方难过的时候能体会到这种悲伤,这种"情感共鸣"的能力恰恰是我们增进人际关系的重要部分。"我真为你感到高兴!""我知道你很难过。"当我们发自内心地说出这些话,我们往往能看到对方眼中一抹会心的神色,那个神色叫"我知道你懂得并接纳我的情绪"。

另一方面,通过换位思考,我们能从别人的角度出发来想问题,了解别人的难处和困惑,从而理性地作出判断,及时有效地化解矛盾。比如,当有人冒犯了你,或做了让你很不开心的事情时,你都可以换位思考一下,然后作出理性的抉择。那么,如何才能做到换位思考呢?也许以下方法可以帮到你:第一,不要立即下判断。情绪存在一个"窗口期",当我们遇到一些负性事件时,我们可能感受到愤怒、委屈、尴尬等情绪。在这个时候,不要立即下判断,因为此时我们的认知会受到情绪的影响,进而做出一些冲动性的行为或说一些激烈的话语,由此带来的人际关系的破坏可能非常严重。第二,尊重他人,以诚相待。对他人的尊重体现了一个人的修养,而真诚是所有良性关系发展的支点,在与人交往时,需尊重他人,以诚相待。尊重他人,表现为尊重这个人的过去、现在和未来。我们每个人有不同的过去,对未来有不同的愿景和期待。每个人都是一部发展着的自传书,有共性,也有不可替代的独特性。我们每个人可能来自不同的地方,有着不同的家庭背景,受不同的教育,有着不同的经历,并由此形成了不同的世界观、人生观和价值观,不同的文化、信仰。"当下"的差异性都一定有其"历史原因",并受未来愿景的指导。因此,当孩子遇到自己不能理解的事件时,教会他们"尊重他人,以诚相待",尝试着去理解、接纳对方。第三,加强沟通。在尊重和真诚的背景下,良好的沟通必不可少。沟通是加强了解、避免误会的基石。此外,沟通是一门艺术,如何以别人认为舒服的方式进行沟通,在轻松、愉快的对话中加强对对方的了解,这也是情商培养不可缺少的重要一课。

3. 情绪的表现力

(1) 引导孩子合理地表达情绪

6个月以前的婴儿尚不能意识到自己正在经历的情绪,随着年龄增长,3岁的孩子已经能利用语言对他们的情绪进行描述了。和成年人一样,孩子也能体会到愤怒、羞辱、忧虑、伤心、悲痛、消沉、激动等种种强烈的情绪,他们也会有各种情绪表达。当孩子大吵大叫、生气发火时,有的父母会说"我就讨厌发脾气的孩子"、"这么大的孩子还哭"、"真傻"等,殊不知这类批判、讽刺、贬低的语言会给孩子带来我们无法看到的内在伤痕;即使语言的攻击停止了,感情伤害仍然会在孩子的内心继续。因为缺乏正确的引导和教育，孩子在未能理解自己的情绪之前就开始排斥自己。

因而，父母应该协助孩子表达自己的情绪情感，应该帮助他们认识并善待自己的情绪情感，而不是否定和斥责。美国费城儿童指导中心（Philadelphia Child Guidance Center）的研究者们认为，尽管要在6岁以下孩子的情感生活中确定什么是"正常的"格外困难，但还是有一些非常宽泛的指导原则可以供父母们参考。

0—6个月

对父母的感情越来越深，也越来越外露，会经常对他们笑，常常带着渴望的神情对父母的面部表情和语言作出回应。

开始从特定的声音、图形以及动作中一再获得快乐。

形成了在特殊场合使自己平静下来的能力。

6—12个月

对于不同的面部表情、语言和互动，能作出越来越独立和合适的反应。

为获得愉快的经验，开始越来越多地探索周围环境。

开始寻求多种感到舒适的方法。

1—1.5岁

逐渐地能从特定玩耍中寻求和获取快乐。

开始对父母不同的语调（如命令、表扬等）作出一致而适当的回应。

控制怒气和不满的能力越来越强。

开始模仿父母或亲密长辈的行为与情感。

开始寻求与他人（尤其是其他年幼孩子）进行互动。

1.5—2岁

开始越来越多地进行"假装游戏"，如用手把脸蒙起来假装自己不在，或者假装生气等。

形成了用明显不同的姿势和嗓音来表达不同情感的全套本领。

当感到迷惑或烦恼时，偶尔会寻求安静和独处，如喃喃自语地走开。

"读懂"他人（尤其是父母）情感状态的能力越来越强。

对父母开始形成越来越适当和积极的回应。

2—3岁

培养了不乱发脾气和恢复平静的能力。

开始逐渐用行为或互动去试探他人的情感状态或情感反应。

开始越来越多地因为自己的想象和玩耍而感到快乐或烦恼。

越来越多地为潜在可能发生的、使人沮丧的事情而担忧。

逐渐开始寻求用特殊的字词来表达越来越多的感情。

3—4 岁

开始逐渐培养对于控制情感的兴趣和技巧。

能逐渐意识到自己的性别,并相应调整自己的情感表达方式,如男孩不能轻易掉眼泪。

开始能同父母讨论自己的情感问题。

4—6 岁

学会使用平静和从容的方式来发泄自己的情感压力,如画画,进行喜爱的某种特殊活动等。

开始对自己情感的因果进行理性判断。

因为能自娱自乐和自己解决情感上的困扰而变得越来越独立。

显示出对他人(尤其是同龄伙伴)越来越多的同情与好奇。

适当表达情绪,正确抒发情感是一个人健康生活所必需的,孩子也一样,需要适时适当地表达自己的悲伤和喜悦。但对于年幼的孩子来说,情绪体验无疑是变幻而不可捉摸的,他们也常常难以对自己的情绪进行描述。因此,在培养孩子适当的情绪表达能力时,父母需要帮助和引导孩子辨识各种基本情绪体验。爸爸妈妈们可以适当运用一些小技巧,引领孩子学会标识自己模糊不清的情绪感受。例如,妈妈可以陪伴孩子做填句子的游戏,诸如"妈妈给我买了生日礼物,我感到……""我把奶奶的花瓶摔碎了,我感到……"等等,并通过与孩子一同讨论来引导他们体验正确而适度的情感。父母还可以摆出各种各样的面部表情和身体姿势,让孩子来猜猜它们代表了什么情绪。对于年龄稍大的孩子,父母可以陪同他们一起看儿童节目、动画片等,然后和他们一起回忆故事的内容并谈谈自己的感受。此外,家长还可以与孩子一同分角色朗读故事,带领他们体验不同角色的情绪,然后用语言表达出来。

培养孩子表达适当情绪的能力是一个长期的过程,爸爸妈妈不仅需要耐心引导,而且需要细心观察,了解孩子的情绪反应特点。每个孩子自出生开始就带着与生俱来的特征在与这个世界互动,即每个孩子都有自己独特的气质,有的性情温和,有的则易怒易闹,爸爸妈妈要有一双敏锐的眼睛,及时捕捉他们与众不同的特性。例如,有的孩子生活很有规律,通常表现得愉快、友善、高兴,这样的孩子我们常常说"好带"。而有的孩子情绪反应比较强烈,一生气起来就拳打脚踢,甚至伤害自己,喜怒哀乐明显表现在外。对待这样的孩子,爸爸妈妈可以参考下列的一些做法。

他怒,我不怒。 有的父母在孩子生气发怒的时候自己也会受到影响,跟着生气,而这样的结果最终只能导致大人与小孩怒火相向,却很少能够成功解决问题。如果采用平和的态度对待孩子的坏脾气,他也就能逐渐学会包容自己的愤怒。

一致的教养态度。 爸爸妈妈对待孩子的方式应该一致,不能因为孩子情绪反应激烈而妥协退让。在确定孩子不会伤害到他们自己时,对他们乱发脾气的行为可以忽视不理,这可以让孩子意识到发脾气并不能满足自己的需要。当发脾气可能会伤着他自己和他人时,父母必须进行严厉制止,让孩子知道发泄情绪也应有一定的界限,自己发泄情绪不应损害别人的利益和破坏物品。

训练孩子表达自己的感受。 孩子们常常喜欢用肢体语言来传达内在的感受与情绪,对此,爸爸妈妈可以培养他们用语言或者画画温和地表达自己。例如,小敏心爱的绒布玩具在从幼儿园回家的路上弄丢了,爸爸可以用理解的语言帮助她表达自己的悲伤:"我知道你很伤心,因为你的娃娃对你来说非常重要,我能从你的眼神中看出你很难过,我也感到很伤心,因为我也非常喜爱它。"

除了以上所述两种"容易抚养"和"难以安抚"的孩子之外,常见的还有一类孩子,他们的情绪反应比较弱,喜怒哀乐很难被察觉,和爸爸妈妈到了陌生的地方,会表现得退缩和谨慎,需要很长一段时间才能慢慢适应环境,同时,他们的种种需求也不容易被注意到。由于这一类型的孩子似乎是"慢性子",因此,不太细心的父母常常会忽视他们的需要,令其幼小的心灵升起一股莫名其妙的失落感。所以,当孩子在一旁嘤嘤啜泣时,爸爸妈妈要能觉察到他的难过,可以走到其身边,轻轻搂着他,进行语言安抚:"孩子,发生什么事了?是什么让你这么难过?你要不要说说看?"以此鼓励孩子表达自己的情绪。

生活中经常会发生一些不愉快的事件,这些事件会影响人们的情绪,尤其是遭受挫折时,人们会沮丧、抑郁,儿童也不例外。在这个时候,父母表达自己情绪的方式就显得特别重要,因为他们与孩子朝夕相伴,无时无刻不是孩子效仿的榜样。可以说人类对于情绪与情感表达的反应模式就是从家庭中学习而来的。有时候我们看到一些父亲常常容易生气,容易动手打人,他习惯于把自己因悲伤或生活不如意而累积的情绪转换成一种愤怒的表达。他的孩子长大成人之后也许就会像爸爸一样,以生气的方式去处理自己的困境。他可能会莫名其妙地指责周围的朋友,而被指责的人则很难理解这种表达挫折情绪的方式,这样一来,人际关系就可能受到损害。

(2) 情绪表达有一定的规则

情绪表达要遵循一定的社会规则,具体表现为:

① 对情绪表达行为的调节提出了外显的社会化要求。在许多情况下,社会习俗抑制了真实的情绪表达,社会期望人们隐藏真实的情绪体验,而表达出符合社会期望的情绪。例如,即使得到一个不喜欢的礼物,也要微笑并表示喜欢这个礼物。因此,情绪表达规则对人们如何调节情绪表达,使之符合社会要求提出了明确的规定。

② 对表情知识(面部表情的标志)、情景理解(对特定情景下常规情绪反应的理解)和情绪观点采择(特殊情绪反应和常规情绪反应的区别)进行整合。

③ 要求个体根据人际目标调节自己的情绪表达。这一目标可能是自我定位,其意义在于保护或加强自我的知觉;也可能是他人定位,加强或保护他人的状态;还可能是规则定位,其重点在于符合社会期望。

从以上三点看出,由于情绪表达规则是建立在人际交往需要的基础上,并通过一整套情绪表达规则知识对人们的情绪表达行为提出了外显的社会化要求,从而使得人们在运用规则进行情绪表达时,能够很好地实现对内平衡个体情绪体验和对外调节人际关系这两个功能。

首先,情绪表达规则具有内部调节功能,为平衡个体情绪体验而服务。

萨米(Sarmi)于1979年提出了满足当前需要的表达规则的概念,指的就是情绪表达主要考虑个人的利益,从本质上讲它具有自我保护功能。例如,为了避免被他人嘲笑而隐藏自己的情绪体验。同时,索汉姆(Soham)于2000年提出情绪表达规则的功能就是人们利用头脑中情绪表达规则调节自身情绪体验,主要指向内部,目的是为平衡个体情绪体验服务。麦克道尔(McDowell)等研究者也指出,情绪表达规则具有内部调节功能,它们与维护自尊和避免尴尬有关。

其次,情绪表达规则对外具有社会调节功能,为达成一定的社会目标服务。

萨米提出的文化表达规则指情绪表达要符合特定的社会团体、特定文化背景下的成员所共同遵守的社会规范、社会习俗。因此，从本质上讲，情绪表达应该是亲社会性的，代表一种文化认可的情绪交流方式。例如，男孩不能哭；收到不喜欢的礼物时，要表现出快乐的表情并要表示感谢。另外，情绪表达规则也为一定的社会目标服务，起到了一定的社会调节作用。索汉姆同样认为情绪表达规则是个体利用外部情绪表达与他人沟通的一种方式，主要指向外部，为一定的社会目标服务。在这一点上，麦克道尔也提出了类似观点，认为情绪表达规则起到了社会调节功能，因为人们能够考虑到某种特殊的情绪表现可能会影响他人。同时，人们对情绪表达规则的使用存在不同的动机或原因，如既可以保护自己，也可以保护他人。

由于情绪表达规则要求人们在恰当场合表达出恰当的情绪，当内心的情绪体验与情绪表达需要不一致的时候，就要采用相应的调节方式进行调整，从而使自己表达出符合表达规则的情绪，尽管内部真正体验到的情绪感受并非如此。

1969年，艾克曼(P. Ekman)和弗里森(W. V. Friesen)提出了情绪表达规则调节外部情绪表现的4种基本方式：

① 减弱真实情感的表现(减弱)；

② 夸大情绪表现(增强)；

③ 表现看似自然或中性的表情(中立)；

④ 表现完全不同于真实情绪的表情(伪装)。

之后他们又提出，表情可以通过以下6种方法进行管理：

① 毫不抑制地表达感受；

② 表达感受，但是比真实感受的强度稍弱(减弱)；

③ 表达感受，但是比真实感受的强度更大(增强)；

④ 什么也不表达(抑制)；

⑤ 表达感受，同时用微笑来掩饰自己的感受(修饰)；

⑥ 用微笑来掩盖自己的真实感受(伪装)。

依据情绪表达规则，人们对情绪表达行为的调节有以下6种方式：

① 夸大，表达的情绪比实际感觉到的情绪强烈；

② 缩小，表达的情绪没有实际感觉到的情绪强烈；

③ 中立,什么也没表现出来;

④ 伪装,表达的情绪并不是个体真实感受到的情绪;

⑤ 限制,当情绪是混合的或者同时产生两种不同的情绪时,只表达其中一种情绪;

⑥ 没有调整的情绪表达,表达的情绪就是自己真实体验到的情绪。

总之,运用表达规则进行情绪调节有多种途径,个体能够增强(夸张)或者减弱(缩小)情绪表达。例如,在喜剧表演中,演员们常常夸大自己的情绪从而达到搞笑的结果。又如,某人在得奖的时候,抑制自己喜悦的心情,从而不至于增添没有得奖的人内心难受的感觉。人们能够根据职业要求来伪装或隐藏他们感受到的情绪,如护士或医师在告知病人绝症时,或者是从事服务行业的雇员如航空乘务员在与消费者互动时;人们能够压抑自己的情绪表达,或者干脆什么也不表达,比如人们在玩纸牌游戏的时候;而且,人们还会在与其他人共处时修饰他们表达情绪感受的程度。

(3) 情绪感染力

我们在日常生活中常常发现这样的现象:当和一个兴高采烈的人交谈时,我们自己也会变得愉快;当观看一场生离死别的电影时,我们也会变得悲伤。这是否说明我们在和他人交流的过程中,情绪可以发生传递?在大量社会经验和实验研究的基础上,我们可以给出肯定的答案:情绪确实可以在个体之间发生传递,使得个体间体验到相同或类似的情绪,即实现情绪聚合。这种情绪从一个个体传递到另一个个体的过程,就是广泛意义上的情绪感染。

早在 1759 年,经济学家亚当·斯密(Adam Smith)就观察到人们可以通过想象身处他人情景和模仿他人行为实现情绪感染。而大量现代心理学研究同样证实了情绪感染现象的存在,情绪感染现象是十分普遍的,研究者在幼儿甚至婴儿身上就已经观察到了情绪感染,其中以探索婴儿哭泣感染的研究为主。自布勒(Blur)和赫尔泽(Helzer)在 1928 年完成首个哭泣感染的实证研究以来,研究者相继在出生后 18 个小时、18—34 个小时、43 个小时以及 14 天的婴儿身上发现:当婴儿听到其他婴儿哭泣时,他们也会在较短时间内开始哭泣。虽然仍然无法确定这一现象是否是与生俱来的,但是这一系列研究至少证明人类在出生后十几个小时就可以发生情绪感染了。这从一个侧面说明了情绪感染对于个体的成长和发展具有重要的意义。

情绪感染是指情绪诱发者的情绪信息被觉察者感知并自动化地、无意识地加工成与诱发者相同的情绪状态的心理现象。情绪感染是自下而上的情绪产生过程，无需意识参与，但可与高级认知加工产生的情绪状态相叠加。觉察者的高级认知加工、情绪状态、注意力倾向、先入观念等均会影响情绪感染的效果。研究表明，高低分情绪觉察者在情绪觉察过程中的眼动特点、模仿与生理反馈水平、情绪体验上存在显著性差异，通过路径分析证明了情绪感染的发生机制为：感官情绪信息——觉察者觉察——觉察者无意识模仿——生理反馈——情绪体验。

另外一项关于网络情境下的情绪感染研究发现，权力对于简单情绪感染也具有调节作用，个体的权力地位越高，其展现出的积极情绪越容易感染他人，并且会获得更多积极情绪的反馈；同样地，高权力地位者展现出的消极情绪也非常容易感染他人，但是获得的消极情绪反馈会减少。

关系的亲疏程度也被认为是调节简单情绪感染的因素之一。一般认为关系亲密的个体间发生简单情绪感染的可能性更大。当个体喜欢某个人或者与某个人感到亲近时，他更容易被这个人的情绪所感染。范·德·沙尔克(Van De Schalke)等人分别在内群体和外群体中探索了简单情绪感染的发生，他们发现愤怒和恐惧情绪在内群体中更容易实现情绪聚合。据此他们认为社会连结和情绪感染可能是一个双向作用的过程，一方面，情绪感染可以加强社会连结，另一方面社会连结的加深可能也会反过来促进情绪感染的发生。

4. 情绪的调控力

幼儿期是情感教育的黄金期，帮助幼儿形成初步的情绪调控能力是父母不可忽视的职责之一。2岁左右的儿童已经能显示出成人所具有的大部分复杂情绪，他们不仅能体验到舒适、满足和快乐，而且会经历悲伤、恐惧、愤怒等情绪。对孩子来说，产生消极情绪是再平常不过的事了。当一个成人发脾气的时候，旁观者常会知趣离去，或者好言相劝。然而，当一个孩子发脾气的时候，他受到的可能是训斥，甚至会因此而挨打。这实际上是不公平的，孩子更应该得到爸爸妈妈的理解和关爱，从而才能逐渐学会掌控自己的情绪。

(1) 关注孩子的情绪变化

心理学家认为，6岁以下儿童的生活世界中充满了困惑和好奇，他们很难分辨真实和虚幻,在生活中的每一时刻都会遇到新鲜的体验,这些新鲜刺激可能带来快乐,也可能带来恐惧。例如,才出生不到半年的孩子遇到任何高分贝的声音或者突然变化的嗓音都会产生恐惧感;1岁左右的孩子见到陌生人时会感到紧张和恐惧;2岁左右的孩子在遇到和父母分离,或者搬家等环境变化的情景时,会感到不安和焦虑。然而,在很多父母看来,孩子的这些情绪并不值得去关注:哭也好,生气也罢,只是"小孩子脾气",过去也就过去了,真正值得关心的是孩子的身体和智力发展。常见到有的父母在公共场所对哭闹的孩子说:"能不能安静一会儿?怎么这么不懂事!"或者"还哭?再哭妈妈就不喜欢你了!"这时,孩子会更为伤心,哭闹反而升级。

其实,孩子们因为年龄缘故,表达情感的方式十分有限,所以哭闹可能就蕴含着各种意义。父母首先要做的是找出问题所在(是受了委屈,还是身体不舒服,或者是对什么感到害怕了),而不是用严厉的态度来压抑他们的情绪,因为这样做会给孩子造成错觉,即消极情绪是不被父母接受的,久而久之,也就学会了压抑自己的消极情绪,从而对身心发展造成不良后果。

(2)怎样处理孩子由于分离焦虑而引起的情绪失控?

有时候,父母不得不暂时离开孩子,并把孩子交托给别人看管一下,而孩子一旦看不见爸爸妈妈,就会马上开始哭,一直哭到爸爸妈妈回来为止。与父母的这种分离可能会引发孩子严重的情绪反应,这在心理学中被称为分离焦虑,它是孩子生活中常见的一种情绪困扰,是孩子发展过程中的正常现象。

孩子在与爸爸妈妈长期亲密的共同生活中,会对照顾他最多的人(通常是妈妈)形成强烈的依恋。妈妈是他最亲近的人,有妈妈在身边,他感到特别安全和幸福;而一旦妈妈离开,他就会感到缺乏安全感,容易产生恐惧。因此,父母要能理解孩子的这种焦虑感,采取正确方式去引导,帮助孩子克服焦虑与不安。恰当的做法是在要离开的时候用孩子能够听得懂的话告诉他,"妈妈要离开一会,但很快就会回来",并让孩子拥有一个"过渡物",在心理上代替妈妈,让孩子逐渐学会忍受妈妈暂时离开带来的"痛苦"。而诸如不理睬孩子的哭声,狠狠心走开;硬掰开孩子紧攥着爸爸妈妈的手,甚至埋怨着,然后离开;把孩子单独隔离到另一个地方,不让他跟着,然后趁机走开;趁孩子玩得高兴时偷偷走开等做法都是不可取的。

(3) 让孩子在同伴交往中学习调节自己的情绪

对于年龄较大的儿童，同伴对他们的情商和交往能力的发展影响非常大。因此，孩子拥有自己的交往圈子很重要，父母要在适当的时候放手，让他单独和不同年龄的小朋友一起玩。跟大孩子玩，能学会遵守规则；跟小孩子玩，可以学会照顾别人。待他交到几个好朋友之后，胆子自然就大了。当然，年幼的孩子之间常常会发生一些出乎意料的"小纠纷"，最好试着先让他们自己解决，实在解决不了时大人再出面。

有的孩子表现得很胆小，不愿到陌生的环境中，他们害怕陌生人，也不愿与其他小朋友一起玩耍，对新鲜的事物不感兴趣，甚至到了游乐场，也面带紧张，不愿离开爸爸妈妈。有时候父母会怀着急于求成的心态责备孩子是"胆小鬼"，这是非常不可取的一种做法，因为孩子尚未学会自我评价，他们会以父母对自己的看法来认识自己，在父母的"否定"之下有的孩子也许就会一直处于退缩的状态而止步不前了。因此正确的做法是，父母应该创造条件让孩子与别人交往，比如经常带孩子去串门，参加聚会等。家长要"合理评价"加"鼓励引导"，这样孩子才能形成正确的自我认识，从而有自信与他人交流沟通。

(4) 以身作则教孩子如何控制情绪

帮助孩子学会控制情绪是培养孩子情商的一个基本部分。控制情绪需要极大的心理能量，很多成年人有时也不能很好地控制自己的情绪，从而造成许多遗憾或难以挽回的损失。对于孩子来说，较好地控制情绪更是一个挑战。因此，当孩子每一次情绪控制良好时，爸爸妈妈应该及时进行肯定和鼓励，告诉孩子："你能做到控制自己的情绪非常不容易，很了不起！"让孩子有自豪感，从而将良好的情绪控制方式内化进自己的日常生活中。

另一方面，模仿是孩子的天性，作为和孩子接触最多的人，父母在要求孩子的同时要树立良好的榜样。例如，在遇到困难时，爸爸妈妈可以用"出声思维"（即把思考的过程说出来）的方式让孩子知道成人是怎样控制自己的冲动的。

小明的妈妈带着他乘公共汽车上学，但早上交通拥挤塞车了，眼看就要迟到了，妈妈心急如焚，可表面上却很镇静，深深呼了口气说："我们只能尽量快点儿赶到学校了，但堵车不是我们的过错，所以没必要着急和抱怨。"通过这种方式，小明看到了妈妈如何控制自己的恼怒，在以后类似的情境中他也能逐渐学会控制自己的烦躁情绪。

年龄较小的孩子还不能抑制自己的冲动,可以首先通过让他们学会等待来控制自我,在等待的同时做一些其他事情分散注意力,这样可以逐渐培养孩子的控制能力。面对孩子的失控行为,最忌讳的做法就是教训和惩罚,恰当的方式是保持冷静,这样既能给孩子安全感,也是给孩子榜样示范的极好机会。等孩子恢复平静后再对刚才的行为进行讨论,说出自己的想法并聆听孩子的感受,真诚而平静的沟通才有助于孩子避免下一次犯错。

5. 情绪的适应能力

个体在遇到新情境时,一般有三种基本的适应方式:

- 解决问题,改变环境使之适合个体自身的需要;
- 接受情境,包括个体改变自己的态度、价值观,接受和遵从新情境的规范和准则,主动地做出与社会相符的行为;
- 心理防御,个体采用心理防御机制掩盖由新情境的要求和个体需要的矛盾产生的压力和焦虑。

个体在生活中习得了某些应付挫折的反应方式,其目的在于减轻心理矛盾,消除焦虑,更好地适应环境。适应能力强的人一般有以下三个特点:高效而现实地解决问题,接受现实,善于通过心理防御来应对变化的情境。

就儿童的情绪适应能力的培养来说,除了让孩子开动脑筋,巧妙地变消极情境为积极情境外,更多的情况是,家长合理地引导孩子接受和遵从学校和社会的规范和准则,主动地做出与此相符的行为,以及在孩子面对不合理的对待或是自己不能理解的事情时该如何进行心理防御。

(1) "延迟满足"提升孩子的情绪适应能力

延迟满足是自我控制的重要成分,是人类个体成熟,从依赖走向独立的重要标志,是人类社会化及文明建构的基础。它要求个体为了更富价值的远期目标而推迟和抑制即时享受的诱惑,并在追求目标的过程中努力坚持,展示自制能力。它是一种着眼于未来目标的自我调节能力。米歇尔(Walter Mischel)等人研究发现学前儿童的延迟满足能力能够预测个体成年以后的成功发展,例如:学业成绩、社会能力及个性品质。

在培养孩子延迟满足能力的过程中,孩子能体验到与自己期望相反的负面情绪的对抗。延迟满足使儿童在两种价值中进行判断,即为更有价值的长远结果而放弃即时满足的选择取向。培养延迟满足能力不是单纯地让幼儿学会等待,也不是一味地让儿童听从成人的指令,而是帮助儿童养成一种控制欲望、抵制诱惑的能力,儿童从中学会不仅仅以个人主观意愿的"痛苦与快乐"感觉来判断好恶,而是通过学习或体验来了解生活常识、行为准则,并完成社会规则的内化,从他律转向自律。有些孩子任性、固执,一旦不能满足他的要求,会以哭闹、使性子、不高兴、耍脾气等方式来达到目的。一些家长的宠溺和顺从助长了孩子的坏脾气,使他们从小形成为所欲为的习惯。这些现象背后的原因是孩子的欲望逐渐增加,而延迟满足欲望的能力没有相应发展。家长和教育者应该了解、重视孩子内心的欲望,在合理的范围内承认并允许欲望的存在,同时帮助孩子克制不合理的欲望。

(2) 如何培养孩子的情绪适应能力?

① 接受情境

培养儿童延迟满足能力的策略

当孩子的需要没有被满足时,可以教他们一些延迟满足的策略。如让孩子看电视、画画,或是教孩子玩他们平时感兴趣的东西来转移注意力。一旦定出规则需严格执行,即使孩子撒赖、哭闹,也要不为所动,并告诉他们哭闹是没有用的,要遵守规则。如果这时父母心软妥协,那么孩子就会认为哭闹是索取想要的东西的有效武器,所以这样做不利于孩子情商的正向发展。

家长是孩子的第一任老师,是他们最亲密的人,平时要鼓励孩子独立思考和解决问题。当孩子的尝试失败时,父母应给予协助和安抚。研究发现,亲子之间的互动有利于培养和发展孩子的独立性和自主性。此外,家长要做好表率作用,将针对孩子和家长的行为规则分别列出来,贴在家中的醒目位置,让孩子和家长互相监督。如果家长严于律己,善于克制,他对孩子的要求会更具有权威性和说服力。

充分利用假装游戏的作用

儿童假装游戏的高峰期是 2—6 岁,以后逐渐减少。实验证明,假装游戏可以促进孩子延迟满足能力的提高,因此,在生活中不妨与孩子进行一些游戏,让孩子渐渐地学会以平和和积极的心态来等待,这样孩子情绪适应能力的发展会更顺利。"过家家"、"警察抓小偷"、"看医生"都是理想的游戏模式,在游戏中可以与孩子进行医生和病人、警察和小偷的角色互换,让小孩体验等待之后,扮演自己喜欢的角色的乐趣。

② 心理防御

心理防御是指在受到外界压力时,我们发展出来的一种保护自己的机能,即用一定方式调解、缓和冲突对自身的威胁,使现实允许,道德接受,内心满足。

有的心理防御机制有利于身心健康,有的则对身心健康有害。理想的心理防御机制包括升华、补偿、抵消、幽默等。引导孩子正确应用心理防御机制,能够有效提高他们的情绪适应能力。比如,当孩子遭遇一些负面情绪的困扰时,父母可以教他/她通过运动或者写日记的方式来发泄或抒发自己的情绪,这可以算作升华。再如,当孩子遇到别人的误解时,可以通过幽默的方式来化解。幽默可以缩短与他人的距离,而且能够帮助自己有效地获得社会支持。

6. 建立良好人际关系的能力

(1) 亲社会性

20世纪60年代以后,伴随着经济的发展,以美国为代表的西方社会出现了严重的社会问题,如儿童道德观念下降,青少年反抗社会、反抗成人、藐视法规、铤而走险、药物滥用等行为屡见不鲜,使得心理学家开始关注儿童和青少年的攻击性等社会行为。与此同时也有部分学者提出要关注儿童的积极社会行为的观点,但这些设想并没有形成亲社会行为研究的体系与规模。70年代初期,美国纽约市区发生了一起一名男子攻击一名女子的凶杀案,案发时有38人或听到,或看到,但是没有一人帮助受害者,也无一人报警。这一案件轰动了美国全社会,更引起了美国社会心理学家的重视。从此,社会心理学家便开始了以助人行为为主题的亲社会行为研究。

一般情况下,亲社会行为是指分享、合作、利他、谦让、帮助等一系列符合社会期望的社会性行为。对人类社会而言,亲社会性是一种普遍的社会现象,它对人类的进步、适应甚至生存具有积极的作用。

美国亚利桑纳州立大学的心理学家艾森伯格认为,真正的亲社会行为是纯粹帮助他人或为他人利益而行事的行为,人们做这种行为并不期望酬奖,也不是为了避免惩罚。也即是说,助人行为完全是利他的。

鲁斯通(Rudstone)认为亲社会行为就是对其他人有益的行为,并不考虑行为者的动机。目前颇具权威的美国《心理学百科全书》(*Encyclopedia of Psychology*)对亲社会行为下的定义为：亲社会行为是那些对行为者无明显利益,但对接受者有益的反应。也即是说,只强调行为是他人受益,这样的行为可以是纯利他的,也可以是利人利己的。

儿童的亲社会行为主要包括 8 个维度的内容,分别为：

① 调节性的行为,指利用谦让、幽默、鼓励、赞美等方式调节他人情绪,使之改变不良状态的安慰性行为；

② 帮助性的行为,即捐赠、合作,紧急或非紧急情况下的物资、体力等的援助性的行为；

③ 分享性的行为,即将属于自己的物品、机会等给予他人的共享性的行为；

④ 完全利他性的行为,即只顾他人利益,不考虑行为的代价,不图任何回报的无私性的行为；

⑤ 习俗性的行为,如微笑、问好、和颜悦色等礼貌行为；

⑥ 包容性的行为,如团结他人、邀请他人参加群体活动等吸纳性的行为；

⑦ 公正性的行为,如主持正义、见义勇为、在朋友遇到麻烦时挺身而出等支持性行为；

⑧ 控制性的行为,如终止他人打架、谩骂等行为等。

(2) 如何培养儿童与人交往的能力？

儿童在生命的最初几年主要是在家里度过,爸爸妈妈既是他们最初的老师,又是他们最早的玩伴。随着年龄增长,孩子们开始逐渐走到同龄伙伴中去,在与小伙伴游戏、交流的过程中获得心理上的不断成长,最终以成熟的心态步入社会。

与同伴的交往可以满足孩子爱的需要和尊重的需要,当孩子与别的小朋友建立起友谊时,其安慰、帮助、关心、同情等能力都会得到发展。在孩子的人际交往过程中,"如何与人沟通"是他们面临的首要问题,也是值得家长引导和培养的重要方面,因为人际沟通的好坏能从一个侧面反映孩子的情绪智力水平。

对成人来说,沟通是一门艺术；对孩子而言,沟通也是门技术,需要成人的引导和示范。儿童的世界是纯洁无瑕的,虽然不乏争吵,但尚未涉及物质利益的冲突,远不及成人关系那样纷繁复杂,所以家长需要从真善美和爱的角度培养孩子学会与人交往。

① 学会分享

分享不只是一种行为方式,更是一种美德。让孩子学会分享的关键在于体验,体验分享才能从内心理解分享的意义。独生子女较多是独居独食,因此培养孩子大方不自私的品质显得十分重要。在平时教育中,家长要让孩子事事不能只顾自己,要和小朋友一起玩,共同分享食品和玩具,并能遵守游戏规则,与其他孩子友好相处。

小芳在玩积木,丁丁也想玩,而小芳却不搭理她,于是丁丁推倒了小芳用积木搭好的高楼。此时,面对即将而来的一场争吵,爸爸妈妈可以对小芳说:"丁丁很难过,因为你不给她搭积木,她心里难过时做错了事,你原谅她好吗?你和她一起搭高楼好吗?"家长要抓住机会提高孩子体会别人感情的能力,这能够帮助他们做到与人分享。

另外,也可以有意地训练分享行为。孩子手中拿个布娃娃,成人手里拿辆小汽车,然后把小汽车递给孩子,并拿过他手中的布娃娃,这样反复训练,使其体会互惠与信任。在日常生活中成人关心别人、帮助别人的行为也会给孩子留下良好的记忆,如做了好吃的点心分给邻居尝尝,毫不吝惜地借给别人需要的物品,这些行为都在无形中告诉孩子分享是一种美德。

② 主动沟通

当被拒绝加入小伙伴的游戏时,孩子心里会感到非常难过。如果父母在日常生活中能给他们示范一些交往技巧,将有助于孩子学会主动与人交流。两三岁的孩子更多地是用动作而不是语言来进行沟通,父母可以教给他们一些亲近他人的技巧,如主动走到其他小朋友的身边、带有趣的玩具(吸引别人的注意)、主动夸奖别的小朋友、展开自己的手臂、主动叫对方的名字,或者做与其他小朋友一样的动作来表示友好。

此外,父母出去串门的时候,尽可能地把孩子带上,这样可以使孩子有机会接触各种各样的人,有机会学习一些社交礼仪和规矩,体会到与更多人交往的乐趣。

③ 懂得欣赏

懂得欣赏他人能让孩子学会取长补短,更健康地成长;懂得欣赏他人能让孩子学会合作,善于沟通;懂得欣赏他人能使孩子具有高尚的人格、良好的心理和积极向上的精神。

现代的家庭教育中很容易出现两个极端：一方面很多独生子女在家里享受了太多的娇宠，往往过于自负，自以为是，对别人的优点视而不见；另一方面，有的家长为了让孩子尽快改掉学习生活中存在的毛病，往往只抓住他们存在的问题大谈特谈，好的方面则轻描淡写，认为孩子的一切努力、进步是他们分内的事，是理所当然的，缺少激励和褒奖。久而久之，这种家庭教育上的疏忽使孩子形成一种定势和习惯，让他们带上了一副无形的眼镜，这副眼镜能让别人的缺点、错误、问题进入视线，却欣赏不到那些优秀的、美好的、闪光的事物。

因此，要让孩子懂得欣赏别人，发现别人的优点，家长必须首先学会欣赏孩子。对孩子多进行激励性评价，如忠厚老实、勤劳善良、细心体贴等，但欣赏不是顺从溺爱，那只会把孩子推向自负自大的极端。例如，父母可以和孩子玩"相互找优点"的游戏，在多次游戏之后，就能逐渐转变孩子看待自己和他人的视角，他们会发现每个人身上都存在优点。在小游戏中让孩子体会大道理，让他们在享受鼓励表扬的同时，体会到赞美是多么美好、多么令人愉快的一件事，从而学会主动地去赞美他人。

④ 真诚待人

心理学家认为，儿童个性的发展和社会化过程都离不开人与人之间的相互作用，让孩子学会关心他人，真诚待人，在潜移默化中体会人与人之间充满爱的关系，有利于他们良好个性的形成。

待人真诚是获得他人信赖的前提和基础，以诚相待的友谊是最宝贵的，最能经受住时间的考验，并可以终身受益。有的孩子可能在交友过程中争强好胜，待人处事斤斤计较，或者心胸不够宽广，在背后说人坏话，如此等等都可能影响孩子诚信品质的培养和好人缘的建立。

父母教育孩子真诚待人，并不是要求孩子什么事情都实话实说。例如，一位同学的数学成绩很好，我们可以由衷地赞美他并向他学习；另一位同学的数学成绩很差，考试老是不及格，我们则没有必要这样说他："你真笨！数学成绩这么差。"这样的做法只会伤害别人的感情和自尊心。父母要培养的是有利于孩子增进同学友谊的真诚。

要真诚待人，首先是要学会宽容，让孩子明白人际交往中冲突和摩擦是不可避免的，对别人的短处和无礼要学会包容和忍让，不要"横挑鼻子竖挑眼"。其次是要让孩子懂得关心别人，如逢年过节给老人买东西、送礼物，都要让孩子知道并试着让他们参与。第三是让孩子守信用、重承诺,这是每个现代人的基本素质,对于孩子来说,就是要求他们既要乐于助人,又要考虑自己的能力,在自己力所能及的范围内,要不遗余力地帮助别人。如果自己做不到,也不要逞强,可以如实向对方说明清楚。

⑤ 耐心倾听

在正常的人际交往中,不仅要有善于表达的能力,而且还要有善于倾听的行为和习惯。因为每个人都有自我表达的欲望,但没有人喜欢一个只会滔滔不绝地讲而没有耐心倾听、不给别人讲话机会的人。倾听不仅是对讲话者的尊重,也是一个理解别人、学习别人的过程,是一个促进人际交流、增进人际关系的机会。

在和孩子交流时,可以在说话前提出要求,让孩子注意听,听了一会儿再向孩子提出问题。久而久之,孩子就能够控制自己,懂得当别人说话时应注意仔细听。同时也让孩子知道不仅要认真听别人说话,还要会听,即善于全面领会说话者的意图,提炼出其中的主要含义及中心思想。在听的过程中要开动脑筋,努力把听到的与自己的知识经验进行对比,找出不同之处才能有所收获。而且,在听的过程中要注意,即使有自己的想法或疑问,也不要随意地打断对方明显没有说完的话,这样才是一个良好的倾听者。

此外,还可以反过来让孩子体会不被倾听的感觉,可以问他们:"如果你在说话而别的小朋友不听,你会怎么想?是不是会埋怨他们,觉得他们有点讨厌呢?"当孩子设身处地体会到别人的感受之后就能懂得这个道理,就知道该如何做一个好听众。

对青少年来说沟通更是不可或缺,目前十几岁的青少年基本上都是独生子女,没有兄弟姐妹的争吵与陪伴。有调查显示,半数以上中学生认为知心朋友是自己未来生活中最重要的,这一比例远远高于选择财富、权力、信仰等其他事项的比例,可以看出青春期的孩子更渴望友谊,渴望同龄人之间的理解与交流。

由于青少年选择朋友往往是以脾气、兴趣、爱好是否与自己相符为标准,所以通过真诚交友、团结友爱、合作竞争等行为能积累和深化他们的社会生活经验,学到社会生活所需要的知识技能、伦理道德规范等,逐步摆脱以自我为中心的倾向,学会与人平等相处和竞争,并逐步意识到自己在社会中的地位和责任,从而促进自身的成长与成熟。

(3) 学会合作

我们都听过"一个和尚挑水吃,两个和尚抬水吃,三个和尚没水吃"的故事,它说的是一种缺乏团队合作精神的后果;民间还有一个说法叫"三个臭皮匠,顶个诸葛亮",它说的则是团队合作给人带来的成果。与人合作的能力已成为当今世界人才的重要素质之一,所谓"人心齐,泰山移",合作能产生巨大的力量,促使一个团队获得成功,使团队的每个成员都获益。

一个人在童年时期若未能形成良好的道德、习惯和情感,待他长大成人后再来弥补就要大费周折,合作能力也是一样,若未能得到良好发展就谈不上是一个高情商的人。很多家长为了让孩子在未来的社会中更好地生存,在考试、升学和择业中居于不败之地,往往给他们灌输了太多与人竞争的观念,而合作则常常被忽略。

一位家长讲过这样的故事:为了帮助上四年级的儿子提高学习成绩,他特意从外地精心选购了一套练习册送给儿子,儿子每天放学后都认真地做练习,遇到不懂的问题也常常向爸爸请教。爸爸有时候太忙,只好对儿子说:"你可以每天把书带到学校里去,和同学一块儿做,不懂的题目可以相互讨论或者问老师。"不料,儿子却说:"那不行。这样大家不都会了吗,那我就吃亏了。"

难以想象这个孩子长大以后将如何与他人合作分享。日常生活中类似的现象还有很多,充分暴露了现代孩子不善于合作,有好处总想躲着藏着一个人独享,长此下去,势必会导致人际关系的紧张,难以获得他人真诚的友谊。但有的家长对此大加赞赏,认为自己的孩子聪明,实际上这是害了他们。因此,家长要在早期教育中加强指导,从小就培养孩子的合作意识,提高与人合作的能力,才能帮助孩子应对未来社会对于人才的要求。

个体合作能力的培养因年龄而异,因为每个年龄段的孩子都有各自不同的特点。以下的做法可以给家长们提供一些建议。

① 幼儿合作能力的培养

孩子从小就喜欢成人的爱抚、逗引和亲近,这是"合群欲望"的最初体现,当孩子精神上满足了,身心才会健康成长。满周岁以后,幼儿这种"合群欲望"会表现得更为强烈,他特别喜欢和同龄孩子一起玩,同时开始出现一些社会性的需要,如交往需要、成就需要等。但是,在幼儿园里也会看到有些孩子只是站在一旁远远地看着别的孩子玩,或是独自玩耍,却不肯参与到小伙伴们的游戏中来。这除了与孩子的性格有关,也与家庭教育和家庭环境有关。

对于幼儿来说,游戏是培养他们合作精神的最好方法,父母应充分利用游戏的作用。如组织孩子们一起玩"过家家"的游戏,并且让孩子轮流扮演不同的角色,体会与人合作的乐趣。家长还可以设计一些需要两个人才能完成的游戏,比如用一根绳子玩翻花游戏,用小水壶玩"倒茶"游戏——一个倒水,一个接水喝,孩子之间的合作游戏常常可以让他们获得更大的满足。

除此之外,当父母带孩子外出散步的时候,看到邻居正在抬一个重物或者需要帮忙时,要主动上前帮助邻居。"父母是孩子的一面镜子",家长的示范会让孩子理解每个人都需要别人的合作,也需要主动去与他人合作。在为客人准备丰盛的午餐时,可以让孩子帮助做一些力所能及的事情,比如把草莓放在果盘上,把筷子拿到饭桌上,这样的工作能让孩子意识到他是家庭中的一分子,并且能为家庭作出"贡献"。

② 童年期儿童合作能力的培养

孩子升入小学以后,寻求伙伴进行交往的欲望越来越强。只有通过和同伴的交往,接触各种各样性格的小伙伴,了解各种思考方式和情绪情感,才能促进孩子们不断发展和成熟,并且在持续的交往活动中获得自信、自尊和安全感。

作为家长,不要因为害怕孩子整天野在外面成为无缰之马,就对他们的交往进行严格控制,规定孩子课余时间不准去同学家玩,也不准带同学到家里玩,认为这样就能管住孩子。实际上,这恰恰阻碍了孩子合作、沟通等社会行为的发展。因此,家长首先要改变观点,正确的做法是支持并引导孩子积极与同学交往,参与同学们的正当活动。

从幼儿园到小学,孩子融入了一个更大的集体,他们的生活重心也从与父母交往转移到学习及同伴关系上来。在这一阶段,父母需要给孩子灌输更多的合作意识,通过身边的具体事例、讲故事说道理等方式让他们明白一个人的力量常常是微薄的,合作才能克服困难。人与人之间需要互帮互助、团结友爱、共同合作,国家与国家、社会与社会之间也是如此,让孩子逐渐明白合作是一个现代人应具备的基本素质。在家里,父母可以让孩子与自己共同承担家务,如晚饭后家长洗碗,孩子擦桌扫地,从中体会合作劳动带来的成果与快乐。家长还可以与孩子共同解决某个问题,如组织家庭知识竞赛并邀请别的同学一起参加,几个人为一组,这样的家庭活动既能让孩子感受到竞争又能让他们体会合作,同时还能增长知识,可以说是一举三得。

另外,家长还应鼓励孩子多参与集体活动,毕竟此时学校集体是孩子生活的重心。例如鼓励孩子参与老师组织的分角色朗读课文活动,争取当"班干部",积极参与学校组织的公益劳动等。在这些集体活动中,孩子能够自然地体会集体成员间一致且亲密的关系,感受到集体的吸引力,并深刻理解集体的力量。

③ 青少年合作能力的培养

一般来说,小学生从三年级开始,想与同学交往并建立友谊的需求大大增强,并且随着年龄的增长,这种需求变得越来越强烈。到了青少年阶段,孩子对友谊的需求有时要超过对父母之情的需求,因为他们觉得在同龄人中间可以分享秘密并得到认同和理解。

青少年的独立意识增强,越来越渴望自己的生活能自己做主,叛逆和情绪化是他们的突出特征。家长既要鼓励他们与人交往,与人合作,同时也要警惕孩子结交不良少年。对此,家长还是要以引导为主,尽量让孩子多结交一些性格开朗、活泼大方、热情正直的朋友,让孩子在朋友的感染下也能培养起积极乐观、喜欢与人交往的个性,同时避免他们沾染自私、狭隘、嫉妒等不良心理品质。

通常,年纪较小的孩子较少能参加有组织的、定期的群体活动,到了十几岁的青少年阶段,孩子才能够更多地参与比较正式的团体活动。如打篮球,这一活动需要成员间高度的团结与合作,只有相互配合,发挥各自的功能,才能最终赢得比赛。因此,家长要鼓励孩子多参加这一类的团体竞技活动,这不仅能健壮他们的体魄,更重要的是能塑造他们的合作精神。

此外,青少年的性心理逐渐成熟,他们几乎无一例外地开始对异性发生兴趣,这是非常正常的现象。其实,这个世界由男性和女性组成,为了生存和发展,我们不仅需要与同性交往,也需要与异性合作。而与异性合作的能力不是与生俱来的,也要通过与异性的交往来培养,如男女班干部搭配工作等。但这种异性朋友之间的友谊常常很难被家长和班里的同学理解,在家长的斥责和同学的起哄下,青少年有时觉得很困惑,认为与异性交往是件"丢脸"的事情,有的孩子甚至为了以示清白而回避与异性交往,这些做法并不利于青少年的成长。因此,无论是老师还是家长,积极引导并以平和而肯定的态度来对待青少年的异性交往,都将会是对他们莫大的信任与鼓舞。

7. 亲子关系与情商

(1) 家庭结构对儿童情商发展的影响

儿童最初的人际交往对象是家庭成员。我国目前的家庭结构主要有三种：核心家庭(两代人的家庭)、扩展型家庭(三代或四代人的家庭)、单亲家庭。

研究表明：两代人家庭的幼儿的个性发展水平高于三代人家庭的幼儿，其中独立性、自制力、行为习惯的差异特别显著。单亲家庭多是由于父母离异、病故等原因造成只有父亲或母亲的家庭。一般认为，缺乏母爱的儿童容易缺少同情心，性格孤僻、粗暴；缺少父爱的儿童容易情感脆弱，性格懦弱。

家长应了解儿童情感在不同情况下的变化特点，适当管理自己的情绪，培养孩子的移情能力。单亲家庭如果注意对孩子的全面教育，也能使儿童在和谐的情感氛围中快乐成长。

(2) 依恋与情商

"依恋"的概念由著名的发展心理学家鲍尔比(J. Bowlby)提出，指婴儿与其照料者之间形成的一种积极的、充满热情的相互关系，儿童与其照料者(通常是母亲)之间的互动又会进一步巩固这种亲密关系。心理学家认为，依恋的形成是儿童期情绪发展的重要内容，建立正常的依恋关系对于儿童的发展有极其重要的意义。

从出生时起，孩子就在积极地与父母保持身体上的亲近，发展依恋关系。在生命的初期，孩子与母亲的交往占据了最重要地位。母亲给孩子喂奶，哄他入睡，在他不舒服时给予抚慰，所以对于孩子来说，妈妈首先是一个让他依赖的安全港湾。另外，妈妈还是孩子的游戏伙伴，她给孩子讲故事，逗引他笑。妈妈还会告诉孩子物体的功用和日常生活常识，教他懂礼貌，关心帮助他人，以及分享、谦让等社会行为常识和规范，因此母亲同时又是孩子的教育者。在承担的诸多角色中，母亲与孩子的情感交流显得尤为重要。

在出生后的 6—8 个月，婴儿的依恋行为便产生了。这意味着母亲作为孩子生存和发展中的重要人物，即将开始发挥其不可替代的作用。例如，12 个月大、对母亲有依恋的孩子，会尽可能采取各种与母亲建立或维持接触的方式，他会以哭、紧抱不放、接近、跟随等方式表现他的依恋。此时，母亲应当十分珍惜这种依恋关系,因为它的好坏将对孩子以后的心理发展产生重要影响。安全依恋的建立能使孩子在心理上产生安全感,从而形成对他人和周围世界的信任感;而如果依恋关系遭到破坏,会给孩子情感上带来很大痛苦。心理学家已经证实没有建立安全依恋的孩子长大以后,情绪障碍的几率高达百分之七八十。

根据国内外心理学者的研究,发现2岁左右孩子的依恋关系可以划分为四种类型。

安全型依恋。负责任的、敏感的、充满爱心的母亲,其孩子常常属于安全型依恋。这意味着孩子在母亲身边特别放松,有很强的安全感,并且他们确信在需要时能够得到母亲的及时帮助与关怀,他们放心地在母亲身边玩耍,乐于探索环境。例如,母亲带着一个2岁左右的孩子到一个陌生的地方时,孩子总是先依偎母亲片刻,然后独自向前行走,但仍不时回头看看,只要看到母亲还在场,又会放心大胆地朝前走。

母亲的在场为孩子提供了一种安全感、依靠感,并且成为孩子心理上的"安全岛"和快乐的源泉。当妈妈离开时,孩子会表现出不同程度的不安与忧伤,可能会哭泣,也可能对玩具的注意力减少。当妈妈回来时,孩子会立即接近母亲寻求安慰,哭泣也会立即减弱或停止,并能很快与母亲一起玩耍。大约有70%的宝宝能形成这种依恋类型。

淡漠型依恋。大约有11%的孩子属于这种类型,他们的人际关系趋于冷淡和疏远。单独与母亲在一起时,很少关注母亲的行为,只专心于探索周围的环境和玩具,母亲在场或不在场对他们影响不大。在自由活动时与母亲的身体接触很少,也很少主动与母亲交谈。对待陌生的人和事物时表现得很大胆,不退缩,能进行自主探究活动。面对母亲的离开,不哭泣,悲伤程度小,对母亲的归来也没有显出特别高兴和积极欢迎。也就是说,淡漠型依恋的孩子对母亲的来去无动于衷,他们似乎与母亲没有建立起亲密的情感纽带。然而研究者发现这一类型的孩子对玩具格外关注,在探索陌生事物时有非常高的积极性,表现出很强的独立性。

混乱型依恋。这一类型的孩子约占9%,他们对母亲有较多的身体接近或接触,与陌生人交往少,不友好。有的儿童与母亲分离时表现出混乱的、不适宜的行为,还有的孩子则表现为既亲近又反抗母亲的矛盾行为。

混乱型依恋的孩子在社会交往中表现出明显的矛盾性,特别是在与母亲分离和重逢时，一方面投向母亲的怀抱，另一方面眼睛又看着别处，有一种既要又不要的表现。同时他们常常拒绝抚慰，有的孩子表现出很可怜的样子，缩在一角，对自己或别人的烦恼表现出攻击行为。有些孩子则表现出紧张恐惧，并且不接受抚慰。因此，这一类型的孩子一方面对与其他儿童交往有兴趣，但其冷淡的反应又阻碍了交往的进一步发展。

缠人型依恋。约7%的孩子属于这种依恋类型，他们表现出依赖、退缩的特征。与母亲在一起时，喜欢缠在母亲身边寸步不离，和母亲的身体接触比较频繁，探索活动不积极，在陌生人面前显得胆小、拘谨；与母亲分离时表现出反抗、哭泣、悲伤的程度高，与母亲重聚时急切地寻求母亲的安慰，而且不容易平静下来。

从以上四种依恋类型中可以看出，安全型依恋的比例最高，后三种均属于不安全的依恋类型。总体而言，与父母形成安全型依恋的孩子所体验到的积极情感较多，人际交往能力较强。他们很热情，也更受小朋友的欢迎。而形成不安全型依恋的孩子消极情感较多，攻击性较强，人际交往能力也较弱。研究的结果表明，拥有安全型依恋关系的孩子拥有更高水平的情商。

如何培养安全型的依恋关系呢？这取决于母亲对孩子所发出信号的敏感性和对婴儿的关心程度。如果母亲能对孩子发出的信号作出及时、恰当、爱抚的反应，孩子就能发展对母亲的信任、亲近，形成安全型依恋，反之则不能。因此，母亲是否对孩子敏感、有爱心，对他们安全型依恋的形成至关重要。一方面，在半岁至一岁半这个亲子依恋关系形成的敏感期，妈妈不要长期离开自己的孩子，而且，只要孩子乐意，就要尽量给他们更多的爱抚、帮助和鼓励，运用充满感情的言语表达和搂抱、亲吻等身体接触，满足孩子的"皮肤饥渴"。另一方面，不要对孩子过度保护，应创造条件扩大他的生活范围，让孩子接触社会，如可以经常带孩子上街、上公园、串门。还要让孩子在陌生的环境里经受"锻炼"和"考验"，克服怯生心理，适应陌生的环境。如当生人到来时，可先把孩子抱在怀里，不要急于走近客人，要用你对客人的热情态度和友好气氛去感染孩子，使他消除戒心，学会"信任"客人，再让客人逐渐接近孩子。如果客人靠近时他还会流露出害怕的表情，就立即抱他离远些，与客人谈笑，过一会儿再靠近，使孩子逐渐适应、熟悉生人。

总之，父母要常用心去体会孩子、观察孩子、了解孩子，并且随时传达对他们的爱。在温柔呵护的环境里,他们才能管理好自己的情绪,才能建立自信,对他人产生爱和信任。

(3) 教养方式对儿童情商发展的影响

亲子关系是指孩子早期与父母的情感关系,即孩子与父母之间形成的依恋。良好的亲子关系能满足孩子爱的需要(希望被人疼爱)和安全需要(希望有人保护),它是孩子健康发展的保证,也是孩子今后建立良好人际关系的基础。

随着个体成长,子女与父母之间的关系有着显著的阶段性演变。对于一岁前的宝宝或二至三岁的幼儿,父母的职责是喂养、保护、关心,让年幼的孩子感到安全,同时学会如何适当地控制自己的动作与情绪情感以适应周围的生活环境;对于四五岁的儿童,父母职责的重心在于管教子女,并为孩子树立榜样,让他们有一个良好的参照进行学习与认同,同时还要鼓励孩子与兄弟姐妹、邻居朋友或幼儿园的小朋友们进行适当的来往和相处,初步学习社会技能和与人交往的能力;到了六岁左右,孩子开始步入小学,父母就要鼓励孩子自己的事情尽量自己做,学会对自己的生活负责,并且也能帮助父母做一些简单的家务,以此培养孩子的主动性和自发性;孩子再大一些以后,父母需要鼓励和支持他们与同龄朋友交往,鼓励他们独立并与父母分离。

良好的亲子关系能营造良好的家庭环境,良好的家庭环境能塑造高情商的孩子。虽然目前还没有确定早期亲子关系与成人期情绪智力之间的因果关系,但有不少研究证明,孩子在童年时期对于安全感的体验多多少少会影响他们成年以后的情感状态。童年时期体会到安全感和幸福感的人,在成年以后往往更容易把握他人的情绪变化,情绪识别能力更强;并且他们具有更高的情绪自我调节能力,如面对困境时显得更加积极;同时,他们还更容易与他人建立亲密的关系,也更善于解决所发生的人际冲突。

在亲子关系中,父母的教养方式无疑是一个重要方面,它对孩子安全感的形成乃至心理健康的发展都起到了举足轻重的作用。

在家庭教育中最常见的四种教养方式为:溺爱型、专制型、放任型、民主权威型。由于教养方式各具特色,子女在其中所感受到的情绪以及发展出的应对情绪的方式也就各有差异。

溺爱型的父母。 溺爱型的父母对孩子过分爱护和关注,对他们的任何要求都满足。这类孩子一遇到很小的、不顺心的事情就会心情不愉快,面对与其成长环境不同的社会环境时,容易产生挫折感,情绪容易波动。

专制型的父母。专制独裁型的父母要求孩子只能服从不能反对,更不允许孩子有任何疑问。一旦孩子做得不好,父母便会严厉地指责。孩子由于长期内心冲突,性格会变得很冷酷,容易被激怒,并且大多数时间都是不愉快、不友好的。

放任型父母。放任型父母对孩子不管不问,缺乏对孩子的管教和行为的规范。造成孩子不懂得自我控制,凡事以自我为中心,情绪上常感到挫折不快。

民主权威型父母。一般认为,民主权威型的教养方式较好。这种类型的家长对儿童既监督控制,提出合理要求,又积极鼓励儿童独立自主,尊重儿童个性。这种教养方式培养的儿童有能力、有自信、自控能力强、善于交往。

以下五个方面的操作有助于建立民主权威型家庭:

发现与赞美。任何儿童,尽管存在个体差异,但身上均有良好的一面,这就是"闪光点"。家长应该随时捕捉孩子身上的闪光点,并利用它来恰当地赞美儿童的表现,激起他们的热情,使儿童将外在的激励转化为推动自我前进的内部驱动力,拥有积极的态度会使儿童更乐意完成工作。赞美儿童,以期待和暗示的态度去鼓励他们,儿童才会以积极的态度和自信朝我们希望的目标前进。

树立民主合作意识。让儿童学会跟别人交换意见。家长在做事时,不要独断专行,多吸取其他成员的忠实劝告。尤其不要忽视征求、采用儿童的意见,乐于接受儿童的良好建议,刺激他们贡献意见,给予别人需要的合作,进而发挥团体合作的力量。

教儿童学会移情。移情是指在情绪和理智上都处在别人的地位,也就是站在别人的立场来想问题,认识和体验他人的情绪情感。要考虑并且体谅别人的处境,设身处地地为别人着想。时常让儿童换位思考:"如果我是他,这件事情应该怎么做才好?"

对于错误的处理技巧。孩子经常犯各种错误,家长应针对儿童的个性差异,巧妙进行处理。例如,如果立即或当众纠正可能会对某些儿童心理造成伤害的话,就应该考虑私下交流,指出所犯的错误,称赞已经做得很好的部分,并帮助他们找出适当的方法改正错误,让他们感受到尊重。

和谐的家庭氛围让孩子受益终生。爱是一个动词,因此要行动起来!父母对孩子的需要应具有敏感性并积极地作出反应,在和谐而充满爱的家庭氛围中成长起来的孩子具有更多的积极品质。在与孩子的接触中,父母可以通过肢体动作表达对孩子的爱,比如抚摸孩子的额头,亲吻、拥抱孩子等。此外,父母之间要相互尊重,父母亲、祖父母教养孩子的方式应一致,家庭内部注重协商会话,不相互抱怨,对孩子多鼓励和支持,争取做民主型的家长。只有当孩子在家庭中感受到温暖和安全,体验到对家长的信任,才能勇敢地探索周围的世界。

第三篇 情商在日常生活中的作用

我们生活在一个纷繁复杂的社会,属于社会人,时时刻刻都在与他人打交道。怎样让自己成为一个受欢迎的人,怎样顺利化解与他人的矛盾,怎样在职场中游刃有余,怎样成为合格的父母……这些问题的解决都与情商相关。情商的作用已经越来越得到大家的认可,情商的培养也成为当今社会的热门话题之一。

情商在日常生活中的作用体现在多个方面,拥有高情商,不仅能够让我们更清楚地认识自己、控制自己,而且能够让我们与他人更加和谐地相处。同时,高情商能帮助我们更好地经营感情生活,更快地获得成功。归根结底,拥有高情商能让我们的生活变得更好,让我们每个人都成为一个幸福的人。

丹尼尔·戈尔曼指出:"婚姻、家庭关系,尤其是职业生涯,凡此种种人生大事的成功与否,均取决于情商的高低。"如果你正处于青少年时期,情商可以让你学会认识自己,帮你赶走自卑,建立信心;如果你正处于恋爱状态,情商可以让你知道应该怎样做才能让爱情更加持久、甜蜜;如果你正处于事业发展阶段,情商可以让你掌握认真倾听的艺术,这是最有效的社交方式;如果你是一位领导者,情商可以告诉你怎样才能让下属尊重你,成为一个有魅力的上司;如果你是一个每天朝九晚五的上班族,情商可以帮助你找到工作中的乐趣,并从中获得快乐……

情商高的人在生活中更容易控制自己的情绪,能准确把握他人的情感,更好地处理人际关系,消除人际交往中出现的种种矛盾,遇到问题时也能冷静分析,显得自信、自立、坦诚。情商低的人则相反。一个人如果不具备情感能力,缺乏自我意识,不能处理悲伤情绪,没有同理心,不知道怎样跟人和谐相处,即便再聪明,也不会有大的发展。有人曾对情商高低的表现作过一个总结,情商高的表现是:尊重所有人的人权和人权尊严;不将自己的价值观强加于人;对自己有清醒的认识,能承受压力;自信而不自满;人际关系良好;善于处理生活中遇到的各方面的问题。而情商低的表现是:自我意识差;无确定的目标,也不打算付诸实践;严重依赖他人;处理人际关系能力差;应对焦虑能力差;生活无序;无责任感,爱抱怨。

当然,情商高低的表现是多维度、全方位的,我们可能没有办法将它们全部整理概括出来,但通过这些表现我们可以看出,高情商的优势显而易见,而低情商的危害也不言而喻。现代研究已经证实,情商不仅是有别于智商的一种智能,而且与智商也没有直接的关系(相关系数仅为0.1)。情商在人生的成功中起着决定性作用,智商只有与情商联袂登台,才能淋漓尽致地发挥作用,才能让我们的生活更加美好。

有人将情商称为"人生元技能",意思是它是一种基础的、首要的、根本的、无所不在的能力。也许有人会说:"没办法,我天生情商低。"如果你有这种想法,那就大错特错了。虽然直到现在我们仍然吃不准多大比例的情商是与生俱来的,但可以确定的是,比起智商,情商更多是在后天发展和培养起来的。可能也有人会说:"我就是要做真实的自己,直来直去,不加掩饰。我讨厌那些阿谀奉承、世故圆滑的行为……"如果你这样给情商定义,只能说明你还没有弄明白到底什么是情商。高情商并不等于圆滑世故、善用计谋、工于心计,高情商的本质是品行与智慧修养的结晶。同样的一句善意忠告,可能从不同人的嘴里说出来,结果就大不一样。怎样恰当表达,怎样有效沟通,是否会换位思考,能否真正帮助自己和他人,需要的是一种智慧。有许多证据显示:情商较高的人在人生各个领域都占尽优势,无论是谈恋爱、人际交往,还是在主宰个人命运等方面,成功机会都较大。

一、有自知之明的智慧

1. 认识真实的自己

美国心理学家卡尔·罗杰斯(C. Rogers)认为,情商的核心前提是"认识自己",辨认和接纳自己的情绪正是现代情商的组成部分。我们常说"人贵有自知之明",这实际上是说,社会中的每个人应当对自己的素质、潜能、特长、缺陷、经验等有一个清楚的认识,对自己在社会、工作、生活中可能扮演的角色有一个明确的定位。心理学中把这种有自知之明的能力称为"自觉",通常包括察觉自己的情绪对言行的影响,了解并正确评价自己的资质、能力和局限,相信自己的价值和能力等方面。

为什么说高情商的人都有自知之明,都能"认识自己",这是因为高情商的人意识到了解自己的重要性和必要性,并且能够做到客观地评价自我。如果对自己的评价不客观,避重就轻,扬长避短,或者夸大其词,小题大做,那就没有什么意义了,甚至有可能带来更糟的结果。

心理学中把这种通过自我意识来省察自己言行的过程称为"自省"。"见贤思齐焉,见不贤而内自省也",这一直是中国人德行修养的标准之一。而在心理学中,自省不仅是一种难能可贵的品质,更是一种能使人顺利走向幸福的能力。自省并不等于单纯的自我批判或者自我肯定,逆境时需要自省,顺境时更需要自省。自省更不是盲目的自我批评,它应该是客观的、积极的、愉悦的、建设性的,目的是将我们的思想言行往好的一面去引导。

高情商的人通常都有较好的自省能力,这样的人十分清楚自己要做什么,对自己的生活有规划,充满自信,意志坚定,个性独立,有独立解决问题的能力等。而自省能力差的人,会时常感到迷茫,自我价值感较低,不知道自己的人生目标,也不太留意自己日常的感觉,时常会担心别人不喜欢自己,十分在意他人对自己的评价,经常为一些小事感到不安。

认识自己并非一件易事,我们常说"认识别人容易,认识自己难"。对自身的审视需要很大的勇气,因为在触及某些弱点或卑微意识的时候,往往会令人非常难堪、痛苦。美国心理学家约瑟夫(Joseph Luft)和哈里(Harry Ingham)在20世纪50年代提出一个"乔哈里窗"(Johari window)的概念,这是一种关于沟通的技巧和理论,也被称为"自我意识的发现—反馈模型"。它将人的内心世界比作一个窗口,分为4个区域:公开区、隐藏区、盲区和未知区。

	自己知道的	自己不知的
别人知道的	公开区	盲区
别人不知的	隐藏区	未知区

图1 乔哈里窗

生活中,我们有时想弄明白,别人眼中的自己和我们自己认为的自己是否是一致的。根据乔哈里窗理论,我们发现,只有在公开区的那一部分,才是自己和别人都知道的,例如你的名字、爱好、家庭情况等。但公开区又具有相对性,有些事情对于某人来说是公开的信息,而对于另一些人没准儿会是隐秘的事情。盲区是自己不知道、别人却知道的盲点。例如你的某些处事方式,别人对你的一些感受。隐藏区是自己知道、别人却不知道的秘密。例如你的希望、心愿,以及你的好恶。一个真诚的人也需要隐藏区,完全没有隐藏区的人在心智成熟的人中是不存在的。未知区是自己和别人都不知道的信息。未知区是尚待挖掘的黑洞,它对其他区域有潜在影响。

从乔哈里窗中可以看出,认识自己的重点应该在盲区。别人知道而自己却不知道的,你的某些处事方式是怎样的,给别人的感觉如何,可能这一点严重影响着你的人际关系,而你却因身在其中而不知晓。如果你能做到客观地评价自己,冷静地分析,能够从他人的评价中更深入地认识自己,这无疑是对自己最好的教育。例如,我们可以给自己列一个清单:父亲眼中的我,母亲眼中的我,老师眼中的我,朋友眼中的我,同事眼中的我等,来帮助我们更好地了解自己。

别人可能会对自己的行为模式加以评论,甚至批评,那么,所有他人的意见我们是否都需要接纳?答案是否定的。在他人的描述、评价中,有时会有一种"巴纳姆效应"(Barnum effect)出现,类似于手相、星座的描述,这些评语并不是真正针对你作出的评价,而是一种几乎适合于任何人的概括性描述。所以,在采纳他人意见之前,我们必须认真分辨,不让错误评价影响对自己的信心。

当然,乔哈里窗中的其他部分也有值得关注与思考的地方。公开区中自己知道的和别人了解到的是否一致,你的言语、行为是否准确地表达了你的意愿、体现了你的性格特征,或者反过来,你对他人的认识是否准确、恰当,他人表现出的行为模式是否真正体现了他的性格特征与思维方式。所以我们有时可能会感慨,第一感觉不太准确,那个看似冷冰孤傲的家伙慢慢接触之后发现是个很热心的人,于是我们也会反过来思考,自己的言语、行为带给别人的感觉是怎样的,是否也会给他人带来误解呢。

对于隐秘区,可能我们会觉得没有必要去探究,因为这是我们自己的秘密,是本来就不愿告知他人的一些东西。但在这里必须要注意的是,在人际交往中,我们也要考虑到他人的隐秘区,不要因为自己的好奇心去侵犯他人的隐私。认识自己的一个方面就是能够做到把控自己,哪些事情可以做,哪些事情不应该去做,这都是自我成长过程中需要学习的地方。

未知区是我们认识自己的难点所在。人对自我的认识不断深入,但又没有尽头。随着我们对自己了解的深入,潜能也会得到不断的发挥。例如对于是否能够圆满完成某项新任务,他人和自己都是没有把握的,但如果能够做到自我挖掘,在压力下迎难而上,任务完成之后就会对自己有一个新的认识,也会给他人留下新的印象。

1994年,心理学家齐默尔曼(B. J. Zimmerman)提出了著名的关于自我意识和自我监控的"WHWW"结构。其中,WHWW是"why"(为什么)、"how"(怎么样)、"what"(是什么)、"where"(在哪里)的第一个字母的组合。齐默尔曼认为，与人的任何活动一样，自我意识和自我监控也可以从为什么、怎么样、是什么和在哪里这四个基本维度上来分析。据此，自我意识和自我监控包含四个层面：动机自我意识监控、方法自我意识监控、结果自我意识监控、环境自我意识监控。如果个体在"为什么"这个维度上存在缺陷，缺乏成功的动机，不清楚努力的意义所在，没有想要获得成功或幸福的内在动力，那即便拥有很高的智商，也很难完全开发出他的潜能；在"怎么样"维度上存在缺陷的人，可能整天忙忙碌碌，却总是事倍功半，而"努力却一无所获"这种状态带来的挫败感，更会让他倍感失落；在"是什么"维度上有缺陷的人则不能合理地估量和揣度事情的结果和结果对他人生的意义，没有反思就很难找到正确的路，成功容易与他失之交臂；至于"在哪里"维度上遇到麻烦的人，他对社会环境以及自己在环境中的位置缺乏清晰的认识，不是高估就是低估自己，导致自负或者自卑的消极情绪。

高情商的人能够做到"一日三省吾身"，坦然面对自己的不足，客观接受他人的评价，尊重自己以及他人的隐私，敢于不断突破自己的极限。因此，他们能够看清自己的现状，对自己的能力、爱好、性格、情绪等方面都有一个全面的认识，知道自己应该努力的方向，对未来的生活和自我价值的实现都有明确的目标。

2. 我的情绪我做主

在认识自我的过程中，最重要的是认识自己的情绪。情绪常常会左右人类的决定和行为，无论是对于我们的学习经验，还是社会适应能力，情绪都扮演着非常重要的角色。情绪是多种情感交错而引起的一连串反应，与环境有着密不可分的互动关系，它不是理智可以呼之即来、挥之即去的东西。

科学研究表明，每一个情绪都带着一个重要的信息，而且情绪会将这些重要的、关乎生存的信息以最快的速度传递给身体，带动我们采取一个对应的行动，比如恐惧让我们迅速逃离，喜悦让我们手舞足蹈。

人的情绪体验既有积极的，也有消极的，并不是所有情绪都是对我们有利的。所以，认识情绪，并学会如何去管理、调控和恰当地表达，就成为我们必须正视的一个话题。

情绪是一种不稳定、易变的心理现象，所以文学家有时会用火或水来比喻人的情绪。恰当的火会给我们带来温暖与舒适，但如果火太大则会烧毁一切，太小则会使温暖尽失。一个人若能适当地表达、控制自己的情绪,那么他就是一个情绪稳定的人,会给人一种舒服的感觉。

情绪是我们适应社会的一种心理生理活动,情绪的不当表达或控制不当对我们身心健康、自身发展和社会适应有不利影响,因此我们要学会去调节和掌控情绪的发生、发展。

张利是一位很能干的经理,在改善公司产品分销的效率和效力方面,他是一个思路敏捷、雄心勃勃的人。主管要求张利在董事会上表达自己的观点,张利充满热情地发表了自己的建议,但不幸的是,销售和市场主管以及财务主管否定了他的建议,因为他的建议听起来成本太高,而且与新的市场营销战略相冲突。张利很受挫,神情恍惚地走出会议室。当他回想起自己所受到的打击时,心中的怒火越来越大。不久之后,他的一个重要的晋升机会也被别人"抢走",于是他非常愤怒地辞职了。张利被自己的负面情绪所控制,没有冷静细致地分析问题,甚至令愤怒控制了自己的行为。他无法摆脱消极情绪带来的影响,结果他在这家公司的职业生涯只能以失败告终。

有学者指出,情绪发生发展的内驱力是需要。生理需要是人的最初情绪产生的原因,生理需要的逐步社会化,成为推动情绪发展的内部动力,需要逐步内化又使人产生控制情绪的动机。需要一直与情绪相伴随,是情绪发生发展的内部原因。

渴望被重视的需要,以及其他生理需要没有得到满足时,就容易引发不良情绪。不良情绪是负性的,一般包括焦虑、抑郁、孤独、敌对、恐惧等内容,这种不良情绪对人们的学习、生活等方面都会产生影响。研究表明,在焦虑、生气、压抑、沮丧的情况下,任何人都无法有效地接收信息或妥善地处理信息。不良情绪会严重影响智力的发挥,会压抑大脑的思维能力。

低情商者的行为被情绪所左右,高情商者用行为来控制情绪。能够驾驭自己的负面情绪,并努力发掘、利用每一种情绪的积极因素,是一个高情商者所需要具备的基本素质,也是一个人成功的基本保证。但许多不善于利用自己情绪的人,在负面情绪侵扰自身的时候,往往会心烦意乱,无所适从,行事冲动。心理学实验已经证明,当我们被刺激得过度紧张时,血液的确会离开大脑皮层。这时,情绪脑甚至来自本能的植物脑就起主导作用了,使我们像低级动物一样行事,完全不像一个有理智、能思考的社会人。

人生的所谓得与失，在很多时候并没有实际意义，而由此产生的或恶劣，或悲哀，或仇恨的情绪，却可以使人们失掉对整个生活的感受和看法。这种因情绪引起的得与失，比起物质上的得与失更加致命。

有一位爸爸花了很多钱买了一部车，他的儿子年纪很小不懂事，用器械刮花了整台车，爸爸一气之下重重地打了儿子一顿。没想到气头上下手太重，儿子的手从此扭曲变形。爸爸很后悔，可是已经无法弥补。后来，爸爸花了很多钱，终于把车子重新整顿得像新的一样。儿子问爸爸："爸爸，你的车又变回以前的样子了。那我的手呢，什么时候变回以前的样子？"

丹尼尔·戈尔曼在《情绪智力》一书中说："成功是一个自我实现的过程，如果你控制了情绪，便控制了人生；认识了自我，就成功了一半。"如果你想拥有高情商，那么首先就要学会控制好你的情绪。

心理学家梅耶将人们观察和处理自己情绪的方式分为以下几种：①自我觉知型，一旦情绪出现，自己便能察觉。这类型的人情绪体验丰富，心理健康，积极向上，情绪低落时也能迅速进行自我调节，不易迷失。自我觉知型的人能够有效地管理自己的情绪。②难以自拔型，这类型的人情绪低落时容易听凭情绪的主宰，常处于情绪失控状态，反复无常而又不自知。③逆来顺受型，这类型的人很了解自己的感受，接受、认可自己的情绪，但并不打算去改变。这类人又分为两种：一种是乐天知命型，整天开开心心，不愿也自认为没必要去改变；另一种是悲观绝望型，虽然认识到自己处于不良情绪状态，但不会采取任何行动，他们在自己的绝望痛苦中束手待毙。

高情商者属于自我觉知型，他们了解自己的情绪，并能迅速地对自己的情绪进行适当的调节，不容易太过激动，也不容易被不良情绪困扰很久，具有在情绪纷扰中保持中立自省的能力。

要让情绪为你所用，而不是跟你捣乱。控制情绪的前提是认识情绪，从而才能学会如何去控制它。下面是一些提高识别自己情绪能力的训练方法，可以帮助我们深入地认识自己的情绪。

① 体验自己的情绪。人的情绪随时都可能发生变化，发现自己的情绪发生较大变化时，先试着体验一下这种情绪给自己带来的不同感受，这种情绪给自己带来哪些不一样的行为，认真思考一下这种情绪与行为之间的关系。

② 掌握更多表达感情的词汇。要准确把握自己的情绪，首先应尽可能多地

掌握表达情绪的词汇。掌握的情绪词汇越多，就越能准确地描述自己的心情，例如自己到底是悲伤还是痛苦，快乐还是兴奋。准确认知自己的情绪类型，情绪表现也会变得更理智。

③ 坚持写日记。写日记并不是简单地记录下自己的日常生活，更重要的是要有反思。比如，今天为什么会感到烦闷、伤心、低落，是什么原因导致的，带来了什么结果，有什么方法可以避免，以后可以怎么做，等等。理清原因，找到对策，提醒自己如果再遇到这样的情形应该怎么做。

在日常生活中，我们会发现，情绪的发生是阶段性的，可能会有几天心情一直低落，提不起精神，这是因为情绪是有周期性的。所谓情绪周期，是指一个人的情绪高潮和情绪低潮的交替过程所经历的时间。如果我们处于情绪周期的高潮，简单说就是感觉心情不错、状态良好的时候，就会充满精力，工作、学习状态较佳，对人和蔼可亲，并且容易接受别人的规劝；若处于情绪周期的低潮，即感觉情绪低落、诸事不顺的时候，则容易急躁和发脾气，易产生反抗情绪，喜怒无常。如果我们能很好地掌握自己的情绪周期，就能够帮助我们更好地了解自己的情绪，在情绪低潮期避免一些不愉快的事情、不恰当的行为的发生。

虽然大家都一样，情绪状况会出现一定的周期规律，但因为性别及个体差异，每个人的情况是不尽相同的。我们可以自己制作一张情绪周期表，根据自己的实际情绪变化，绘制自己的情绪周期。如表1所示，持续记录自己一个月到两个月的情绪变化，就可以总结出自己的情绪周期，进而更好地调整自己的心态和行为，以防止不良情绪的爆发。

表1　情绪周期表

情绪周期表　（　）月							
日期＼情绪	兴高采烈	愉悦快乐	感觉不错	平平常常	感觉欠佳	伤心难过	焦虑沮丧
1							
2							
3							
4							
5							

续表

日期＼情绪	兴高采烈	愉悦快乐	感觉不错	平平常常	感觉欠佳	伤心难过	焦虑沮丧
6							
7							
8							
9							
10							
11							
12							
13							
14							
15							
⋮							

　　不良情绪往往会带来一些情绪化行为，这些行为具有一定的特征：无理智性、冲动性、情境性、不稳定性/多变性、攻击性等。当你意识到你的这些行为是由不良情绪引起的，并想要通过努力去改变它们，就意味着你有了一个好的开始；如果你能找到改正的方法，那么就说明你已经找到了控制情绪的指南。

　　情绪是与生俱来的，客观存在的，即便是高情商者也会有忧伤、愤怒、焦虑的时候，我们要做的是如何恰当地表达、控制自己的情绪，尤其是那些不良情绪。这里的控制绝不等于压抑，当你试图压抑自己的情绪时，它们会在你体内迅速建立起紧张、压力和焦虑的感觉，被压抑的情绪会损害身体健康，更会埋下各种心理障碍的祸根。我们的情绪具有类似喷泉的特性，心理学家称之为"情绪的喷泉理论"。该理论认为在压力下，如果我们的情绪只有一个出口，情绪流的强度将非常大；反之，如果有多个出口，情绪流的强度则都不大。与压抑情绪的人相比，那些经常发发脾气的人，反倒能够及时、有效地宣泄不良情绪。但我们知道发脾气有时候会给我们带来很多负面影响，比如伤害了别人的感情，给人留下缺乏理智的印象等。因此，我们必须认识到，并不是只有对着别人大吼大叫、拍桌子瞪眼睛才叫发脾气，才算是宣泄情绪。发泄情绪的方式有很多，我们可以选择一种

适合自己的、不伤害他人的方法,下面有几种遏制情绪爆发的方法,大家可以一试:

① 深呼吸,倒数十秒。这个方法可能很多人都尝试过,即在特别生气,即将要爆发的时候,告诉自己先深呼吸十秒钟,边呼吸边冷静,然后再作决定。不良情绪带给我们的往往是一时冲动的爆发性行为,如果能在行为发生前让自己冷静下来,可能就会帮助我们避免很多无法挽回的损失。

② 自言自语。这个方法与深呼吸是一样的,有的时候由于我们情绪太过激动,需要借助口头的自我提醒来让自己冷静。当情绪即将爆发,感觉无法控制的时候,我们可以自言自语,对自己说"我正在冷静"或"一切都会过去"……

③ 冲个热水澡。这个方法比较适用于压力较大或比较焦虑的时候,简单地冲个热水澡或者泡个热水浴能帮助我们缓解紧张情绪。

④ "情绪垃圾桶"。我们可以自制一个"情绪垃圾桶",帮助我们把不良情绪宣泄出去。例如将不开心的事情写在纸条上,撕碎后丢进自制的"垃圾桶"里,或者想象把不开心的情绪都吹进气球里,然后将气球踩破。

二、情商高低影响我们的身心健康

1. 情商与心理健康

每个年龄段都有这个年龄段需要完成的任务、发展的需求,想始终拥有健康的心理状态,那么每个阶段的顺利发展是必不可少的。

心理学家埃里克森(E. H. Erikson)把个体自我意识的形成与发展分为八个相互联系的阶段。

表2 埃里克森关于自我发展的八个阶段

	阶段	大致年龄	自我危机	自我品质
1	婴儿期	0—1.5岁	基本信任 vs 不信任	希望
2	童年期	1.5—3岁	自主 vs 害羞和怀疑	意志
3	学前期	3—6岁	主动 vs 内疚	目的
4	学龄初期	6—12岁	勤奋 vs 自卑	能力

续表

	阶段	大致年龄	自我危机	自我品质
5	青少年期	12—18岁	自我同一性 vs 角色混乱	忠诚
6	成年早期	18—25岁	亲密 vs 孤独	爱
7	成年中期	25—65岁	繁殖 vs 停滞	关心
8	成年晚期	65岁—死亡	自我整合 vs 绝望	智慧

第一阶段：从出生到十八个月左右是婴儿期。这是获得基本信任感而克服基本不信任感阶段。这阶段的个体特别需要得到别人的照顾，如果最亲近的抚养人（如爸爸、妈妈、爷爷、奶奶等）能够让个体感到所处的环境是安全的，周围的人是可以信任的，那由此就会扩展为对一般人的信任。相反，如果个体没有体验到这种安全感，没有得到周围人的关心和照顾，他就会对外界，特别是对周围的人产生害怕和怀疑的心理，以致会影响下一阶段的顺利发展。

第二阶段：从十八个月到三岁是童年期。这是获得自主感而避免怀疑与羞耻感阶段。这时个体不再像第一阶段那样强烈地依赖他人，什么都由成人照顾。到了这一阶段，儿童开始有了独立自主的要求，如想要自己吃饭、走路、拿玩具等。这时候父母或者其他抚养人如果允许他们独立地去干一些力所能及的事情，并且表扬他们完成的工作，就能使他们获得一种自主感和成就感，有助于他们的自我探索。相反，如果过分爱护他们，处处包办代替，什么也不需要他们动手；或过分严厉，不许他们做一些有益的尝试，稍有差错就批评、惩罚，那么孩子一直没有探索的机会或者总是遭到许多失败的体验，就会产生自我怀疑与羞耻之感。

第三阶段：三到六岁是学前期。这是获得主动感而克服内疚感阶段。个体在这阶段的肌肉运动与言语能力发展很快。之前走路跌跌撞撞，到这个阶段能进行跑、跳、骑小车等运动；之前说话咿咿呀呀，现在已经能说一些连贯的话；而且活动范围从自己生活的小地方扩展到更大范围，身边除了每天见到的爸爸妈妈，还接触到了更多的人和物。除了这些之外，他们对任何事情都开始充满好奇，开始知道自己的性别，也知道动物是公是母，总爱问"为什么"。这时候，如果让他们有更多机会去自由参加各种活动，耐心地解答他们提出的各种问题，孩子的主动性就会得到进一步发展，表现出很大的积极性与进取心。相反，如果父母采取嘲笑、否定甚至压制的态度,那么孩子也会认为自己的游戏是不好的,自己提出的问题是笨拙的,自己在父母心中是讨厌的,致使孩子产生内疚感与失败感,这种内疚感与失败感还会影响下一阶段的发展。

第四阶段:从六岁到十二岁是学龄初期。这是获得勤奋感而避免自卑感阶段。学龄初期儿童的智力不断地得到发展,特别是逻辑思维能力发展迅速,我们会发现他们提出的问题很广泛,而且有一定的深度,并且个体活动范围已经从校内扩展到学校以外的社会。此时,应该尽量鼓励孩子努力去获得成功,努力去完成任务,激发他们的勤奋感与竞争心,有信心去获得好成绩,同时也要鼓励他们尽可能多地与他人交流,敢于表达自己。这样会让他们相信自己是有能力的,任何事情都能做得很好,怀有一种成就感。

第五阶段:从十二岁到十八岁是青春期。这一阶段的核心问题是自我意识的确定和自我角色的形成。青少年对周围世界有了新的观察与新的思考方法,他们经常考虑自己到底是怎样的一个人,想知道在别人眼里自己是一个什么样的人,并逐渐开始认清自己,认识自己的现在与未来在社会生活中的关系,这就是同一性,即心理社会同一感。埃里克森认为,这种同一感可以帮助青少年了解自己以及了解自己与各种人、事、物的关系,以便能顺利地进入成年期。否则就会产生同一性的混乱,如怀疑自我认识与他人对自己认识之间的一致性。

第六阶段:从十八岁到二十五岁是成年早期。这是建立家庭生活的阶段,是获得亲密感而避免孤独感阶段。这个时期的个体希望找到一个能够相互分享、相互承担的另一半,渐渐开始脱离父母的家庭,想要拥有属于自己的家庭。如果一个人不能与他人分享快乐与痛苦,不能与他人进行思想情感的交流,不相互关心与帮助,就会陷入孤独寂寞的苦恼情境之中。

第七阶段:从二十五岁到六十五岁是成年期。这是成家立业的阶段,是获得创造力感而避免"自我专注"阶段。这一阶段有两种发展的可能性,一种可能性是向积极方面发展,个人不仅关心家庭成员,还关心社会上的其他人,关心下一代以及子孙后代的幸福。他们在工作上勇于创造,追求事业的成功。另一种可能性是向消极方面发展,即所谓"自我专注",就是只顾自己以及自己家庭的幸福,而不顾他人的困难和痛苦,即使有创造,其目的也完全是为了自己的利益。

第八阶段:六十五岁以后是老年期,亦即成熟期。这是获得完美感,避免失望感阶段。如果前面七个阶段中积极成分多于消极成分,就会在老年期体验到完美感,回顾一生觉得这一辈子过得很有价值,生活得很有意义。相反,如果消极成分多于积极成分,就会产生失望感,感到自己的一生失去了许多机会,想要重新开始又感到为时已晚,于是就会产生一种绝望的感觉。

从埃里克森划分的八个阶段中,我们可以看到,每个阶段都会面临一种发展危机,如果我们没有顺利度过这些危机,就很有可能埋下心理疾病的种子。例如我们在发展信任的阶段,没有得到信任感的体验,那么在成人后,就很有可能缺乏安全感,认为周围的人都是不可信任的;青少年时期的自我同一性也很重要,每个人都需要认识自己,知道自己在做什么,该做什么,很多人因为无法给自己定位,而在纷繁复杂的世界中迷失了自我。如何化解这些危机,顺利发展出每个阶段需要发展的品质,这与情商发展有着密不可分的关系。真诚、有毅力、关爱他人、充满希望……这些品质都是高情商的表现。

有人(王德明,金永乐:《成人心理健康与情商的相关研究》,2005年第7期)曾对成人心理健康与情商之间的相关关系作过调查研究。他们采用国内通用的"SCL-90"心理健康调查量表和新编的"成人情绪商数(EQ)问卷",对某市疗养院18—60岁的130人进行调查。结果发现,在这批参与调查的人员中,情商得分高的人,出现心理问题或患有心理疾病的可能性很低,反之,心理健康情况得分很低的被试,往往情商分数也很低。其中,情商问卷的自我了解因子和心理健康问卷中的10个因子都有很大的相关性,自我激励因子和自我控制因子其次,说明越是了解自己、能够控制自己情绪、激励自己的人,心理发展情况越健康,反之亦然。

高情商的人能够更清楚地认识到自己所处的心理发展阶段,明白自己要完成的任务以及可能会遇到的种种困难。健康的心理是形成良好情商的基础,良好的情商是保持心理健康的重要条件。心理健康、情商高的人,往往生活满意度也较高,能够正确看待生活中的喜或悲,适应能力强,对各方面通常都会保持积极、乐观、向上的心态。

2. 情绪状态与身体健康

现代医学和心理学的研究成果表明,情绪不仅对人的心理健康有影响,且对人的身体健康也有直接影响。我们会看到在心理咨询室中寻求帮助的人们,往往都萎靡不振,面容憔悴。

在医学上，很多生理疾病，从感冒到癌症都被怀疑与情绪有关。不良情绪影响着我们健康的方方面面：①容易导致消化系统疾病。当心情愉快时，胃液分泌活动旺盛，胃口特别好；当遇到烦心事，感觉焦虑、忧愁、恐惧时，胃肠道的运动分泌功能就受到影响，导致食不甘味。如果这样的压力长期存在，很有可能会引发厌食症，也可能引起其他疾病的发生。②易导致心血管疾病。近年来的研究表明，人的情绪、性格与冠心病密切相关，我国高血压普查资料显示，工作紧张、繁忙、注意力高度集中、以脑力劳动为主的工作人员患病率最高。③易导致恶性肿瘤。恶性肿瘤是目前危害人类健康最凶恶的敌人，多数学者认为恶性肿瘤的发生以及病人的存活时间与心理因素有着密切的关系，美国学者曾对某一地区7 000多居民进行了长达17年的调查，发现孤独、郁闷的妇女死于癌症的比例高于一般妇女。④易导致神经精神疾病。不良的精神因素，首先影响的是神经系统的功能，失眠是常见的表现。有人调查了300名失眠患者，其中85%的人有情绪障碍。另据医学研究表明，紧张性头痛常由情绪引发，是由精神的紧张而引起肌肉的紧张所致。

《情绪是健康的良药》一书中提到，在生活中，我们每个人都有可能生病，有些病症的发生有很大可能是情绪上受到了影响，我们把这种由情绪引发的病症叫做"情绪诱发病"。很多生理上的症状是由不良情绪诱发的，这些症状大多是我们平时会见到的"小毛病"，例如长期处于紧张、焦虑等不良情绪时会产生颈后疼痛、胃部疼痛、结肠疼痛、头皮疼痛和骨骼肌肉疼痛等病症；或者还会引起溃疡状的疼痛、胆囊状的疼痛、普通的疼痛、偏头痛等许多临床症状；此外，还会引起皮肤功能紊乱。

哈佛大学从20世纪40年代开始做一个实验，将参加实验的学生按照他们所写文章分为乐观和悲观两组，然后对他们的健康历史进行长达30年的跟踪，发现悲观学生从40岁开始就比乐观学生出现更严重的疾病和健康问题。据统计，情绪低落、容易生气的人，患癌症和神经衰弱的可能性要比正常人高得多。不仅如此，国外情商研究还发现，情商高的病人比情商低的病人能更快地从病痛中康复。

《东周列国志》中有这样一个故事：被楚平王害得父死兄亡的伍子胥，在逃亡吴国的途中过不了昭关，心里十分着急。想闯关怕被楚平王抓去，想住下来，又怕日子久了走漏风声，一连几夜睡不着觉。他的朋友从外面回来，看到他吓了一跳：仅仅几天工夫，伍子胥竟变了模样，不仅脸庞清瘦，而且头发、胡子都白了。结果伍子胥因祸得福，过了昭关。

伍子胥为什么白头？按照现代医学的诊断，他患了毛发病理性黑色素减少症。原来，人们的毛发内有一种产生黑色素的细胞，叫黑素细胞。它们像一个个小工厂，通过一系列化学反应，不断产生黑色素。但这些小工厂很容易受外界影响，神经、内分泌、维生素、电解质都能影响它们的工作。伍子胥连日的悲伤、忧虑、焦急的情绪影响了神经系统的正常功能，刺激了内分泌腺的分泌，从而干扰了黑色素的产生，致使毛发发生病理性变化。

这种由不良情绪致病的案例在实际生活中也是经常能见到的，比如学生在高考前因过度紧张而失眠，有人因家庭变故或事业变故而一夜白头，孕妇因受到刺激而早产或流产，等等。

当然，并不是每个人都会有这样的经历，毕竟生活中大部分人都过得平平稳稳，即便偶尔有情绪的波动，也不至于一夜白了头。不良情绪致病多半不是一次爆发所引起，而是日积月累酿成的。譬如，研究癌症的医学家发现，癌症患者大约在发病前五年，就有一种严重的、不能摆脱的精神颓废，这种心理刺激通过大脑使细胞发生癌变连锁反应，同时，还减弱了机体固有的抵抗疾病的能力。不良情绪引起疾病就像我们培养一个习惯一样，一个习惯的形成是需要时间的，疾病也是，如果你长期处于不良状态中，就很有可能引起身体某些器官的病变。但当你想医治好这些疾病时会发现，这个过程要比你改掉一个陈年旧习难得多。

不良情绪本身就会对身体健康产生一定的影响，如果再加上我们不懂得如何恰当地处理这些情绪，那对我们健康的危害就更大了。而处理不良情绪最糟糕的方式就是压抑情绪。很多人在碰到一些不开心的事时，喜欢把怒气、委屈、悲伤等不良情绪憋在心里，这种做法是非常错误的。医学研究表明，人对不良情绪忍耐克制，会对身心健康带来重大伤害。所以，我们应该学会正确宣泄情绪，比如与朋友分享你的各种情绪体验。据美国一项官方研究成果报道："一个人如果有朋友圈，就能长寿20年。"哲学家培根(F. Bacon)说过："如果你把忧愁向朋友倾诉，你将卸载一半忧愁。"所以我们平时有一句话说，和朋友分担一种痛苦，你就只有半个痛苦了。

三、情商决定了你的社交影响力

情商的重要内容之一就是能与他人融洽相处。高情商者对他人的感受和情绪比较敏锐,能赞赏别人的观点。除了能清楚地表达自己的感受外,他们还能很好地传达别人的意见和化解严重分歧。所以,高情商者通常具有较强的社交技能。

1. 高情商和良好的人际关系

人际关系是我们生活的一个重要组成部分。如果搞不好人际关系,将会对我们的工作、生活及心理健康造成不良的影响。在现实生活中,人与人之间由于性格、禀赋、生活背景及目的等不同会产生一定的思想隔阂,因而我们需要养成广结善缘的好习惯,最大限度地去消除这些隔阂,从而广积人脉,营造一个良好的人际环境。

李开复曾给大学生写过一封信,其中谈道:"我个人就缺乏人际交往的倾向。以前,我并不认为这有什么不妥,直到我遇到了一位非常具有个人影响力的经理为止。那个经理没有超人的智慧,但是他自称认识了公司中几乎每一个有能力的人,并和其中的许多人成了非常要好的朋友。我不知道他是怎么做到这一点的,但我很快就发现,他的这种能力对公司非常有用。比如,我需要在公司内部选拔一些职员到我的部门工作时,我就可以从他那里获得许多有关该职员的详细信息;与公司其他部门协调工作时,他的人际关系网也可以发挥非常大的作用。从那时起,我发现处理人际关系的能力对于一个人,特别是一个领导者来说非常重要,我开始特别注重培养自己在人际关系方面的影响力。"

高情商的人往往拥有很好的人际交往能力,善于沟通,善于交流,且坦诚相待,真诚有礼貌,在朋友圈中很受欢迎,使得别人跟他在一起时感觉很舒服。高情商的人十分注重自己的言行举止,知道在什么场合该有什么样的行为,有礼有节;知道谦辞敬语不可少,在不同的场合,对不同的说话对象,表达自己的想法与感情时,都特别注意自己的用词;能够做到知错就改,他们之所以能不断进步、提升自我,除了具有自我反省的能力外,更重要的是能及时改正自己的不良行为或习惯,使自己更加优秀,给别人的感觉更加舒服。

良好的人际关系主要体现在良好的人际沟通上,传递信息需要沟通,分享感受需要沟通,了解别人、索求我们想要的、实现目标和结果更需要沟通。学会沟通,学会有效的良性沟通,是我们建立良好人际关系的基本要素。具体来说,高情商者在建立良好人际关系方面有"三大法宝"。

(1) 同理心

人际关系有一个重要的特点,那就是具有情感的基础。人与人相处,必然会有亲近与疏远、合作与竞争、友好或敌对等关系,这都是心理距离的表现形式,有一定的情感色彩。个体或群体之间的好感或反感是其社会需要的反应,与是否得到满足的情感体验直接相关。想要拥有良好的人际关系,满足情感的需求,实现良好沟通,就需要我们具备同理心。同理心是指在人际交往中,能够体会他人的情绪和想法,理解他人的立场和感受,并站在他人角度思考和处理问题的能力,所谓"人同此心,心同此理"。可以说同理心是现代人交往的基础,是当今社会个人发展和成功的基石。同理心的首要条件是能够换位思考,其次是能将自己的想法告诉对方,与对方一起分享或解决问题。

  李嘉诚在谈完生意签合同前总是"若有所思"。有人问他:"你的头脑如电脑,你在'算'什么?"李嘉诚回答:"我在'算'对方的利润。如果这笔生意他挣得比较少,我就要让利。"我们会想:做生意挣钱总是多多益善,李嘉诚如此为他人着想,不是吃亏了吗?其实,李嘉诚是具有大智慧的,他懂得"换位思考"。有人问李泽楷:"你的父亲李嘉诚究竟教会了你怎样的赚钱秘诀?"李泽楷说:"父亲从没告诉我赚钱的方法,只教了我一些做人处世的道理。父亲叮嘱过,你和别人合作,假如你拿七分合理,八分也可以,那我们李家拿六分就可以了。"细想一下就知道,李嘉诚总是让别人多赚两分,每个人都知道和他合作会占便宜,就有更多的人愿意和他合作。如此一来,虽然他只拿六分,生意却多了一百个;假如拿八分的话,一百个会变成五个。奥秘就在其中。有些人犯下的最大错误就是过于精明,不会换位思考,总是千方百计地从对方身上多赚钱,以为赚得越多,就越成功。结果是,多赚了眼前,输掉了未来。

做生意如此,日常生活中与人打交道更是离不开换位思考。换位思考是融洽人与人之间关系的最佳润滑剂。我们总是习惯站在自己的角度去思考问题，如果我们能站在他人的角度思考一下，也许就会多一些理解和宽容，就能够改善和拉近与他人的关系，也许就不会有那么多不愉快的事情发生了。有句话说得好：想让别人怎样对待你，你就要怎样对待别人。

妻子在厨房炒菜。丈夫在她旁边一直唠叨："慢点，小心！火太大了！快点把鱼翻过来……油放太多了！"妻子脱口而出："我懂得炒菜，不用你指手画脚。"丈夫平静地说："我只是想让你知道，在我开车的时候，你在旁边喋喋不休时我是怎样的感受……"

大多数时间我们都在不停地表达自己的想法与意愿，迫不及待地与他人分享自己的喜悦、哭诉自己的不幸、抱怨自己的遭遇……我们总希望别人能对我们换位思考，用同理心对待自己，却往往忽略了他人对我们的需要。推销大师乔·吉拉德(J. Girard)说过，当你认为别人的感受和你自己的一样重要时，才会出现融洽的气氛。

(2) 聆听

聆听有助于建立良好的人际关系。聆听是用心倾听，这是一种友好的表现，是一种修养。暂时把个人的成见与欲望放在一边，尽可能地体会说话者的内心世界与感受，让对方感受到一种信任与尊重，是解决矛盾和冲突的最好办法。当然聆听是一种技巧，也是一种艺术。聆听有助于取人之长，补己之短，不仅会使你变成一个备受欢迎的人，而且还会对你的生活、工作有很大的帮助。

一位汽车推销员，有一次向顾客推荐一种新型车，他热忱接待，并详尽地为客人介绍了车子的性能、优点。客人很满意，准备办理购买手续。岂料，从展厅到办公室，短短几分钟，客人的脸色却越来越难看，突然决定不买了，眼看就要成交的生意就这样黄了。这位顾客为什么突然变卦？推销员辗转反侧，不能入眠。他回忆着自己的每一句话，并没有什么讲得不对的地方，也没有冒犯顾客，真是百思不得其解。于是他忍不住给那位顾客拨了电话，询问原因。顾客告诉他："那天你并没有用心听我说话。就在我签字之前，我提到我儿子即将进入密歇根大学就读，我还跟你说到他喜欢赛车和将来的抱负，我以他为荣。可你根本没听我说这些话！你只顾推销自己的汽车，根本不在乎我说什么。我不愿意从一个不尊重我的人手里买东西！"原来，那位客人的儿子考上了名牌大学，全家人异常高兴，并决定凑钱买辆跑车送给儿子。客人谈话中数次提及儿子、儿子、儿子,而他却一味强调车子、车子、车子!这位推销员恍然大悟。他从此引以为戒,外出推销不仅带上自己的"嘴巴",更带上自己的"耳朵",带上感情,带上爱心。

伏尔泰说过:"通往内心深处的路是耳朵。"我们之所以有两只耳朵,一张嘴巴,就是因为要我们多听少说。在沟通的各项能力中,最重要的莫过于倾听的能力。滔滔不绝的雄辩能力、察言观色的洞察力及擅长写作的才能都比不上倾听能力重要。

从心理学上看,人都需要被关注。因此,在日常人际互动中,我们不能只顾自己高谈阔论却不给对方说话机会。一个善于交谈的人能够倾听他人的谈话,能在交谈时适当点头,保持沉默安静或改变语调,从而使他人融入交谈,掌握谈话气氛等。专心倾听,不仅是用耳,而且要用全部身心;不仅是对声音的吸收,更是对意义的理解。在采取专心倾听的态度后,还要对谈话内容进行能动性理解,即对谈话内容自觉努力地去接收和处理。

多听,有时候也是一种积累。听别人谈成功,说失败,那就是在为自己的将来储蓄财富。听和说是不能分开的两个环节,只听不说的人也不能成功。在工作、生活中,每个人都需要和别人沟通,但是听得多还是说得多,就要看我们拥有怎样的态度。做一个先听后说的人,会让沟通更顺利。

(3) 亲和力

在处理人际关系时,一个高情商的人除了懂得倾听之外,也绝不会忽略亲和力的作用。良好的亲和力,能促使我们的事业尽快走向成功,能使我们的人生更加圆满。一个具有良好亲和力的人,在工作中往往会有很好的人缘,也更容易得到他人的支持和鼓励。

亲和力源于人对人的认同和尊重,很多时候,亲和力所表达的不是人与人之间物理距离的远近,而是心灵上的通达与投合,是平等待人的相互利益转换的基础。真实的亲和力是以善良的情怀和博爱的心胸为依托,是一种发自内心的特殊秉赋和素养。

亲和力有很多表现形式,例如尊重他人、嘘寒问暖、乐于助人、心存感激等。这里有一个很简单却又很有用的方法,那就是尽可能地记住他人的名字,这个细微的举动,会让别人觉得你很尊重并重视他,进而愿意与你成为朋友。

安德鲁·卡内基(A. Carnegie)曾经说过:"一个人的名字是他自己最熟悉、

最甜美、最妙不可言的声音,在交际中最明显、最简单、最重要、最能够得到好感的方法,就是记住人家的名字。"虽然从某种程度上说名字只是一个符号,但对于每一个人来说,名字是非常值得重视的东西。不可否认,我们每天会遇到很多张面孔,初见时热情地寒暄,互递名片,亲切得如同老友,可是一转身,有的人再也想不起对方的名字,下次见面时,就会出现尴尬的处境。

美国前总统乔治·沃克·布什(小布什)就是一个运用这种技巧的高手,他从很早的时候就能够熟练地运用这个法则来拓展人际关系。

1965年,当小布什在耶鲁大学开始他的新学期时,他进入了达文波特学院。小布什注意到达文波特楼的不远处便是DKE联谊会,是一个常有大人物出现的地方,是一个可以开展他政治理想的地方。但要想进入DKE联谊会,首先要做的就是申请加入达文波特学院的学生会,这样才可以让他有更多的机会在DKE联谊会上崭露头角。一天晚上,达文波特学院召开了一次选拔新人参加学生会的会议。早有此意的小布什当然不会错过这个绝好的机会。当小布什来到召开会议的教室时,发现已经有50多个新生和老生在那里坐着了。会议开始了,学生会中的一个负责人在对学生会作了简单的介绍后,叫起了一位新生:"约翰逊,请你看看这屋里的人,你能叫出几个人的名字来?"那位名叫约翰逊的同学站起来,环视了一周,费力地说出了三四个人的名字,然后坐下了。在问了两个同样只能叫出几个同学名字的新生后,那个负责人向小布什提出了同样的问题。小布什不慌不忙地站起来,一口气叫出了教室中全部54个人的名字,这令包括几位学生会负责人在内的其他人佩服得五体投地。

小布什在入学的最短时间内记住了同学的名字,而且他经常会在球场、走廊、教室等一切可能的场所与更多的人结识。他的积极主动和诚恳态度给很多人留下了深刻的印象,渐渐地人们对这位成绩并不优异的学生似乎给予了更多的关注。不仅如此,小布什几乎对所有的学校组织和社会活动都有着浓厚的兴趣。他在学生会和社团组织里的锻炼,为日后的政治活动打下了良好的基础。即便是竞选总统时,去电视台做演播的空闲时间,他也会到后台转转,与摄影师等工作人员开个玩笑,还经常在摄像机镜头前扮鬼脸、讲笑话。他用这种方式与社会各界人士建立了良好的人际关系,这为他竞选总统积累了重要的人脉资源。据统计,在他2001年1月当选美国第43任总统的选票中,就有相当大一部分是他在耶鲁和哈佛的校友通过自身和社会关系所带来的。有人曾笑称,如果你能叫得出大学校园里三分之一人的名字,那你也可以去竞选美国总统。

在人际交往中,记住别人的名字是对他最大的尊重。因此,当你能够叫出只见过一次面的人的名字,对方肯定很开心,从而对你产生好感和信任,乐于与你交往。

2. 情绪会传染

在人际交往中,情绪的力量显得格外重要,因为情绪是会传染的,无论是消极情绪还是积极情绪,身边的人都会有所感受,并会受其影响。有研究显示,当人们看到笑容可掬或愤怒的脸部表情图片时,会不自觉地模仿图中的人。因此努力做一个好情绪传染者,这会让你更受欢迎,拥有更多朋友,及更和谐的人际关系。

生活节奏越来越快的今天,人们在享受便利生活的同时,也面临着更大的压力。周围的人也许正处于精神紧绷的状态,而自己如果也心情糟糕的话,这种情绪便会像瘟疫一样在人群中蔓延,稍不留意,还会带给自己的家人。

人与人的交往必定是伴有情感色彩的,友好、喜欢、讨厌、敷衍……每一个与你交流,甚至擦肩而过的人都会感觉到你带来的情绪温度,因此,要特别注意不要将坏情绪带给无辜的人。朋友来与你分享他的喜悦,你却因为心情不好板着一张脸;同事来找你帮忙,你却面无表情,冷漠地拒绝;家人打来电话,问你晚上想吃什么菜,你大发雷霆说这种小事也要每天打电话来烦你;孩子终于等到你回家,要和你玩耍,你却皱着眉头说"自己玩去"……这一切或许只是因为你的上司批评你了,或者是因为你的车被剐蹭了,又或者是你的银行卡找不到了……但不能因此就迁怒于那些无辜的同事、无辜的亲人朋友,他们甚至不知道你为什么会有这样的反应,或许还在思考自己哪里做得不对惹你生气了。长此以往,每个人跟你说话都要小心翼翼,先要看你是否有个好心情,能避免与你交流的就尽量避免,这样又何谈良好的人际关系,恐怕连朋友也没有几个了。

不良情绪、坏心情,我们大家都会有。每天都或多或少有一些琐碎的小事让我们烦恼,有时也会碰上让我们心情久久不能平复的伤心事。表达自己的情绪,发泄自己的不良情绪都是理所当然的、正常的事情,但要注意时间、场合、对象,别让身边的人和自己一样消极,或者让别人觉得你不可理喻,难以接近。

有些方法可以帮助我们成为一个积极乐观、拥有好情绪、充满正能量的人。

美国一家广告公司的部门经理弗雷德工作一向很出色。有一天,他感到心情很差,但由于这天他要在开会时和客户见面谈话,所以不能有情绪低落、萎靡不振的神情表现。于是,他在会议上笑容可掬、谈笑风生,装成心情愉快而又和蔼可亲的样子。令人惊奇的是,他的这种心情"装扮"却带来了意想不到的结果——随后不久,他发现自己不再抑郁不振了。

弗雷德在无意中采用了心理学的一条重要规律:假装有某种心情,模仿某种心情,往往能帮助我们真的获得这种心情。心理学中一个新兴的研究领域——具身情绪,就是讲生理体验与心理状态之间有着强烈的联系。心理学家通过实验证明,情绪是具身的,认知并不是情绪形成的唯一因素,身体及其活动方式也会影响情绪与情感的形成。有的身体动作能使人产生愉快的情绪,如微笑的脸部表情,有的则相反。所以,不妨偶尔对自己的心情进行一番"乔装打扮",这样,既能让别人感觉舒服,也能让自己渐入佳境。

同时,心理学家也告诉人们,如果在不愉快的时候,和一些爱开玩笑、性格乐观的人在一起,你会变得快乐起来,这对那些感情脆弱、多愁善感、性格内向的人来说尤其如此。我们常常说环境会改变人,不同的环境会给我们不一样的生活,这个环境说到底是指不同的朋友圈、人际环境。如果我们长期处在一个压抑、沉闷、消极的环境中,想要拥有一个好心情恐怕是很难的。因此,尽可能地去选择一个融洽、积极、乐观的群体,如果没有办法做到,就选择几个爱笑爱闹,积极乐观,愿意支持你、鼓励你的朋友。

四、高情商经营出幸福爱情与婚姻

《男人来自火星,女人来自金星》(Men Are from Mars, Women Are from Venus)这本书很好地阐述了男女之间思维方式、沟通习惯的不同,男女不同的思考问题的方式带来了不同的行为表现,如果不能恰当处理这些不同,就会成为男女顺利交往的障碍。

卓玲下班回家,一进门就哭丧着脸对老公说:"我今天真是倒霉!早上上班一路塞车,足足等了一个钟头才到公司,结果一进办公室,就被坐在门口的秀美瞪了一眼,我心想奇怪,她怎么了?后来我到财务部送发票,看到秀美也在那里,我和她打招呼,她却头也不回就走掉了。我觉得其中必有缘故,可是又一直想不通:她到底为什么生我的气?下午我看见秀美和几个同事兴高采烈地讨论新案子,我也加进去,结果她就不说话了,我实在不知道自己到底哪里得罪她了……"

这时候,听了半天却一头雾水的先生实在忍不住插嘴问道:"卓玲,你到底想说什么?"

卓玲说:"别吵!我还没说完……后来坐我旁边的小陈偷偷告诉我,原来昨晚我约了几个同事去唱卡拉OK,没约秀美,她就生气了,真是莫名其妙!我昨天提议的时候,她又不在办公室,当然就没找她了,这怎么能怪我呢?"

先生听到这里,总算明白了。他说:"哎呀!这种小误会,你何必在意呢?想开点就好了!"此时卓玲却给了先生一个大白眼:"你根本没用心听我说话嘛!"

很多男士经常抱怨:"女人常怪我们不用心听她们说话,真是冤枉啊!其实每次一开头,我都很用心听她说什么,可是她们说话实在太没重点,前面说的是这个问题,一下子又拐到别的事上去了,天哪,真不知她们到底在说什么!"

这种"根本不知道对方在说些什么"的情况,对男性而言,其实是非常受挫的,因此他们会忍不住一再打断对方,一再问:"你到底在说什么?"而这些话,听在女性耳中,只觉得男性根本没把她的话听进去,因而十分生气。其实,这就是两性沟通的不同习惯所造成的。一般而言,男性沟通的习惯是先讲"结果",所以如果前面的例子发生在男性身上,他一开始会先说:"今天秀美因为误会我故意不找她去玩,而没给我好脸色。"女性则习惯强调"过程",凡事从头说起,最后才归纳出事情的结果及原因,就像例子中的卓玲。

所以,无论是爱情还是婚姻,了解男女之间的差别,体谅男女不同的思维、行为方式,在遇到问题时进行有效的良性沟通,是维持爱情与婚姻的最有效方式。

1. 日久见真爱

有一个心理学实验是这样的:研究者让很多男性走过一座位于高处且看上去非常不安全的吊桥,之后让他们和同一位女性见面,结果约有八成男性表示见到的那位女性非常有魅力,这就是有名的"吊桥效应"。原因是大部分男性把跨越吊桥时因为紧张所产生的口渴感,以及心跳加速等生理上的兴奋误认为性方面的冲动,自认为对那名女性产生了兴趣。

在生活中,我们有时会有这样的感觉,为什么两个人在一起时间久了,对方就不是我当初认识的他/她了?为什么他越来越冷漠,为什么她越来越无理取闹?为什么别人总能恩恩爱爱,为什么我们总是分分合合?

看到上面提到的实验,加上吵吵闹闹的现状,有人会想:我们的认识本来就是一种错误,尤其是一见钟情,更是离谱至极。先不要着急,让我们来看看其中到底出现了什么问题:是一见钟情真的没有日久生情可靠;还是时间长了,对方真的变了?

生活在莎士比亚时期的罗伯特·伯顿(R. Burton)把爱情诊断为一种病态,并提出一种观点,即如果可能的话,避免爱情会更好。然而选择不爱就是选择不再生活。如果彻底断绝或逃避爱情这个课题,对于自我和灵性的成长来看,是相当愚蠢的事。

生活中,经常会看到这样的场景,情场中绝望的男女,咬牙切齿地骂道:"我当初一定看走了眼,才会爱上你!"事实上,就算我们真的爱上了错误的人,那也是我们需要的错误。

我们经常把爱情和婚姻当成"对象"的问题,似乎某段关系不能圆满收场,根本原因就在于遇到了一个坏男人或是坏女人。换句话说,幸福婚姻的诀窍也就在于一开始就要挑中那个"对"的人。这其实是一种误解。早在几十年前,心理学家弗洛姆(E. Fromm)就在其名著《爱的艺术》(The Art of Loving)中指出:爱的问题不是对象问题,而是能力问题。他认为爱情和婚姻一样,都是一门需要努力提高的艺术。"给予"是其中最珍贵的环节,并非是物质上的施舍、剥夺或自我牺牲,而是两个人亲密无间,你中有我,彼此分享对方的情感、快乐、知识、幽默、欢乐、悲伤,通过这些感受和体验的联结,使双方的生命同时得到丰富。除此之外,还需要关心、尊重和了解对方。在弗洛姆看来,具备这些能力,才是掌握了这门艺术。

相爱容易相守难。不论是日久生情,还是一见钟情,都不可能从确定男女朋友那天起就立刻完全了解对方。在以后的日子里,双方不断深入了解彼此,知道对方的喜恶,发现对方的缺点,搞清楚对方的人生观、价值观……这是一个漫长又充满未知的过程。也许就是因为进一步的了解,你才发现他/她并不是真正适合自己的人;但或许深入的了解恰恰告诉你,他/她就是你一直寻找的那个人。不管结局怎样,我们都逃不开要去了解对方这一过程,在对方身上花费的时间和精力都告诉我们:寻找一个真正适合你的人需要时间,日久才能见真爱。

心理学家斯滕伯格有一个爱情三角理论,认为所有的爱情体验都是由激情、亲密和承诺三大要素构成,并形成一个三角形。激情指一种情绪上的着迷,个人外表和内在的魅力是影响激情的重要因素。亲密指的是两个人心理上相互喜欢的感觉,包括对爱人的赞赏、照顾爱人的愿望、自我的展露和内心的沟通。承诺主要指个人内心或口头对爱的预期,是爱情中最理性的成分。激情是爱情的发动机,没有激情,爱情就像缺少了生存和发展的原动力;亲密是爱情的加油站,没有了亲密,爱情就容易枯竭;承诺是爱情的安全气囊,没有了承诺,爱情就多了几分危险,时刻都有崩溃的可能。斯滕伯格把具备这三个基本要素的爱情称为完美式爱情。然而即便三个基本要素都具备了,也不能保证你就一定会拥有一份甜蜜、持久的爱情,我们还要付出很多的努力来协调好这三者之间的关系。因此,不管是日久生情还是一见钟情,建立一段稳定、持续的爱情需要恋爱双方耗尽毕生精力去培育、呵护,那是一项贯穿人生的大工程。

(1)他/她就是他/她

有人说:"爱不是寻求最完美的人,而是完美地看待一个不完美的人。"两性关系并不是一个人的责任,它需要两个人一起分享问题,解决问题。

相爱的两个人,甚至走入婚姻的两个人,一开始时都是陌生人,分别生活在各自的世界里,有自己的生活习惯、格调品位、理想目标,因此两个人走到一起的过程本身就是需要不断打磨的过程。芸芸众生中,能够与他/她相遇,是一件多么奇妙又温暖的事!在一开始,你眼里的他/她是那样完美、无可挑剔,可是时间长了为什么有些人却抱怨:他/她怎么是这样的人,他/她怎么变成这个样子了……

> 大一刚开学不久,伟东因为性格开朗、主动积极、乐于帮助同学,而被大家选为班长。班里的一个女同学王斐对伟东颇有好感,经常找他帮忙,伟东也是有求必应,热情相助。一来二往,伟东也被这个漂亮、可人的小姑娘吸引,两人很快确立了男女朋友关系。刚在一起的几个月,王斐感觉特别甜蜜,觉得伟东就是她的真命天子。两个人一起上下课、一起逛街、一起去图

书馆……她觉得伟东是个很有绅士风度的男生,对她的照顾真是无微不至。不仅如此,她的好朋友找他帮忙时也是积极热情,让王斐在朋友面前很有面子。

但是时间一长,王斐就有点不高兴了,她发现男朋友不仅对自己这么好,对别的女生也都很好。她开始跟男朋友发脾气,怪他忽略自己,开始因为男友偶尔的迟到或失约大发雷霆,接着又因为男友帮助其他女同学而生气闹分手。

一段时间的冷战,伟东冷静下来认真想了想,他找到王斐,告诉她自己很爱她,并且能够理解她的感受与想法。伟东说:"我知道你的担心,我们的相识相恋就是因为你经常找我帮忙,所以你害怕我也因为经常帮助别人而变心。而且,我也意识到,有时确实忽略了你的感受,是我没有做好。"王斐哭着说自己也有不对的地方,不应该总是发脾气。

我们应该庆幸伟东是个有担当、有想法的人,当感情出了问题,他知道自我剖析,也知道换位思考。但生活中有很多人在遇到这种情况的时候,其结局往往以分手告终。女生觉得自己很委屈,没有享受到女朋友独有的待遇;而男生觉得莫名其妙,甚至觉得女生有些蛮不讲理。

接纳、包容与信任,是爱情和婚姻不可缺少的成分。王斐最初喜欢伟东的原因可能就是他的热情开朗、乐于助人,但当伟东"只属于她一个人的时候",这个优点显然变成了他们感情发展的绊脚石。所以我们往往忽略了对方的本质,希望对方能够按照自己的意愿为自己作一些改变。其实,随着个人的成长和两人为爱的付出,每个人都是会变的,会更加成熟,知道哪些行为只有情侣间才能有,哪些行为会让别人误会。相爱的两个人也会因为想让对方开心、快乐,而做一些自己以前不会做的事,改掉一些以前的行为习惯。

希望对方为你改变并不是什么大错特错的事情,因为你希望他/她改变,是因为你想让你们的关系更和谐,你想让这个有可能与你共度一生的人更加符合你的要求,更加完美。这无可厚非,但问题在于你如何向对方表达他在某些方面给你带来的困扰,以及你希望对方在哪些方面有所改变。在上述的例子中,王斐在意的是伟东经常忽略自己的感受,没有把朋友与恋人很好地区分开来,但她表达的方式是乱发脾气,比如因为伟东帮助别的女生而吃醋闹分手,又或者因为他约会迟到而吵闹不休。她没有认真地跟伟东交流过这个问题,也没有告诉过他自己的感受。而在伟东看来,自己根本没有任何变化,认识她之前他就是这个样子的,或许他还觉得这样做会让她高兴,觉得自己是个很绅士、有心胸的男人。

所以,如果你觉得你们出现了问题,就找对方好好谈谈,要相信你选择的人,他/她也在很认真地对待你们的感情,要相信他/她会为了你们的未来而认真思考,有所改变。

泰戈尔说,爱是理解的别名。试着去理解对方的感受,站在对方的角度想一想,包容他/她,接受他/她,支持他/她,相信对方,也相信自己。

(2) 不要总让他来猜

很多男性似乎都有这样的经历,自己的妻子或女朋友总是时不时地让他们猜心思,比如"今天是什么日子?""你知道我为什么生气吗?""你曾经对我说过的,最让我感动的话是什么?"……这种让对方猜心思的事情一般都是由女性提出的,这也是男女在思维、情感上的差异造成的。从思维上讲,女性思维往往停留在表面,男性却深入问题关键之处,因而有人说"女性是感性的动物,男性是理性的动物"。男女情绪情感的表达方式也是不同的,女性擅长情绪表达,男性擅长掩饰自己,情绪情感的表达主要体现在表情上。例如,妻子手舞足蹈地和丈夫聊天,丈夫却没有太多情绪反应,于是妻子抱怨丈夫不认真听自己讲话。其实并非如此,即使认真听,男性也不会有太多表现于外的反应。

两个之前互不相识的人走在一起,磨合的过程是有风险的。可能因为太年轻,又或者不懂得如何沟通,某一个问题就可能成为大吵大闹、各奔东西的导火索,因此良好的沟通对于恋人、夫妻尤为重要,而知道"男女有别"、了解另一半的性格特质是维持感情与婚姻必须做的功课。

新婚不久的小夫妻赵磊和晓琳本应恩爱有加,享受自己的婚姻生活,但有一件事情却让晓琳生气、难过,认为赵磊结婚之后就变了,对自己没有那么好了。不管赵磊怎么解释,晓琳还是一口咬定赵磊变了。

结婚没多久就赶上了晓琳生日,按照惯例,晓琳期待着赵磊为她准备的惊喜,猜想结婚后的第一个生日老公会送自己什么样的礼物。就在生日的前一天晚上,丈夫赵磊吃饭时对晓琳说:"明天就是你的生日了,我把我的卡给你,喜欢什么就给自己买什么!"话音刚落,晓琳就摔筷子走人了,把自己关在卧室里,不跟赵磊说一句话。生日当天,晓琳约了几个好朋友一起去玩,也没有告诉赵磊。赵磊有些生气,一直等到很晚晓琳才回家,一场争吵就这么发生了。晓琳指着赵磊说:"男人果然就是这样,结婚前对你百般呵护,结婚后马上不理不睬,丢到一边……"赵磊也在气头上,说晓琳结婚了还在外面疯玩到半夜,一声招呼都不打,根本没把这个老公放在眼里。

旁人或许会说,多大点儿事啊!不就是过个生日,送个礼物的事儿吗?是啊,确实是小事,可生活中很多情侣、夫妻都是因为没有处理好一些小事而争吵、冷战、分手。上例中的晓琳如果不是摔筷子走人,而是认真地告诉赵磊自己的感受,她要的不是一张卡,而是像以前一样,想看到赵磊对自己的用心;而赵磊突然改变自己送礼物的方式,也没有任何解释,显然是忽略了晓琳的感受。两个人没有进行充分的沟通,也没有沟通的意愿,甚至逃避、冷战,那大吵一架的结果也就不可避免了。

有时候我们经常见到这样的女孩子,想让男朋友给自己送一个什么礼物,但不直说,总是委婉提示:这双鞋子好漂亮,或这个包包好可爱,或香水又用完了……如果男生迟迟没有反应,女生就借题发挥了:暗示了你那么多次,你对我真是太不用心了,看来还是不够爱我啊。男生瞬间发懵,觉得女孩的心思还真是难猜。其实女孩大可不必扭捏纠结,告诉你的另一半你想让他在什么节日里送自己什么样的礼物,慢慢地他就学会送你喜欢的礼物了。因为他知道你在意这些,并且会因为爱你而乐意去做这些事情。但如果男生不愿意去做,或者没有时间去做,也应该向对方作出一些解释,让她知道你没有送她礼物并不是因为不重视她。

说到底,两人之间出现的很多"大问题",都是由一些"小问题"不断积累起来的,这可能是男女的性别、思维差异导致的,而更多地还是因为沟通不够以及没有换角度思考。因此,高情商的人懂得与另一半沟通的重要性,能够学会尊重对方,倾听对方,共同解决问题。

2. 尊重婚姻,尊重他/她

婚姻是人生的一件大事,两个人从相识、相恋到走入婚姻的殿堂,每个人都有自己最难忘的故事。但时间久了,有些婚姻会变得枯燥、沉闷,甚至令人悲痛、怨恨,而有些婚姻还会有最初的浪漫、惊喜和感动。高情商的人懂得如何经营自己的婚姻,他们知道爱与尊重是婚姻的真理。

美国前总统老布什与爱妻芭芭拉在战乱纷飞的1945年喜结连理,如今91岁的老布什与90岁的芭芭拉在2016年1月6日度过了结婚71周年纪念日,是美国历届总统中婚姻最长的一对。他们婚姻成功的秘诀何在?老布什的发言人麦格拉思表示,那就是爱和尊重,还有一些幽默。麦格拉思说:"他们深爱彼此,全心全意为对方付出。虽然两人是两个单独的个体,但更像是一个人。"

情感是非理性的,婚姻却是理性的。在内心保持感性世界,保持心灵的自由,这是你做人的权利,但在婚姻中则需要保持理性,维护两个人的关系和利益。爱情需要等待机缘,婚姻却需要积极的作为。

(1) 他/她才是你最应该耐心对待的人

你有没有遇到过或者听说过这样的状况:自己的哥哥对他的同学很好,说说笑笑,但对自己总是皱着眉头,凶巴巴的;爸爸对同事、朋友的态度很和蔼,遇事有商有量,可是每次跟妈妈说事情的时候,总是专制又严肃;同宿舍的姑娘碰到其他宿舍的同学总是笑容满面,热情大方,可一回到宿舍像变了一个人,对大家面无表情,爱理不理……最常见的恐怕要属子女对父母的态度了。在学校里,老师和同学夸她/他有礼貌;在单位里,上司和同事夸她/他态度好;跟他/她接触不久的朋友都说他/她脾气好,爱说笑。可就是这样一个在他人眼里几乎完美的人,竟然在家里对父母颐指气使,或者不闻不问,又或者对他们毫无耐心。

可能我们在生活中遇到的情况没有上面说得那么严重,但让我们静下来认真想一想,我们对外人的态度是不是比对亲近的人更好?甚至有的时候外人给我们带来的不快,我们还会有意无意地发泄在亲近的人身上?

情侣和夫妻之间,这种情况也是屡见不鲜。虽说恋人走到最后会变成亲人,但处在恋爱阶段与结婚之后还是会有一些区别。在恋爱时,双方小心翼翼,在意对方的感受,时刻树立自己的完美形象;而结婚之后,尤其是结婚好几年之后,有些事情就潜在地发生了变化,双方不再顾及自己的形象,也不太在意对方的感受,说什么做什么都更加随意了。所以,才有"七年之痒"一说。

> 吴芮的老公是一所大学的计算机老师,专业知识扎实、讲课风趣、认真负责,其他老师和同学都很喜欢他。当初吴芮认识他的时候,也觉得他是一个对工作积极认真、对学生和蔼可亲的好老师,所以两人在一起没多久就步入了婚姻殿堂。因为吴芮在公司工作,与她老公的工作交集不是很大,因此两个人平时在工作上的讨论也很少,但前几天发生一件事,让吴芮觉得老公对自己的态度还不如他对学生好。

吴芮因为工作需要,要对电脑里的资料进行重新整理,由于工作量太大,她希望老公能够帮助她一起完成。况且她觉得老公的专长就是计算机,所以解决这类问题肯定要比自己用笨办法解决会更快、更好。但是第一天晚上,吴芮刚刚说完这件事情,就被老公拒绝了,原因是他的工作也很忙,没有时间帮她做这些。虽然有些不高兴,但吴芮没有说什么,毕竟她也理解他有自己的事情要做。第二天,吴芮觉得还是要向老公学习一些方法,才能让自己的工作不这么累,所以她又向老公开口,希望他能教她一些便捷的方法减轻工作量。老公这次倒是教她了,她感觉很开心,用这些方法的确快了很多。第三天,吴芮又来向他请教另外一些问题,这时候吴芮老公的反应让她有点措手不及。他说:"你这么大一个人了,能不能有点自主学习的能力,不要什么都来问我,行吗?这些都是些不值得一提的小问题,随便百度一下就能找到解决办法,我都说了我最近很忙……"后面的话吴芮没有听进去,她觉得她不认识眼前这个男人了。在学生面前充满耐心,不管多简单、已经问过多少次的问题,都会认真解答的好老师哪去了?对自己的学生能做到那样,为什么对自己会是这个样子?很简单,因为学生是"别人",你是"自己人",对别人必须耐心、有礼貌,但对自己人可以表达最真实的感受,甚至可以拒绝能够做的事。

越是亲近的人,因为朝夕相处,摩擦膨胀,积累负面情绪和想法的可能性反而比外人(同事、邻居、朋友)更大。赌气也好,怨恨也好,鄙夷也好,疏离也好,失望也好,关系层面的冲突表现在态度层面,其实是很正常的事。在这样的一个现象背后,可能存在一些内在不可见的想法,我们称之为潜在信念。而这种信念是多种多样的,不同的人可能抱有不同的想法。

有人认为"家人安全,不会真的对我生气"。说得没错,家人确实安全,他们不会真的生你的气,因为爱你所以原谅你、包容你,不会记仇,更不会想着怎么收拾你,但这并不代表你就能因此伤害他们。其实越是爱你的人,越在意你对他们的态度,在意你的情绪、表情、动作。他们会思考是不是自己有什么地方做得不好,才会让你有这样的反应;又或者他们会认为你不再爱他们了,不再对他们有耐心了,你开始烦他们了。

有人认为"态度有什么用,物质才是最重要的"。大家可能也常常听到有妻子这样抱怨自己的老公:"他成天都在外面跑来跑去,要不然就十天半个月不回家。我一个人在家带孩子有多辛苦,他根本不理解,回家了也根本不会关心我一下。"丈夫也觉得冤:"我成天在外面跑还不是为了你们,没有我,你们能住在这么漂亮的房子里吗?不是我在外面跑,你们吃什么、穿什么、用什么?我这样做都是为了你们。"我们可以理解,他为了这个家起早贪黑,东奔西跑,而她为了这个家也是没日没夜,甚至放弃自己的工作,但这些都不能成为指责对方的理由。为这个家庭付出再多,没有爱,还能叫做家吗?没有互相的尊重,这段感情还能继续维持下去吗?

也有人认为"我们可能会受到外人的伤害"。因为危险,所以要讨好。这种想法与"家人安全"的想法是一致的。为了使自己不受伤害,对可能伤害到自己的外人多加讨好,而对不会伤害到自己的家人肆意妄为。

还有人认为"跟家人在一起的时间还长,以后可以慢慢弥补"。有这种想法的人,我们多半是救不了他的,只有等到他自己体会到"子欲养而亲不待"的忧伤时,才会对自己当初这种愚蠢的想法感到后悔。

对外人好是应该的,我们是社会人,处在社会交际圈里,给别人一个好印象,和每个人搞好关系是无可厚非的。但高情商的人更加注重家人的感受,他们明白家的重要性,家人的重要性,不会忽视家人的感受,更不会将自己的不良情绪带给家人。让爱你的人、你爱的人感受到你的用心,这是一件非常重要的事,学会用舒服的、正确的方式表达自己的爱是我们都要认真学习、思考的内容。

(2)偶尔吵架的婚姻更趋于稳定

夫妻两人不仅性别不同,而且性格、观念、习惯等也有差异。恋爱时,彼此还有机会掩饰;结了婚,朝夕相处,互动频繁,大大小小的冲突是无法避免的。面对这些冲突,若是大惊小怪,以为有了争执就表示两个人不适合在一起,这是错误的。反之,如果认为美满的婚姻就是两个人永远不争吵,在冲突时极度容忍,百般地委曲求全,维持一个表面的和平状态,这也是不正常的现象。

人们心理活动的倾向是趋利避害,也就是说,人会无意识地选择对自己没有伤害的事或伤害小的事去做,而避开那些对自己有伤害或伤害大的事。我们从小就习得了这样的生活经验,与自己关系亲密的人一般不会伤害自己,对自己来说是安全的,所以就会无意识地把心中的一些不平衡指向这些人,在他们那里获取平衡。常用的一种方式就是发泄、争吵,因此婚姻中的争吵是有积极意义的,无意中证实了对方是自己最亲密的人。

心理学家戈特曼(J. Gottman)曾在华盛顿大学建立了"爱情实验室",进行了长达35年的婚姻和离婚研究。他筛选并采访了数千对夫妻,并在相当长的时间内对他们的关系进行了追踪。戈特曼的研究显示,恩爱夫妻总是在生活中寻找更为积极的一面,他们会尽量多地说"是的",而避免过多使用"不"。但这不是说良好的关系中没有矛盾和冲突,很多时候夫妻间还是会发生一些争执,但经营和谐关系的关键并不是弄清楚吵架的原因,而是认识到争论方式中存在的问题。良好的关系不仅是要懂得什么时候该争吵,发生争吵后该怎样修复关系,还需要拥有积极的情感状态,如幽默感、爱心等。

有一句话是这样的:真正的婚姻不是一辈子不吵架,而是吵架了还能生活一辈子。高情商的人明白,婚姻中的争吵在所难免,但他们能够掌控自己的情绪,也更容易体谅对方的情绪,他们"会吵架",知道如何让争吵转变为融洽两人关系的润滑剂。

夫妻吵架应该是"讲情",而不是"讲理"。夫妻吵架不同于一般人吵架,一般人吵架是为了争理,为了争论出一个对错,这时需要抓住对方的漏洞,找出对方的缺陷,集中"火力"攻击对方,但是夫妻之间不能这样口无遮拦,否则赢了吵架,却输了感情。事实上,夫妻吵架通常没有固定的是非答案,可能纯粹是"角度"的问题。"会吵架"的人在争执过程中会努力地去体会对方的真正意图;而"不会吵架的人"在吵架过程中努力想要证明自己是对的,最后导致两败俱伤。争吵一旦转变为互相指责、控诉,沟通之门便从此封闭,对两人关系也会产生莫大的伤害。

戈特曼及其研究团队仅仅通过观察和聆听夫妻5分钟的谈话就能预测其未来的离婚情况,预测准确率达到93%。这项研究显示了夫妻之间的争吵有多么频繁无关紧要,更重要的是夫妻双方需要作出努力来友好地解决争吵问题和修复关系。修复关系可以采取多种方式,但是所有方式的目的都是把争论转移到解决方案上,并且要发送一个强有力的信号:你会关心、尊重你的配偶,证明你对他/她的爱比证明你正确更重要。

夫妻之间偶尔的争吵肯定是在所难免的,如果两个人认为争吵已经成为你们的一个困扰,那就制定一个"吵架公约",将双方的想法列出来,然后两个人共同来遵守。比如争吵时不能翻旧账,要就事论事;要承认争吵是由两人共同引起的,毕竟一个巴掌拍不响;日落前两人必须和好;等等。

虽说婚姻不易,但我们也确实看到过很多相守到老的夫妻,也见到过许多不离不弃的好榜样。每段婚姻里都会有矛盾、争吵、困扰，不要让这些一时的、非正常的生活节奏打乱我们不断追求幸福生活的脚步。做个高情商的人，学会用正确的方式吵架，学会爱，尊重婚姻，尊重他/她。

五、高情商父母是孩子的情商教练

中国青少年研究中心、日本青少年研究所、韩国青少年开发院及美国艾迪资源系统公司(Idea Resource Systems)于2008年9月至10月联合实施"中日韩美四国高中生权益状况比较研究"。调查的对象是普通高中和中等职业学校1—3年级的在校生。在中国青少年研究中心公布的《中日韩美四国高中生权益状况比较研究报告》中指出：中国父母最关心成绩。调查发现，中国高中生觉得父母关心自己的比例最高，达到94%；但同时调查也发现，中国父母最关心的是孩子的学习成绩，82.1%的中国高中生表示父母平时最关心自己的学习成绩，位居父母最关心事情之首，不仅高于对孩子身体健康(79.1%)的关注，更远远高于对孩子生活习惯(49.8%)、交友情况(44.5%)和情绪变化(31.9%)的关注。在中国，高中生最容易因成绩不好而受到不公平待遇，经常遭遇此情形的学生比例达24.5%。中国高中生只有54.8%会"经常和父母聊天"，相比较而言，21%的高中生认为烦恼时无人倾诉，在四国中所占比例最高。当然这也可能是文化带来的差异，中国人更为含蓄，无论是父母还是孩子，都不习惯相互公开表达内心的感受和想法。

亚里士多德说过，只育脑不育心的教育，根本称不上教育。其实中国父母现在也渐渐意识到成绩并不能代表一切，当前成绩好并不能说明以后的生活就会好；很多父母已经开始关注情商问题，正在努力学习用一个新的角度与方法来教育自己的孩子。虽然不能保证情商高的孩子就一定有好成绩或者好的生活，毕竟学习、生活都需要不断努力，偶尔还需要一点点运气，但我们不得不承认，高情商带来的优势是显而易见的。你想让你的孩子学习第一名，但整天不开心，什么都不愿意跟你说，没有朋友一起玩呢；还是希望你的孩子快快乐乐，有时也能与你谈谈心，能有自己的朋友圈，哪怕他/她的成绩只是一般呢？已经有很多研究表明，情商高低也影响着学习成绩，影响着一个人的成功，家长们应努力做高情商的父母,成为孩子的情商教练。

1. 情商教练的类型

来自台湾的张怡筠博士曾提出了五种父母情商教练的风格,父母可以对照这五种风格来反思一下自己属于哪种类型,自己的教养方式是否有利于孩子的成长。

(1)"老虎型"情商教育:强制型

从名称上就可以看出,这种教育风格的父母对孩子是非常严格的,总是强制他们做一些事情。持这种教育风格的父母很在意自己孩子是否能学好规矩,他们希望孩子能够听他们的话,常挂在嘴边的一句话可能就是:"你还小,什么也不懂,听我们的没错!"但是这样做孩子是被迫听父母的话的,他的意见和想法得不到表达,不能被理解,久而久之,孩子就不再试图去和父母沟通了,那么父母和孩子的关系也就越来越疏远了。

(2)"鸵鸟型"情商教育:忽视型

持这种教育风格的父母有一点和"老虎型"风格的父母相同,那就是他们认为孩子还小,还不成熟。在他们看来孩子有一些想法都是一时的,要耍小脾气根本就不用去理会,过一会儿他们自己就忘了。的确,对于一些容易被其他事物吸引的孩子来说,这种忽视的方法是可行的,换个话题,孩子可能就忘了先前提出的要求,不好的情绪也跟着一去不复返。但是从情商的角度来看,这种教育风格是不可取的。孩子的要求没有得到父母的回应,会认为父母忽视了他的情绪,根本不在乎自己,久而久之,会出现两种不好的结果:要么孩子认为父母不爱他;要么认为父母不关注自己的情绪,于是自己也不关注自己的情绪了。等将来长大,这样的孩子往往只会关注别人,但忽视自己内在的情绪。

(3)"绵羊型"情商教育:溺爱型

"绵羊型"教育风格的父母可以说毫无原则,只要孩子有要求,他们就会想方设法给予满足。这样的父母确实能让孩子感觉到浓浓的爱意,让孩子对父母有很大的信赖感。但这样的孩子往往缺乏自制力,认为只要我想要就应该得到,并且马上就要得到,爸爸妈妈应该满足我的所有需要,没有自控能力,不懂延迟满足(通过自己的努力和等待获得自己想要的东西)。长大以后,这样的孩子很容易没有耐心,且容易暴躁,认为全世界应该围着自己转,他们会抱怨老板,抱怨自己的另一半,在生活、工作中都能讨人喜欢。

(4)"袋鼠型"情商教育:呵护型

持这种教育风格的父母能够理解孩子,明白孩子为什么会有这样的想法或者行为。父母能够换位思考,理解孩子,能将孩子的想法都说出来,让孩子对自己的情绪有一个定位。父母理解并接纳孩子的情绪,孩子会感觉受到了尊重。但是这样的父母有一个问题,那就是只有理解,却没有正确的方法来解决,简单来说就是不知道理解过后接下来该怎么办。因此,也无法教会孩子怎样处理自己的情绪,怎样修正自己的行为。

(5)"牧羊犬型"情商教育:引导型

这种教育风格就像牧羊犬一样,不仅关心羊群,还会指导羊群该走的方向。这样的父母首先能够接纳孩子的情绪,理解他们的情绪,让孩子感受到来自父母的爱和理解。接下来父母会用一种方式告诉孩子有些事情为什么可以做,而有些事情为什么不可以做,并建立一个规则或者约定,帮着孩子一起寻找一种方式来弥补孩子失落的情绪。但这里我们不建议用购买东西来做弥补,最好的选择是去做不用花钱但一样可以创造愉快的事情。当孩子做到后,要记得夸她/他是个有自制力的孩子。

相信所有的父母都是一样的,都希望自己的孩子有高情商的表现,要做到这一点,父母自己也要努力成为"牧羊犬型"的情商教练。

2. 重视父亲的作用

父母对孩子的情商教育说到底就是一个好的家庭教育,需要父母分工合作,缺一不可。如果说母亲的精心养育可以带给孩子天然的安全感,那么父亲的教养方式则影响着孩子追求卓越的能力。现在很多家庭里,照顾孩子的主要责任落在了妈妈的身上。当然,母亲在家庭中的重要性是毫无疑问的,一个好妈妈,对孩子的成长至关重要。但是我们必须要知道,在家庭生活中,父亲的作用与母亲的作用一样重要。

一谈到教育孩子,许多父亲都说自己工作太忙,没有时间。其实,这是推脱之辞。父亲们放弃教育孩子责任的真正原因至少有以下三个方面:首先,今天的社会竞争激烈,如果不更多投入,可能在社会和单位里难以立足,从而难以承担养家糊口的责任,也谈不上维护男人自身的尊严,因此他们迫于压力选择把更多的时间花在事业的打拼上。其次，教育孩子既费时又费心，父亲往往感觉自己不如妻子有爱心和耐心。有些父亲不得不承认，在孩子的教育问题上是缺乏耐心的，在短时间投入看不到成效后便不愿再努力了。再次，教育孩子需要改变许多旧观念，需要学习很多知识和技能，父亲们常常畏而却步。归根究底，最根本的原因是对父亲的特殊责任和巨大潜能认识不足。

2013年开始热播的真人秀节目《爸爸去哪儿》受到大家的追捧，其中最大的看点就是父亲如何教育孩子，每个家庭都展现出不同的教育风格。尤其是在最近一季节目中，加拿大爸爸夏克立与女儿Poppy之间的互动与其他几对中国父子形成鲜明对比，在他们都表示"陪孩子时间少……不知道怎么和孩子沟通……"时，这位外国爸爸却让我们看到他与女儿无时无刻的精彩互动以及Poppy脸上的灿烂笑容。他说："我觉得我现在最重要的事情，就是陪着我的女儿一起成长，没有什么事情比这个更重要……"

父亲如何与孩子相处，这本是一个极其普遍，每个家庭都会经历的问题，却成为比电视剧还要吸引人的节目，足见父教缺失在中国何其严重。父亲在培养孩子独立性方面具有相对母亲更大的优势，孩子在母亲那里体验到亲密感，在父亲这里学习到独立自主的能力，只有两者相结合，才能更加健康地成长。

忙碌的父亲如何成为一个好父亲呢？有些建议可以提供给父亲们作参考：

① 爱自己的妻子，并善于表达。中国的家庭往往会出现这样的现象：有了孩子之后，所有活动都会围绕着孩子进行，夫妻关系不再是重点，妈妈开始只关心孩子，爸爸开始只关心工作。最后可能带来的结果就是妻子开始埋怨丈夫不关心自己；丈夫开始讨厌妻子的啰哩啰嗦；而孩子也像爸爸妈妈一样，不会表达自己的爱意，也学不会如何处理人际关系。

其实，作为丈夫，你能够处处表现出对妻子的爱，关心她、爱护他、体谅她，这种爱他人的能力，也会帮助你成为一个好爸爸，让孩子从你身上学会关爱、沟通和包容。

② 时刻提醒自己，要做孩子的榜样。爸爸的一言一行都是孩子模仿学习的、最形象的教科书。如果你正直、善良、勇敢，你的孩子也会在无形中努力让自己勇敢、善良、敢作敢当；如果你抽烟、酗酒、挥金如土，那你凭什么要求你的孩子品行端正、勤俭克己。所以爸爸们要勇敢地、坚定地承担起自己的责任，为孩子树立一个好榜样。

③ 陪孩子一起玩耍、运动。父亲的爱与母亲的爱是不一样的,母亲温柔体贴,会把孩子轻轻抱在怀里;而父亲坚实有力,可以把孩子抱起扔向空中玩耍。这种差异,几个月的小宝宝就能感受出来。跟孩子一起玩耍,让他感受到你的力量、你的思想、你的情怀,你就是他最好的教练。

④ 即使走遍天涯海角,也要把孩子记在心里。工作忙碌的父亲往往加班多、出差多,这会减少与孩子在一起的时间。但是,如果你心里有孩子,就可以把父爱带到天涯海角,甚至让父子之爱飞翔起来。比如,不管走到哪里,都与孩子保持联络,一个电话、一次视频、一张照片、一份礼物,都会让孩子感觉到你对他的思念与关爱。

毫无疑问,做一个好父亲不仅是男人的崇高责任,也是男人真正成熟和幸福的标志。

3. 培养高情商孩子

孩子是父母的希望和未来,孩子是否幸福是父母一辈子的牵挂,中国的父母在这一点上表现得尤为突出。过去父母比较注重智商的培养,而眼下有越来越多的父母期望把自己的孩子培养成为一个具有高情商的人才,这是教育理念的进步。

情商技巧是可以后天培养的,不是天生的。在理解和处理情绪方面,父母的指导是隐藏在孩子最终能力背后的驱动力量。一项研究表明,一个孩子的情商是父母情商技巧展示的结果,而不是他个人情绪上困境体验的结果。孩子们是从他们父母那里学习情商技巧的,没有父母的示范,孩子们会错过最好的学习资源。父母与孩子一起度过的每一个时刻都是展示情商的机会。当你避免大喊大叫时,你的孩子也会如此;当你注意并做到了询问孩子的难过感觉时,你的孩子将学会向朋友显示同情心。如果你为孩子们做了情商的模范,他们将发展出他们所需要的与他人更好相处的技巧,他们将会体验更高水平的成功,这将持续到他们的成人阶段。与孩子们实践情商技巧的父母会抚育出更为幸福、更加适应社会、获得更好的地位、取得更高水平职业成功的孩子。

简单地说,较为成功的父母是能够向孩子的情感世界提供引导的父母,父母和孩子的每一次互动,都暗含着丰富的情感交流。如果父母与孩子交流的方式比较简单粗暴,并且一再反复强化,那么孩子对人际关系的预期就会随之定型,认为人与人之间的相处模式就是这个样子。这不仅会给孩子的人际交往产生困扰，也会影响孩子生活的其他方面。给孩子的情感世界提供引导，也就担当了"情商教练"的角色，做好情商教练的关键在于，当孩子出现不良情绪时，能够与孩子有效互动。那么，怎样做，才算是一个合格的情商教练呢？

  基本需要做到以下几点：首先，我们要能及时察觉孩子的情绪。当孩子出现情绪问题时，面对家长可能是回避的，不愿主动倾诉的，这时候就需要父母能够及时发现孩子的不良情绪；其次，要告诉自己，当孩子出现情绪问题时，其实是融洽亲子关系和教导孩子的一个绝佳机会；再次，在与孩子沟通时，一定要有同理心，认真倾听，认可、接纳孩子此刻的情绪感受，并帮助孩子找到更多能够表达情绪的词语，让孩子了解自己的情绪状态；最后，和孩子一起尝试用不同的策略来解决问题，但要注意，还要设立一定的规矩，避免发生一些不好的行为后果，例如摔东西或打人等行为。

  做到以上几点就能成为"牧羊犬型"的教练。当孩子出现不良情绪的时候不要害怕，更不要生气，你要知道之所以孩子会有这样的不良情绪，一是因为他们遇到了让他们不快乐的事情，二是他们没有在你们身上学到如何解决这种不愉快事件的方法。

  孩子们的表达方式各不相同，有的大发脾气、哭闹不止，有的闷不做声、低声抽泣。家长们首先要做的是敏锐地察觉出孩子与平时的不同，然后耐心、认真地倾听。告诉孩子，他的这种感觉叫生气、难过、嫉妒或愤怒等，让孩子对自己的情绪有一个准确的定位，让他们知道自己的这些感受是正常的，是可以被爸爸妈妈接纳、认可的。接下来更重要的一步是引导，或是平日的"榜样行为"，告诉孩子下次遇到类似的问题应该怎样解决，或者让孩子看到你们是如何解决的。同时，也不要忘记设立规矩，即便再生气、再难过都不可以做哪些事情。

    史迪芬·科勒是个在医学上取得重要成就的科学家。有记者采访时问他，为什么他会拥有超过一般人的创造力，是什么因素让他与众不同？科勒回答说，这都与童年时母亲给他的经验有关。有一回，他想试着从冰箱里拿一瓶牛奶，但一失手，奶瓶掉在了地上，牛奶流了一地，简直像一片牛奶的海洋！他的母亲发现了，并没有吼叫着教训他或惩罚他，而是说："哇，你制造的这场麻烦还真棒！我还从来没见过这么大一滩牛奶。反正损失已经造成了，在我们动手清理它以前，你想不想在牛奶中玩几分钟，比如，放上一只小纸船?"他果真兴致勃勃地玩了一会。最后,母亲对他说:"你知道,每次当你制造这样的麻烦时,最好还是你自己把它清理干净。所以,我想你一定愿意这样做,是吗? 我们考虑一下,是用一块海绵,一条毛巾,还是一只拖把清理它? 你更喜欢哪一种?"他选中了海绵,于是这对母子一起清理地上的牛奶。清理完毕,母亲提出建议:"刚才,在如何有效地用两只小手拿大牛奶瓶上,我们已经做了个失败的实验。现在让我们到院子去,给瓶子灌满水,看看你是否能拿得动它。"这一下,小科勒学到了,只要他用双手抓住瓶子接近瓶嘴的凹陷处,他就可以拿住它,不会再掉在地上。这堂课真是太棒了!

"那一刻,我知道我不需要害怕错误。"这个著名的科学家回顾说,"此外,我还学到很重要的一点,即错误只是学习新东西的机会,科学实验也一样。即使实验失败,我们还是能够从中学到一些有价值的东西。"

得到父母的情感支持和引导的孩子会感到自信与平和,因为他们确信最亲近的人会认可自己的感受,因此无需为了自我肯定而盲目反抗,自然也会乐于在父母的引导下有效地解决问题。当这种"认可——支持——解决问题"的模式实现良性循环后,做父母的自然可以放心松手,让孩子带着自信和乐观去面对生活的挑战。

当然,培养一个高情商的孩子并没有那么容易,不是看哪本书,或者听哪节课就可以搞定的。这首先就需要父母本身成为一个高情商的人,要在应付每天的繁忙工作和复杂人际关系之余,对孩子花费更多的时间和精力。高尔基说过:"爱护自己的孩子,这是母鸡都会做的,但教育好孩子却是一门艺术。"

六、高情商提高你的学习和工作效率

1. 学海无涯,高情商助你事半功倍

智商高的孩子学习成绩好,这是一种普遍存在的观点。然而,人们在智力测验中发现,智商极高(IQ 在 130 分以上)和智商极低(IQ 在 70 分以下)的人均为少数,智力中等或接近中等者(IQ 在 80~120 分)约占全部人口的 80%。由此可见,对于大多数的普通学生来说,智商并不是决定学习成绩好坏的关键因素。对于同等智商的学生来说,情商才是成功的必要条件。

有研究证明，智商和情商都与学习成绩存在一定的内在联系，都会影响学生学习成绩的高低，而情绪智力水平的高低对学习成绩的影响更大。情商高的学生可能会更深刻地意识到自己和他人的情绪和情感，从而更好地维持自己良好的身心状态，与他人保持和谐的人际关系，有较强的社会适应能力，在困难和挫折面前有较强的承受能力，能克服学习以及生活中出现的种种困难，这样就有助于他们在学习中取得较好的学习成绩，获取更大的成功。

著名心理学家菲利普·津巴多(Philip G. Zimbardo)认为，"学习，是心理体验或行为持久改变的过程"。这意味着，学习的真正收获，其实是所学之物都忘了之后剩下的东西——自驱力、毅力、能力，也就是在知识中成长的"学习力"。

国外的科学研究已经总结出，要达到一个最佳的学习状态，必须要做到以下三点：①不冲动，能延迟满足；②能有效管理压力；③提高注意力和记忆力。其中，冲动、压力都属于情绪管理的范畴，在大脑结构里，是由情枢中枢即边缘系统来主管的，而边缘系统中的海马体又是人的记忆功能的主要构成器官。这样一来，就不难看出情商对学习的重大影响了。事实上，美国有教育心理学家已经发现，在影响学业成绩的教育、心理、社会方面的30个因素中，对学生的学业成绩影响最大的就是社交与情绪因素。

20世纪60年代，美国斯坦福大学的心理学教授米歇尔对学校幼儿园中的600多名4—6岁的孩子做了一个实验：孩子们被分别领进一个空屋子，研究人员把这些孩子最爱吃的一块糖果，例如棉花糖放在他/她的面前，并告诉孩子，自己要先出去15分钟，如果他/她能忍住不吃这块糖，等他回来后会再给他/她一块，也就是说多等15分钟就可以吃到两块糖果。结果是，大约有1/3的孩子得到了第二块糖，这些孩子为了抵制诱惑想尽了办法：捂上眼睛、转过身去、踢桌子、揪辫子，或者像拍打毛公仔一样拍打桌上的糖果。这就是心理学历史上著名的延迟满足实验。延迟满足是自控力发展的前提之一。

不过这个实验并没有结束。1988年，这些孩子已经进入青春期，研究人员对他们作了第一次追踪调查，那些能忍住而吃到第二块糖的孩子们，都被他们的家长认为"具有学习和社交能力"，这包括能流利地表达、不感情用事、关心他人、有计划性、能有效地应对挫折和压力。1990年的第二次追踪调查则发现，在相当于美国高考的SAT考试中，那些能够延迟满足的孩子们比另一组孩子都有更好的表现，有着210分的领先优势。

正因为情商对学生获得学业与生活成功具有重大作用,联合国教科文组织在 2002 年开始向世界 140 个国家的教育部推广社交和情绪学习(SEL),并颁布了社交和情绪学习的十原则。根据联合国教科文组织的规定,SEL 的教育目标就是:开发学生的自我意识和自我管理技能;教会学生运用社会意识和人际关系技能,建立并保持积极的人际关系;在个体、学校、团体环境中采取正确的决策以及负责任的行为。

事实上,情商高的孩子,因为能够自我激励,并具备抗压能力和乐观精神,在学习中就能充满动力并且保持兴趣,在压力之下也能目标明确,专心致志。特别是当遇到挫折时,能够做到及时调整,继续努力,而不是悲观沮丧,被困难所压倒。

(1) 为自己而学

不少学生只是为了学习而学习,或者是为了父母的期望而学习,为了能在考试中得到好的名次和分数绞尽脑汁。他们错误地认为,只要成绩好,就对得起老师和家长。

其实,这是一种错误的学习观念。无论何时,你都是在为自己学习。

为谁学习,这个观念纠正与否,直接决定了一个人的学习动力及学习效果。很多学生总觉得自己是在为别人学习,因此,很容易产生倦怠的情绪,学习效率自然难以提高。那些深知自己的学习是在为自己的未来打基础的人,则会优秀得多。我们正苦恼成绩怎么总是上不去时,别人在考虑的是如何突破自己的思维局限,因为他知道他是在为自己而学,他是自己的学习主人。所以,不妨自我反思一下,我们是否真的明白了学习的意义,是否真正弄清楚了自己在为谁而学。

我们每一个人都像一棵树,需要有足够的养分、肥料,才能够逐渐从一棵小树成长为大树,没有足够的知识储备,就像是没有足够肥料的树,终究难以成才。如果我们也能够如大树一样拥有足够的养料,何愁不能成才、成功呢?我们所缺乏的,就是积极获取养分的那种精神。

知道"为自己而学"是个体走向成功的第一步,因为你摆脱了父母的监控、老师的督促、同学的竞争,真正开始为了自己的目标去努力。那么,接下来,你还需要为自己的学习生活采取一些实际行动,光想不做只会让人感到更加挫败。好的想法加上切实的行动,努力才会有所收获。

很多同学都会很困惑,不知道自己该怎么学习,似乎很努力,但好像没有什么用。德国心理学家艾宾浩斯提出了著名的艾宾浩斯遗忘曲线,揭示了人类大脑对新事物遗忘的规律。我们新学习的知识,当时记得很熟练,但没过几天就开始忘记了,到最后只能记得一点点,这就是我们的遗忘规律:如果不及时复习,就会出现"先快后慢"的遗忘现象。因此如果想把东西记得牢固,就必须做到及时复习,尤其是在记忆新内容的开始几天,即在第一天、第二天、第四天、第七天……进行对记忆知识的复习,你就会发现,每天拿出一点点时间进行复习,坚持下去就会有事半功倍的效果。

当然,除了我们的记忆规律之外,还有一些因素会对我们的学习造成影响。比如充足的睡眠,良好的睡眠是精力充沛的有利保证,休息好才能学得好;坚持运动,身体是学习的本钱,学习再繁忙,也不可忽视体育锻炼,身体好,才能更好地学习;态度端正,玩的时候就痛快玩,学习的时候就全神贯注地学习,学一分钟就要有一分钟的收获。

知道"为自己而学",了解我们的记忆规律之后,还要学会自我激励,任何事情只有主动积极去做才会有好的结果。可以从以下几个方面入手:①目标控制。在制订学习计划时,要结合自己的实际情况,不宜太难或太易。太难会让自己感到受挫,失去信心;太容易又会让自己过早满足,不易产生成就感,学习动力减弱。②兴趣控制。都说兴趣是最好的老师,所以,尽量让学习内容变成有趣的东西。你可以尝试将需要背诵的内容变成顺口溜,又或者自己设计实验来验证定律结果等。③情绪控制。自我激励过程中最起伏不定的一点就是我们的情绪,尤其是感到学习厌烦时,很容易产生消极情绪。当不良情绪出现时,一定要冷静处理,提醒自己不能因为心情不好就放弃努力,否则容易前功尽弃。

(2) 改掉拖拉习惯,注重提高效率

拖拉可能是每个人都会遇到的情况,大家都喜欢把事情推拖到以后再来做,总觉得有时间,所以现在不去做。到最后,要做的事情只能作罢或者草草了事。渐渐地,这种推拖行为会变成一种习惯。

拖拉的原因有很多,例如懒惰、害怕改变、完美主义、害怕失败等。拖拉带给我们的困扰甚至是危害也是多种多样的,例如因为拖拉,总在临近截止日期时熬夜完成任务,不仅对身体有危害,焦虑的情绪也会影响我们的心理健康;因为拖拉,上级的任务迟迟没有完成,留下不良印象,错失晋升机会;因为拖拉,该学习的内容没有学,该复习的知识没有复习,内疚、抱怨、受到批评……

我们明明知道这样做是不好的、不对的,却只有很少的人能够对此采取一些努力。确实,克服拖拉并不是一件十分容易的事情,它需要我们有较强的意志力,督促、激励自己做到"今日事今日毕"。但还是有一些方法能够帮助我们逐渐摆脱拖拉的坏习惯,前提是你真的愿意去改变自己。

首先,请远离舒适区。我们不愿改变或者不愿行动的原因,很大程度是因为你现在处在一个舒适的环境中,它像胶水一样粘着你,让你动弹不得。如果你真正决定去改变,就需要勇敢迈出改变的第一步,哪怕只是早起半小时、背五个单词、做两页PPT……一旦你迈开步子,就会感觉不一样。随着时间的推移,慢慢走出舒适区,充实的感觉便会重新回到你的生活中。

第二,分清主次。在很多情况下,我们在同一时间需要解决多个问题,当这些任务堆叠在一起时,你就觉得大脑空白、无从下手,索性一起推走,以后再做。所以,如果要改掉拖拉习惯,就要学会分清主次,可以先花几分钟时间,思考或者列出每件事情的紧急程度,然后按照这个顺序一次完成。每完成一件事情,就会带来一点成就感,激励着你不断努力,直到全部完成。

第三,充满信心。"这个太难了,我根本不会做。""怎么办,这个我都没有学过。""天啊,我还是直接放弃吧。"这些话、这些想法,往往是我们不去做一件事的最好理由,不是我不想做,是我不会做,所以我就一直拖着。但是,我们都没有去尝试,怎么就知道做不到呢。想想那些我们感兴趣的事情、那些我们必须去做的事情,哪一件不是先勇敢去尝试,然后才知道是自己可以做到的。所以,要对自己有信心,天下无难事,只怕有心人。

克服拖延,贵在坚持,意志坚定,当你开始体验到不拖拉带来的好处时,你就会发现,你的其他方面也慢慢在变好。

2. 赢在职场,高情商助你乘风破浪

身在职场中,每个人都想要成功,却往往事与愿违。一些人技术过硬,却总升不到主管的位置,郁闷之余,便会抱怨时运不济。然而真正阻碍他们的原因很可能就在于情商不高。美国一家有名的调查研究机构调查了188个公司,测试了每个公司高级主管的智商和情商,以了解他们智商、情商和工作之间的关系,结果显示情商影响力高于智商8倍。

有个词叫"职场情商",它指的是在就职领域中,信心、恒心、毅力、责任感、合作精神等一系列与个人素质有关的心理品质的反映程度,是助你成功的一切必需的、适当的非智力因素,包括协同力、沟通力、抗挫力、应变力、自我管理力、持久力等一系列职场提升力。说简单一点,职场情商就是将情商技能运用到职场、工作中,使我们能够在职场中最大限度地实现个人价值,获得成功。

(1) 把职业当事业

你爱自己的工作吗?相信能给出肯定答案的年轻人少之又少。工作只是为了糊口,并非为了自己的兴趣爱好,这是很多年轻人的工作现状。尽管不是很喜欢,但是迫于生计,也要继续去做。长此以往,失望情绪必然产生。这样不仅自己不快乐,工作也不会出色。

职业和事业,虽只有一字之差,却截然不同。职业是一种谋生的手段,而事业是我们心甘情愿地全身心投入以创造财富和实现自我价值的过程。把工作当成一项成就自己人生的事业去做,是让自己的人生价值无限延伸,让自己的人生更加圆满的正确途径。

对自己的工作充满热情是成就事业的首要条件。一个高情商的人,总是能够从自己所从事的工作中找到乐趣,然后积极热情地投入工作之中,高效率、高质量地完成工作。一个无法从工作中找到乐趣的人,是无法做好工作的,也是无法获得成功的。

生活中,我们常常会发现这样的现象:具有同样专门知识的人很多,但是有的人却一生平庸,有的人却收获辉煌,这是为什么呢?原因就在于,拥有热忱的态度比专业的知识更加重要。热忱会使人精神百倍,昂然奋进,让人充分释放出体内蕴藏的能量。

世界著名文学家爱默生(R. W. Emerson)曾写道:"人要是没有热情是干不成大事业的。"只有充满热情地做事,才能够实现人生的卓越和完美。

回想一下,在自己的生活中,在工作的环境中,是不是那些充满热情、热爱工作的人更受到大家的喜爱。试想一下,一个朋友整天闷闷不乐,对什么事情都打不起精神,而另外一个朋友对生活充满热情,总是发现一些令人惊喜的地方,你会更愿意和谁一起结伴同行?又或者,一位同事整日愁眉苦脸,向你抱怨工作不顺、同事无情,而另一位同事,却从不抱怨工作辛苦,并努力从工作中发现闪光点,如果让你选择,你会更愿意和谁共事,或者更愿意让谁成为更快升职的那一个?

很多情况下,个人选择的工作并非是自己真正喜欢的行业。在我国,可能大多数人从大学选择攻读的专业开始就已经迷失了,不知道自己究竟喜欢什么;等到大学毕业以后,也不知道自己究竟要找什么样的工作;再加上其他种种原因,相当多的人并不喜欢自己的工作,或者说在评价自己的工作时并没有兴高采烈,并没有表现出对自己的工作有多满意、多热爱。那么,如果没有办法改变工作,那就改变自己的心态。高情商的人能够做到干一行爱一行,不管做的事情是否是自己喜欢的,但只要是自己该做的,就会把它完成,甚至做得完美。

无论什么工作,都需要不找任何借口去执行的人。对我们而言,无论做什么事情,都要记住自己的责任;无论在什么样的工作岗位上,都要对自己的工作负责。不找借口,去做自己该做的事情,是我们都应该明白,并且都应该去实践的真理。很多时候,一些职场中人会认为,自己做的事其实不是"自己的事",没必要浪费时间去做,或者没必要去认真做。但事实是,职场中没有"分外"的工作,这种额外的工作可以使自己对本行业拥有一种宽广的眼界。职场中充满着各种各样的机会,即使你的职业是平庸的,但只要你在工作中本着一颗负责的心,它同样会带给你意想不到的丰厚回报。

卡洛·道尼斯刚开始在世界著名汽车制造商杜兰特手下工作时,职务低微,但很快他就被杜兰特先生当作左膀右臂,担任其下属一家公司的总经理。他之所以能升迁如此迅速,就是因为他多做了一点职责外的事。他说:"刚为杜兰特先生工作时,我就注意到,每天所有人下班后都回家了,杜兰特先生依旧会留在办公室里继续工作到很晚。为此,我决心下班后也留在公司里。是的,确实没有人要我这样做,但我觉得自己应该留下来,在杜兰特先生需要时为他提供一些帮助。工作时,杜兰特先生常会找文件、打印材料,以前这些事都是他自己亲自来做。很快,他就发现我时刻在等待他的吩咐,久而久之,逐渐养成召唤我的习惯。"

工作就是这样,如果你找到了自己的兴趣所在,并且将它发展成为你的事业,那应该是件很幸运的事情,不会每天挣扎着去上班,愁眉苦脸地去完成上司交给你的任务。但如果你觉得现在从事的工作与自己的爱好并无交集,甚至因为工作太过繁忙,已经无暇顾及自己的爱好这回事,就会渐渐对自己的工作产生厌恶,然后陷入"繁杂——厌恶——心情低落——工作效率低"的恶性循环当中。

或许你无法改变自己的工作环境,但是,你可以试着寻找工作中的乐趣,试着培养自己的热情和活力,以激发自己更有创造力地思考和生活。

(2) 合作让你受益匪浅

大卫跟所有人一样,都想知道地狱和天堂的区别。有一天上帝满足了他的愿望,让他参观天堂和地狱。在地狱,他看到人们一个个饿得皮包骨头,但饭桌上却是丰盛的美味佳肴。大卫觉得很奇怪,仔细一看,原来他们每个人都拿着两米长的勺子,总是没有办法把饭菜喂进自己的嘴里。在天堂,他看到人们生活得很快乐,饭桌上的菜和地狱没有两样,他们同样拿着两米长的勺子,所不同的是他们盛的菜,不是喂给自己,而是相互喂给对方。

人是群体动物,需要与人交往合作,需要他人的帮助。离开了群体,一个人不仅做不成什么大事,甚至难以生存。所以人的本性更渴望一个团结、和睦、舒适的生活环境。团结和睦的环境、良好的人际关系、融洽的气氛,可以使人心情舒畅,不必担心别人的陷害攻击,勾心斗角,可以让人全力以赴,专心致力于自己的工作。一根筷子容易被折断,而一把筷子却很难被折断,就是由于每根筷子互相依靠,互相支撑合为一体,因而抵御外力的能力大大增强,超过了每根筷子能力的总和。

在F1赛车中光勤务人员就有22个人,其中有3个是负责加油的,其余的都是负责换胎的,有的人拧螺扣,有的人压千斤顶,有的人换轮胎……这是一个最体现合作精神的工作,加油和换胎的总时间通常在6—12秒之间,这个速度是在日常情况下,再熟练的维修工人也无法达到的。因此如此快的过程,不仅有分工的原因,更是多人合作的结果。

懂得与他人合作,地狱也能变成天堂;而孤立与极端自私的利己主义者只能让天堂沦为地狱。每个人的精力、资源都是有限的,要想实现资源共享,实现1+1＞2,只有通过彼此合作。因此,在招聘职员时,很多公司都把"与人合作及协调能力"作为一项重要的考核指标。

尺有所短,寸有所长。曾有位博士生颇有感慨地对朋友说:"在这个竞争的社会里,什么人都不能忽视。"的确,在一个大集体里,干好一项工作,最重要的因素往往不是一个人的能力,而是各成员间的团结、协作、配合。团结大家就是提升自己,因为别人会教你很多有用的东西。尤其是毕业生,刚从校园里出来,不可能独自承担一个项目,特别是在程序化、标准化极强的行业里,每个人只能完成一部分工作,团队合作在很大程度上关系着企业发展的命脉。有位人事经理曾直截了当地说:"我从不录用不积极参加集体活动的毕业生。"

诺贝尔经济学奖获得者莱因哈德·塞尔顿(R. Selten)教授有一个著名的"博弈"理论。假设有一场比赛,参与者可以选择与对手合作或竞争。如果采取合作策略,可以像鸽子一样瓜分战利品,那么对手之间浪费时间和精力的争斗就不存在;如果采取竞争策略,像老鹰一样互相争斗,那么胜利者往往只有一个,而且即使是获得胜利,也要被啄掉不少羽毛。因此,无论是个人还是团队,单纯竞争只会两败俱伤,只有相互合作才能真正做到双赢。

但即便你知道要和别人合作,你也想要和别人合作,那么如何合作又成为一个问题。"华盛顿合作规律"说的是:一个人敷衍了事,两个人互相推诿,三个人则永无成事之日。这多少有点类似于我们的"三个和尚"故事。人与人的合作复杂且微妙,并不是人力的简单相加。邦尼人力定律提出:一个人一分钟可以挖一个洞,60个人一秒钟却挖不了一个洞。如何合作,值得我们认真去思考。

首先,要选择合适的合作对象。一般来说,在一个陌生的环境中,首先能获得你好感的,必然是与你有共同点的人。这种共同之处,可以是血缘、姻缘、地缘、学缘、业缘关系,可以是志向、兴趣、爱好、利益关系,也可以是彼此共处于同一团体或同一组织。我们经常会无意识地把这些人看成是"自己人",从而提高对他们的信任度。这在心理学上叫做"同体效应",也称"自己人效应"。

在合作关系中,人们通常愿意先将合作机会给那些自己熟悉的、认可的人。出于人的惰性,如果现有的合作伙伴是合适的,那肯定是不愿意再花费时间和精力去寻找其他合作人了。但是现实生活往往不会这样,我们时时刻刻都会遇到新的合作者,或者需要舍弃或者被迫舍弃已有合作者,去寻求一个新的合作者,这时候,高情商者的察言观色能力就会起到非常重要的作用。

通过沟通、交谈,能够帮助你了解一个人的地位、性格、品质以及情绪特点,而了解这些是你选择一个合适的合作伙伴的必经之路。如果你善于观察发现,你就可以从几次交谈中,了解到对方是怎样的一个人,拥有怎样的特质,是否能够成为一个理想的合作伙伴,而不是经过几次惨不忍睹的合作后,才发现与他合作是你最错误的选择。

在公司渐渐步入正轨后,陈晨决定聘请一位较有经验的销售经理,一能减轻自己的工作量,二也是公司现阶段的一个需要。陈晨的表哥听到他有这个想法,就把自己的一个朋友介绍给他,说他这个朋友已经在一家公司做了一年销售,有一定的经验,最近也在考虑跳槽,看能不能到他这来试试。陈晨一想,既然是表哥的朋友,那就一起吃个饭,聊一聊,合适的话也不用自己再伤脑筋了。

可是饭桌上的一句话让陈晨犹豫了。聊天时陈晨问表哥的这位朋友是否已结婚。说到这个话题,表哥立马想到,以往每天这位朋友都是回家吃饭的,就提醒他打个电话回家,告诉太太不用等他吃饭了。结果这位朋友挥挥手说:"没事儿,不用管她,等不到我她就不等了。"陈晨有些惊讶,他觉得这个人似乎和自己是不一样的,对自己的太太为什么这么不尊重。晚饭过后,陈晨说如果他已经考虑跳槽的话,欢迎他来自己的公司继续做销售,但销售经理的职位还需要等面试完其他应聘者才能决定。

果不其然,不到一年时间,表哥就告诉陈晨,这位朋友已经离婚,并且也没有跳槽,还是在原来的公司继续做销售,但整天懒懒散散,业绩一般,领导给他的评价是:做事虎头蛇尾,粗心大意。

也许我们不能武断地通过一件事、一句话、一个动作去断定一个人是什么样的,但是往往就是这些不经意的小细节能反映出一个人的生活状态、想法、态度。如果你能够捕捉到这些小细节,并能够多思考,而不是盲目下决定,就会帮助你避免一些不必要的麻烦。

其次,要让自己成为一个可信赖的合作者。在选择合作者的同时,高情商的人不会忘记让自己变得更优秀,努力成为别人愿意合作的人。诚实守信是一个人应该具备的基本素质,不论是为人还是处事都要有诚信。人脉资源网络的建设,同样离不开诚实守信。合作互利是人际交往的基本原则,诚实守信的人才能真心实意地帮助别人,而每个人都会愿意帮助诚实守信的人。

在职场中,总有一些人在抱怨他人无信,答应自己的事情没有做到,讨论过的问题到最后不了了之;在意他人是否诚信,却不问问自己是否是一个诚信的人。有的人不仅没有诚实守信的品质,更缺乏自我反省的能力,因此在生活、工作中会遇到很多让自己焦虑、暴躁的事情却没有办法处理。

大家都知道"一诺千金"这个成语,它的由来有一个故事:秦末有个叫季布的人,一向说话算数,信誉非常高,许多人都同他建立了深厚的友情。当时甚至流传着这样的话,"得黄金百斤,不如得季布一诺"。后来,他得罪了汉高祖刘邦,被悬赏捉拿。但是他的旧日好友不仅不被重金所惑,还冒着被灭九族的危险来保护他,使他免遭祸殃。一个人诚实守信,自然得道多助;反之,如果贪图一时的安逸或小便宜,失信于朋友,无异于捡了芝麻,丢了西瓜。

同理,在职场中,自己做一个守信的人,大家都信赖你,认为你是安全的,才会愿意成为你的朋友,才会选择跟你合作。我们常说"先做人,再做事",其实也就是这个道理。我们看别人的时候会先考虑他的人品,再考虑能力;反过来,别人看我们的时候也是这样。只有别人觉得你是可信赖的,才会有进一步的人际交往和深入的工作交流。否则即便是合作了,也只是一次性买卖,不会有可持续的长远合作计划。

当然,要成为一个受欢迎的合作者,我们需要提高的能力还有很多,例如尊重他人、善于沟通、做事有条不紊、态度积极认真等。这些品质都是高情商的表现,是帮助你成为职场达人的不可缺少的因素。

(3) 情商决定领导力

对一个公司高层管理者来说,所处的位置越高,情商就越重要。因为其工作中的主要内容,如怎样进行自我管理,如何为下属营造和谐的团队氛围,怎样处理好自己跟下属的关系等,都是对个人情商的考验;而能否处理好这些问题,则关系到他能不能坐稳自己的位置。所以说,一个人是领导者还是被领导者取决于情商,一个人是出色的领导者还是平庸的领导者也取决于情商。

> 百事可乐公司作过一项关于情商的研究,对全球各洲的区域领导人实现工作目标的能力进行考察。研究者发现,假如某个区域的领导者具有很高的情商,那这一区域的业绩要比其他区域高出15~20个百分点;假如某个区域的领导者情商较低,那这一区域的业绩就会达不到平均水平。这些研究数据使百事可乐公司领悟到,领导者的情商水平直接决定公司的利润。

领导力是整个企业的灵魂支柱,要想打造一支高情商的队伍,必须要有一个高情商的领导者。一个领导者是否具备高情商,能否为团队营造一种热情的、合作的氛围,是决定这个团队是否成功的关键因素。所以说,努力提升自己的情商是每一位优秀的领导者必须关注的。

在团队中,领导者的影响力不容忽视。一般情况下,员工都会不自觉地学习领导的行为和态度。榜样的力量是无穷的,员工时刻都在观察领导。所以,只有以身作则,对自己严格要求,做一个言行一致、勤奋自律的人,才能得到员工的信服与服从。高情商的领导者都明白,只有让员工觉得自己也是一个严于律己的人,才能激发他们更强的责任感。

史蒂夫·鲍尔默(S. Ballmer)是微软公司前首席执行官。在这个卓越的团队中,假如说比尔·盖茨(B. Gates)是战略家,那鲍尔默就是行动家,而且他的执行力是无与伦比的。之所以有超强的执行力,是因为他有超强的自律。在工作上,鲍尔默异常严厉,但他绝不是那种只会严格要求下属的领导者,他深谙"律人必先律己"的道理。他要求下属努力工作,也是先这样要求自己的,他自己就是个典型的工作狂。同时,他还提出,假如一个经理人经常说空话,每次都只是说一些理论,而没有行动,那他就不可能得到员工的尊重。想让员工做到的,自己就应该先做到。因此,在微软不存在高高在上的领导,也不存在具体事不做、只分派员工去做的纯管理经理。勤奋,一直是鲍尔默实践管理的原则。他要求微软的经理人对团队的一切事务了如指掌,而且他自己对微软的每件事情、工作的每个环节都如数家珍,所以,他成了员工的榜样。

日本三洋电机公司创始人井植熏有一句名言:"不能制造优秀的自己,怎么谈得上制造优秀的人才。优秀的领导人才能制造出优秀的人,再由优秀的人去制造优秀的商品、更优秀的自己和更优秀的他人,就是三洋的特色。"他在教导员工"如何做"时,总是要求自己率先做到,这就像他在一次谈话中所说的那样:"假如领导者以为公司的规则只是为普通员工制定的话,那就大错特错了。它应该是公司全部的人都必须遵守的规则……"所谓"上行下效",如果领导者在团队中没有起到榜样作用,那么即便是一个前景大好的公司,到最后也是要走向失败的。

美国一项研究曾对733个百万富翁作问卷调查,请他们列出对他们的成功起到关键作用的30个因素。结果只有20%的富翁列出了智商,并且只排在第21位;相反,所有富翁列出的前5项因素反映的都是情商:"诚实待人"、"严格自律"、"与人和谐相处"、"有一个支持自己的配偶",以及"比大多数人更勤奋"。

这些关键因素不仅是个人成功的指标,更是成为优秀领导者不可缺少的品质。卓越的领导者应当具备领导力和成功的潜质,应当善于发现问题、创新决策、驾驭指挥,应当把感召和凝聚组织成员的影响力作为领导的精髓,应当率先垂范,勇于挑战,应当以品格、素质树立领导的威信,以智慧、毅力成就事业的发展。

第四篇 影响情绪智力发展的一些行为问题

想用一个词来概括中国文明似乎很难，但是，要找一个词来形容当今的社会，则很容易让人想到"竞争"或"压力"。人们不断加快的步伐是竞争与压力的最好表现。随着技术的发展、竞争的加剧，劳动力资本大幅度贬值，于是人们不得不在工作上投入更多的时间和精力，工作不断侵入生活，导致两者界限越来越模糊。因为这种隐形工作时间的延长，父母只好让孩子放任自流或与电视为伴；不少儿童成长于贫困之中，或者脱离了贫困，但成了由爷爷奶奶照看的留守儿童；离婚率的持续上升，导致许多单亲家庭出现；还有很多婴儿和学步儿童被置于条件恶劣的全托中心而得不到父母的照料。所有这些都说明，无论父母如何用心良苦，情绪智力赖以发展的基础——那些亲子间反反复复的、细微的、滋养情感的交流和互动正遭到社会现实的腐蚀。

人类处在一个复杂的社会环境中，情绪智力的发展不免会受到众多外界因素的影响，比如社会环境、学校和家庭。而一旦儿童出现了问题情绪或问题行为，就会直接阻碍情绪智力的发展。所以促进情绪智力的健康发展需要我们识别一些不利的影响因素，并及时以正确的方式加以应对；需要我们清除发展之路上的障碍物，从而转危为安，继续前行。

国内外情绪智力发展的现状堪忧。最具有预警性的研究来自美国一项全国性的调查，揭示出在以下几个方面，儿童的情绪智力水平正在急剧下降。

退缩或社会交往方面问题：宁愿独处而不愿与人交往，宁藏心底而不愿袒露，缺乏活力，心情不愉快，过分依赖；

焦虑与抑郁：感到孤独，怕这怕那，顾虑重重，追求尽善尽美，感觉不被人爱，表现出紧张、悲哀、沮丧；

专注困难与思维障碍：难以集中注意力，不能静坐，常做白日梦，想入非非，行为莽撞，过度紧张以致不能专注思考，学业不良，不能摆脱消极想法；

违纪与攻击行为：混迹于不良青少年中，常常说谎、欺骗，爱争论，对他人心怀恶意，常想引人注目，毁坏他人财物，不服从师长，桀骜不驯，喜怒无常，废话太多，恶作剧不断，脾气坏。

上述问题若单独出现则不足为奇，完全不必大惊小怪，但结合起来以综合征的面貌出现时，则揭示一种毒素正渗透进当代儿童和青少年生活中，严重阻碍他们情绪智力的发展，导致缺陷和无能。这样的情绪问题似乎已不是当代儿童和青少年的个别现象。

2014年11月11日，华东政法大学上海市松江校区一名女学生因点名迟到遭老师批评而向老师泼热水，造成后者面部烫伤。据记者了解，事情的经过大致如下：这位年约五十岁的法律学院男教师在该校执教多年。当天上午该老师给大四学生上课，共四节课时。第一节课结束后老师开始点名，这名女生直到第二节课才到教室。她向老师解释说，她在教学楼的楼上复习考研，忘了有这节课。老师随后说了几句，大意是，这样考得上研究生吗。课间休息时，这名女生主动拿老师的杯子去接热水。老师本来想，这个女孩气量还蛮大的，还说了句谢谢。岂料这名女生突然端起接满热水的杯子，直接泼向老师的面部。老师试图闪躲，但仍至少有半边脸被烫伤。女生泼完后说了自己的理由：老师诅咒她考不上研，她让老师看不见明天的阳光。

或许老师说那句话有调侃之意，伤了这位女生的自尊心，但她至于用这种方式来表达愤怒吗？一件看似很平常的事情，却有着触目惊心的结局。这位女生不能换位思考理解老师的情绪，不能以合适的方式表达情绪，可见她的情商实在不高。如果任其发展下去,一般的情绪问题会演变为其他更为严重的行为问题,如攻击性行为。因此情绪智力发展不良与很多行为问题有关,下文将对此进行阐述。

一、感觉统合失调

一位母亲带着她正在读一年级的孩子去做心理咨询。一坐下来,她就急切地打开了话匣子:"这孩子写作业慢得要命,一个字一个字慢慢地写呀写,别人一个小时写完的作业他要写上两三个小时。他写作业还总是出格子,还要丢字、错字,总爱把偏旁部首写错位置,左右不分,上下不分,我们简直拿他没办法。老师也很恼火,总要撕他本子。每天我们只好坐在他旁边督促他写,发现他错了就马上纠正,这样每天晚上都弄到很晚才能把作业写完,大人和孩子都很疲倦,孩子也越来越厌学,我们真不知道怎么办才好了。"

妈妈说的时候,孩子坐在一旁低着头,手和脚在不停地动,很不安分的样子,咨询师递给他一张纸、一支笔,请他画一张自画像。他倒是很听话,马上就画起来,画的动作很慢,但很认真,看得出他极力想做好。

咨询师问了妈妈两个问题:"他出生时是顺产吗?他小时候充分地爬过吗?"这是一般接待小学生时经常会问的有关成长经历的问题。妈妈说孩子是顺产,但出生后因为家里人都宝贝他,怕他碰伤了,弄脏了,所以几乎没有让他爬就学习走路了。咨询师又接着问:"他动作的协调性怎么样,比如体育课做操、运动时是否跟得上?"妈妈说:"他自己不会单独做操,跳绳、踢毽子也都不会,体育总是不及格。"

这时,咨询师已作出了初步判断:"这个孩子有感觉统合失调。"妈妈听了一惊,问:"什么叫感觉统合失调?这是一种什么病?"咨询师马上作了解释:"感觉统合失调是孩子因脑神经发育不良,对身体感觉和运动的控制能力不足,表现在学习上为注意力不集中、多动、空间知觉能力差,写作业时经常出错、动作迟缓、笨拙等,孩子常常无法控制自己的行为。必须进行科学有效的训练,才能促进脑神经网络的充分发展,使孩子的学习能力、运动能力提高。这个孩子在出生后爬行不足,全身的协调运动少,大脑相应的神经网络没有形成,所以在学习中会表现出种种问题和困难,但在12岁以前矫治还是非常有效的。"

听了咨询师的话,妈妈的神情有些放松。咨询师建议给孩子做一次"感觉统合能力测试",然后根据测试结果制订了一套科学的训练计划。先教了妈妈几节健脑操,让她回去后每天坚持与孩子游戏和训练,一个月后来重测,再修改训练计划。咨询师与孩子妈妈一起欣赏了孩子画的自画像,这是一个有些沮丧的孩子形象。妈妈搂着孩子歉疚地说:"看来,以前是我们错怪了你。我们今天回去就开始练习,好吗?"

相信大多数家长和老师都听说过这个"时髦病"——感觉统合失调(简称"感统失调")。国内有研究表明:学龄儿童感觉统合失调发生率为40.75%,其中轻度失调发生率为27.4%,重度失调发生率为13.35%,男童失调发生率明显高于女童。如此高的发生率说明上述情况并非特例。当家长和老师在为学生的问题头疼时,有没有想过,很多时候我们抱怨孩子的坏毛病、不听话,可能是冤枉了孩子。感觉统合能力是影响情绪智力发展的基本前提条件。

1. 感觉统合失调及其与情绪智力的关系

感觉统合这一术语是由谢林顿(C. S. Sherington)和拉什利(K. S. Lashley)于1960年提出的,并广泛应用于行为和脑神经科学的研究中。1972年,美国南加州大学临床心理学专家艾尔斯(A. J. Ayres)根据对脑功能的研究、职业治疗及实验的研究结果,首先系统地提出了感觉统合理论。感觉统合是将人体器官各部分的感觉(视、听、嗅、味、触及平衡感)信息输入组合起来,经大脑的统合作用,完成对身体内外的知觉并作出反应。只有经过感觉统合,神经系统的不同部分才能协调整体工作,使个体与环境接触顺利。如果大脑对身体感觉器官得到的感觉信息不能正确地组织分析、统合处理,整个机体就不能和谐有效地运作起来,这就被称为感觉统合失调。

感觉统合功能是认知能力和身体发展的基础,也是情绪智力发展的条件。我们知道擅长处理情绪的人,首先是能很好地了解并控制自身感受的人,情商高的体现之一就是有自知之明的智慧。如果儿童最初的感觉统合功能发展不好,大脑和身体不能协调发展,就无法了解并控制自身感受,进而影响情商发展。另外,国内外许多学者研究揭示,感觉统合失调与儿童学习障碍和心理行为问题关系密切,而这些问题也会严重危害情绪智力的发展。

2. 感统失调的具体表现

临床观察表明,感统失调的儿童往往表现为:好动不安,动作笨拙,反应迟钝,学习障碍,语言发育迟缓,讨厌被触碰,胆小、黏人、怕生。儿童为什么会有这些表现呢?这些表现背后分别对应着怎样的感统失调机制呢?

(1) 本体感觉不良,身体运动协调障碍

本体感功能不足的儿童常表现出穿脱衣裤、扣纽扣、拉拉链、系鞋带等动作缓慢及笨拙;害怕或逃避运动,大运动和精细动作均显笨拙,运动协调不佳,不敢做跳高、荡秋千、走平衡木等活动,活动中常常经受挫折,更无创造力;吃饭时常掉饭粒等;站无站相,坐无坐相,端坐十分困难;写字姿势不正确、速度慢、字迹不规则,阅读跳行、漏行。

(2) 语言发展迟缓

由于控制小肌肉及手眼协调的肌肉发育欠佳,影响舌头及口唇肌肉、呼吸和声带的运动,从而造成发音及语言表达能力不佳。

(3) 结构与空间知觉障碍

这种障碍主要涉及视知觉问题。一方面可能与躯体感觉过程有关,另一方面可能与右脑半球的功能有关。其表现大多为:对空间距离知觉不准确,左右分辨不清,易迷失方向;视觉不平顺,无法做平顺移动,所以喜欢看移动中的物体,看书易跳字、跳行,严重者则无法进行阅读,做功课时眼睛易疲劳,造成学习能力的不足。

(4) 触觉防御障碍

当外界刺激作用于我们的皮肤时,触觉防御系统就会作出正常的防御性反应(自卫性或保护性防御、辨别性反应)。但如果触觉神经和外界环境协调不良,就会影响到大脑对外界的认知和应变,导致触觉防御障碍,包括防御过强和防御过弱两种。

防御过强即触觉敏感,这类儿童对外界的新刺激适应性较弱,而固执于已经熟悉的环境和经验上,排斥对新事物的学习与适应,显得胆小,害怕陌生环境,容易害羞,喜欢黏人,洗头和洗澡时都会反抗;在团体中独占性强,朋友少,常陷于孤独之中;对周围环境信息的过滤、整理能力明显不足且注意力不集中。另外儿童还表现为:喜欢某种特殊的、熟悉的感觉,如咬指甲或吮手指;讨厌被触摸或拥抱,却喜欢触摸或拥抱别人;缺乏痛觉,甚至有自伤等行为;味觉异常,容易偏食、挑食;喜欢触摸生殖器等。

防御过弱即触觉迟钝,这类儿童反应慢,身体动作不灵活,手脚笨拙,缺乏自我意识,不敢爬高,无法顺利下楼梯,怕坐旋转木马;重心不稳,情绪特别不安定,无法保护自己;大脑的分辨能力差,发音甚至学习能力也很难发展。

(5) 听觉语言障碍

儿童在早年的听觉较弱,太大、太高的声音(如环境的嘈杂声音太多,父母经常发脾气或责骂等)都会给儿童在听觉上形成一层自我的保护膜,养成拒绝听别人讲话的习惯。长大后,就会表现出听力不佳或对别人的指令性语言反应迟钝,并且不知道如何与人沟通,还会表现出语言发展迟缓,语言表达能力不佳等。

(6) 前庭功能障碍

人的翻、坐、爬、站、跑等技能的学习与前庭功能关系密切。前庭功能影响身体和周围环境的平衡与协调,晕车就是前庭功能不足的表现。胎位不正、爬行不足及早年活动不够等都会引起前庭功能不足。

前庭信息处理不良的儿童,视觉很难跟着目标移动,双眼更难由一点移动到另一点;眼球不能平移,常常以跳动的方式抓住新目标,因而在划线、玩球、阅读等方面面临困难。前庭神经功能不佳的儿童手脚笨拙,容易跌倒,常碰桌椅,甚至害怕行动。前庭系统活动量低的儿童,则喜欢旋转或绕圈子跑,爬上爬下,不安地乱动且注意力涣散等。前庭感觉不良的儿童常常无法判断距离与方向,在读写数字、字体或偏旁部首时常常读反或写反(如:"25"读或写为"52"、"p"读写为"b"、"入"读写为"人"等),在人多的地方容易迷失方向或过分靠近甚至碰撞到他人,从而造成人际关系的严重不良,进而使儿童经常遭受挫折,丧失信心,以致阻碍人格和情绪的健全发展。

(7) 学习困难

如果儿童的学业成绩落后,且经过观察不是不良态度引起的,就可以考虑是不是有感觉统合失调等其他症状。感统失调引起的学习困难主要表现为:读写时常跳字、漏字、笔划颠倒、眼睛易酸、怕数学;不专心,坐不住,上课常左右看等。无法写字,可能与大小肌肉发展不良或手眼协调不佳有关;眼球运转困难,会造成注意力分散和耐心不足。

3. 造成感统失调的原因

造成感统失调的原因可以分为先天和后天环境两种。

(1) 先天性的生理原因

这方面的原因主要有：因胎位不正引起的平衡失调；因怀孕期间不正确地吃药和打针对幼儿造成伤害；剖腹产使儿童丧失了经过产道挤压的感觉学习机会，造成幼儿压迫感不足，触觉失调。

(2) 后天环境及人为的原因

这方面的原因主要有：出生后没让孩子经过爬行阶段就直接学习走路，产生了前庭平衡失调；过早地使用学步车，使幼儿前庭平衡及头部支撑力不足；小家庭和都市化生活使得儿童空间活动范围变小，同时缺少与外界的交流，与同龄小朋友接触也少；大人对幼儿过度溺爱或过度约束，事事包办，导致儿童自身活动不足，运用身体的机会少；父母太忙碌，辅导少而造成幼儿右脑感官刺激不足；父母或保姆不准孩子玩土、玩沙，害怕弄脏，从而造成幼儿触觉刺激缺乏；父母的要求太高，管教太严，儿童自由活动时间太少，人为地造成孩子压力太大。

4. 训练疗法

通俗地说，感统失调就是"儿童大脑在发展的过程中出现很轻微的障碍"，药物治疗是无效的，必须通过训练才能纠正。也就是说，感统失调并不是一种病症。感统失调的孩子一般智力正常，只是大脑和身体各部分的协调出现了障碍，使得许多优秀的方面表现不出来。通常12岁之前的儿童通过训练，其感统失调很容易得到纠正。

艾尔斯提出的感觉统合治疗是通过提供适宜的感觉输入，特别是负责身体平衡、方向和速度的内耳前庭系统、肌肉关节和皮肤输入的感觉，使儿童能够统合这些感觉，促使神经功能的发展，并作出适应性反应。许多研究指出，感觉的输入最好与运动结合，在游戏活动中，有计划、有针对性地输入强的感觉刺激，强化和促进儿童脑神经及其功能的发展，同时以游戏的方式进行，在训练师的协助下，使他们主动尝试有难度的项目，激发他们向自己挑战，诱发内心驱动力，对儿童的身心进行全面帮助。国外感觉统合治疗起步较早,已比较成熟,结果显示能够明显改善儿童的行为问题、身体协调性、注意力、情绪稳定性,并提高学习成绩。国内这方面的训练起步较晚,但在上海等大城市的很多教育培训机构有专门的感统教室,家长对此的接受度也比较高。

以游戏的形式让儿童参加,让儿童感觉训练就如同玩游戏,进而丰富儿童的感觉刺激。但这种游戏活动又有别于一般性游戏。它是训练者根据儿童的感觉和动作发展的不良状况,通过特殊研制和精心选择、调配器材,以游戏的方式让他们进行一系列的行为和脑力活动强化训练,使大脑将训练中接收的各种感觉信息进行综合处理,并作出正确决策,从而使机体有效地运作,提高其注意力、自我控制能力、组织能力、概念与推理能力等,从而克服目前的困难。

如果家长因经济条件受限,不能带儿童去专业的感觉统合训练馆进行系统的训练,那么在家也可以进行一些简单的训练。比如爬行训练和唤醒触觉皮肤的训练。在七八个月大时,孩子应该慢慢学会爬行,通过不断努力地抬头、仰脖子,来锻炼前庭觉,向前爬行的过程对孩子来说也是一个探索的过程,能够提高孩子的手眼协调能力和视听能力。因此,家长应鼓励孩子多爬行,例如妈妈躺在地上,让孩子慢慢爬上妈妈的身体;或者妈妈手脚着地弯成拱形,吸引宝宝从底下爬过去。对于一些本身不爱爬行的宝宝,家长可以采取一些诱导措施,如把孩子放在小被子上,拉着他(她)的两条腿慢慢向后拖,并在孩子眼前放上色彩鲜艳或者能发出声音的玩具,吸引宝宝的注意力,引导他(她)抬头,逐渐向前爬行。

见到陌生人就哭、抵触新环境的孩子往往属于触觉过分敏感,家长可以通过简单的方法来唤醒孩子的触觉皮肤,以缓和这种敏感的状况。如利用吹风机,调到微风档缓缓吹孩子的皮肤;用软刷子轻刷孩子的身体,或者拿梳子轻轻敲击皮肤等。选择衣服材质时也不要执着于全棉的,可以多尝试各种材质,让孩子的肌肤有更多的触觉体验。

二、儿童多动症

明明是小学四年级学生,在家里让爸爸妈妈很是头疼。他天天喝可乐、雪碧,上蹿下跳没有一刻安宁;情绪不稳定,常常冲动任性,一不高兴就对家里的东西摔摔打打。在学校,明明也是老师头疼的问题小孩。上课注意力不集中,活动过多,手脚动个不停,需要老师多次提醒;喜欢捉弄人,常干扰或打断别人的说话和活动;自控力差,脾气暴躁。老师反映明明挺聪明的,但是做事情只有三分钟热度,一事未完又换另一件事,学习成绩时好时坏。爸爸妈妈怀疑明明是多动症孩子。

明明的症状是不是引起了很多家长的共鸣?儿童多动症,又叫注意缺陷多动障碍(ADHD),是备受关注且被研究最多的儿童行为障碍之一。越来越多的家长带着孩子去医院进行多动症的诊断,那些孩子吃着一种孩子口中所谓"聪明药"的药。多动症儿童的核心问题显然是好动、自控能力差,而情绪智力包含了冲动抑制和延迟满足的能力,可见多动症是阻碍情绪智力发展的严重问题。

1. 儿童多动症及其表现

多动症一般发生于儿童时期(通常在6岁以前,多半在3岁左右),与同龄儿童相比表现出明显的注意集中困难、注意持续时间短暂以及活动过度或冲动,且伴有学习困难,认知功能障碍等。在学龄儿童中,多动症的总患病率为3%~10%,学龄期症状明显,随年龄增大逐渐好转,但有30%~50%的患者可能延续到青春期和成年期。多动症儿童的智力正常或接近正常,但常伴有学习困难、人际关系差和自我评价低下。

多动症儿童的核心问题为自控能力差,主要表现有以下四个方面:

(1) 活动过多

多动症孩子不论在何种场合都处于不停活动的状态,如上课不断做小动作,敲桌子、摇椅子、切橡皮、撕纸头、拉同学的头发、衣服等。平时走路急促,爱奔跑,轮流活动时迫不及待,经常无目的地乱闯、乱跑,手脚不停而又不听劝阻。他们常常胆子很大,不避危险,尤其在情绪激动时,可能出现不良行为,如说谎、偷窃、斗殴、逃学、玩火等。喜争吵打骂,常称王称霸。

(2) 注意力不易集中

多动症孩子的注意力很难集中,或注意力集中时间短暂,不符合实际年龄特点。如上课时,常东张西望,心不在焉,或貌似安静,实则"走神"、"溜号",听而不闻。做作业时,边做边玩,随便涂改,马马虎虎,潦潦草草,错误不少。不能集中注意力做一件事,做事常有始无终,虎头蛇尾。

(3) 冲动任性

多动症孩子由于自控能力差,冲动任性,不服管束,常惹是生非。当玩得高兴时,又唱又跳,情不自禁,得意忘形;一不顺心,容易激怒,好发脾气。这种喜怒无常、冲动任性的行为表现,常使同学和伙伴害怕他、讨厌他,对他敬而远之。多动症儿童也常常因此而不合群,久而久之可能造成其反抗心理,常常发生自伤与伤人的行为。

(4) 学习困难

多动症孩子由于注意力不集中,上课不注意听讲,对教师布置的作业未听清楚,以致做作业时,常常发生遗漏、倒置和理解错误等情况。这类孩子考试成绩波动较大,到三四年级时,留级的相对较多。但因智商正常,如课后能抓紧复习、辅导,尚可赶上学习进度。

2. 儿童多动症的成因

国内外学者虽然对多动症进行了深入的研究,但目前还不完全清楚其发病原因,以下几点可能是多动症的主要致病因素。

(1) 遗传因素

大约40%的多动症患儿的父母、同胞和其他亲属在童年也患过此病,同卵双生儿中多动症的发病率较异卵双生儿明显增高,多动症同胞比半同胞(同母异父、异母同父)的患病率高,而且也高于一般孩子,这均说明遗传因素与多动症关系密切。

(2) 脑损伤或脑发育不成熟导致的脑功能轻微失调

研究表明,大约85%的多动症患儿是由于额叶基底核系统或尾状核功能障碍所致,包括:①母亲孕期疾病,高血压、肾炎、贫血、低热、先兆流产、感冒等。②分娩过程异常,早产、难产、钳产、剖腹产、窒息、颅内出血等。③出生后1—2年内,中枢神经系统有感染、中毒或脑外伤的患儿发生多动症的机会较多。脑神经递质数量不足也会导致多动。脑内神经递质(如去甲肾上腺素、多巴胺)浓度降低,可降低中枢神经系统的抑制活动,使孩子动作增多。

(3) 环境与教育因素

近年来,许多独生子女家长"望子成龙"心切,由于教育方法不当及早期智力开发过量,学习负担过重,使外界环境的压力远远超过了孩子的能力承受范围,这也是当前造成儿童多动症的原因之一。此外,家庭结构松散,矛盾冲突多,父母养育孩子的方式偏于拒绝、过度保护等,都有可能诱发儿童多动症。

(4) 饮食习惯

研究发现,多动症与儿童饮食中含有的氨基酸多少有关。儿童摄入含有过多酪氨酸或色氨酸的食物,如驴肉、鱼片、干贝、奶酪、鸭掌、猪肉松、腐竹、豆腐皮等,都可能诱发多动症。儿童摄入含有过多调味剂、食用色素以及水杨酸等化学物质也可能诱发该病。此外,儿童摄入含铅量过度的食物也会导致多动。临床检测多动症孩子血液中维生素、铁、锌等微量元素缺乏且血铅含量过高。

3. 儿童多动症的矫治对策

对多动症孩子的治疗一般侧重于教育安抚,教育安抚是家长、老师密切配合的过程,二者缺一不可。严重多动症患者应考虑药物治疗。矫治过程是很复杂的,双方应长期坚持。在矫治过程中家长应充分发挥主导作用,以积极的心态影响孩子,诚挚地请求老师的配合,共同帮助孩子进步。矫治方法及注意要点如下:

(1) 培养多动症孩子合理的作息习惯

对多动症儿童,家长要订立合理的作息制度,培养他们规律的生活习惯,保证充足的睡眠时间,并在生活细节上一心不二用,做任何事都专心。如在生活细节上,要求他吃饭时不看书报,晚上不能看电视、玩电子游戏等至深夜不睡。因为从小日常生活习惯的训练,无形中加强了组织性,培养了孩子遵守纪律的习惯,对于他们在学校中适应集体生活,上课时集中注意力等大有裨益。

(2) 对多动症孩子规矩应简单,要求应明确

如要求改正冲撞同学的鲁莽行为,克服上课时东张西望、顽皮、多动等不良行为,应明确提出主要的要求;对他们的攻击性行为或破坏性行为,应像对待正常儿童一样,严厉予以批评制止,切不可姑息放纵。但也注意不要给他们订过多的清规戒律,他们比一般儿童更难接受过于繁琐的教条。如条条框框太多,会使他们感到动辄得咎,不知如何才好,最后什么规律也不遵守了,这样反而达不到教育目的。

(3) 注意对多动症孩子的安静、守纪行为给予及时的鼓励

对这类儿童,教师和家长应根据他们的爱好,逐步培养能静坐、集中注意力的习惯,如听故事、看图书、画画、弹琴等,每天逐步延长时间,但内容要集中,不

可太杂,以免分心。对于他们表现好、能安静、守纪的行为,应及时表扬,予以强化。

(4) 开办特别班

在有条件的学校,对这类儿童宜单独开班,每班最多10来个人。教学环境要特别安静,老师应有丰富教学经验及儿童心理学知识,并有足够的耐心与同情心,课桌采用两边遮挡式,按"一"字排开式摆放(减少无意注意),这样可收到较好的效果。

(5) 控制手的动作

为减少多动症孩子过多过密的活动,提高他们的注意力,老师可以在讲课时请孩子将手坐在屁股下面,通过晃动腿或动脚(逐渐过渡到动脚指头)的方法代替手的活动,从而达到控制双手、预防多动的目的;可以要求学生写作业时轻声将其正在写的内容口述出来——自我陈述训练。这样保证孩子视觉、听觉、运动觉等感知觉通道处于繁忙之中,消耗更多能量,无暇顾及其他而达到抑制多动、自我关注的目的。在对多动症孩子讲话或布置任务时可以用手扶着他的头或肩膀,或者拉着他的手,注视着他与他交谈,实践证明,一定的身体接触对引起其注意有辅助作用。平时如果孩子在一定时间内表现良好,家长或教师可以奖励糖果,通过孩子的动嘴过程替代身体其他部位的多动,从而达到抑制和奖励的双重效果。

(6) 应对多动症孩子过多的精力给予出路

多动是儿童神经化学物质传递异常的表现,其根本原因是早期运动不够,能量释放不足。如果给儿童一定的时间和空间任其自由运动,待其能量宣泄之后,儿童必然会安静下来。多动症儿童特别好动,有使不完的精力,故应有意识地组织他们参加一些需要精力的活动,如跑步、打球、登山、游泳等各种强体力的活动或体力劳动,使其旺盛的精力得以发泄。感觉统合疗法中的一些高强度刺激训练尤其适用于他们,但对他们在室内追追打打等游戏应予以劝止。对儿童而言,静和动是守恒的,越是限制,越会多动,动够了必然就会安静下来。

(7) 食物治疗

在食物治疗方面,应认真分析孩子的食谱,并记录儿童的行为,找出引起儿童多动的食物,如过量高蛋白、脂肪、糖类的食品,西红柿、橘子、苹果等含水杨酸类食品,含防腐剂、色素、膨化剂、激素、香精、咖啡因等有害儿童神经系统健康的休闲食品,含亚硝酸盐的腌制食品、油炸食品、烟熏食品,以及各种饮料等,从而进行相应的进食控制。同时注意适当增加蔬菜、谷类等碳水化合物食品的比重,尽量食用绿色食品,及时补充孩子的维生素等。

(8) 游戏活动

在游戏方面,教师和家长可以与孩子一起做在背上写字的游戏:在孩子的背上(隔着单衣)、手心、手背等部位写字,让他猜猜写的是什么,使孩子高度集中注意力,减少多动现象。还可以和孩子一起经常玩一些促进中枢神经协调发展的游戏,如玩"木偶人"的游戏,四目相对,比赛看谁先笑(比自制力和面部表情控制);学习擦桌子、扫地等需要顺序和耐心的家务活;练习"你拍一、我拍一"的游戏;练习"一枪打四个"的游戏;练习"拍手拍腿"的游戏;练习"小狗翻墙"的游戏;练习穿针、拣豆子、穿珠子、搭积木、剪纸、用筷子夹玻璃珠、塑料插片、插图、走迷宫等游戏。由于这些游戏本身需要非常集中的注意力、毅力与恒心才能做到,所以它们对于培养幼儿的注意能力(尤其是有意注意)、意志力、恒心等品质,有很好的效果。

(9) 如果症状严重,应配合药物治疗

在药物的作用下,儿童的行为控制能力增强,家长和老师应及时给予奖励或表扬。等症状减轻,儿童的行为进入良性循环后,可逐渐减少药量直至停药。

总的来说,矫治的原理是:使感知觉通道处于繁忙之中,消耗更多能量,儿童无暇顾及其他而达到抑制多动的目的。

三、儿童焦虑障碍

由于儿童和青少年的生活范围主要是家庭和学校,在父母的保护下他们阅历尚浅,最主要的焦虑来源是看护者不在或其他情境中感受到的不安全。依据著名心理学家马斯洛(A. H. Maslow)的需要层次理论,人类的需要分为生理需要、安全需要、归属和爱的需要、尊重需要和自我实现需要五种,依次由低层次到高层次排列。当儿童和青少年感觉安全得不到保障时,就会出现焦虑甚至恐惧的情绪。

1. 儿童焦虑障碍常见分类及临床表现

（1）恐惧性焦虑。这是面对一类可明确辨别出的客体、事件或情景时产生的强烈恐惧，其强烈程度远超过刺激可能带来的危险，这类恐惧导致患者持久地逃避恐惧对象。引起这种焦虑的恐惧对象可以是动物、伤害、自然环境（高地和雷电）以及某种特定情境。特定情境的恐惧焦虑有坐飞机、乘电梯、学校、广场、高处等引起的恐惧。

（2）创伤后应激障碍。这种障碍发生在儿童经历了某种灾难性创伤之后，他们会认为这种创伤对自己或他人的生命具有致命的危险性。患有创伤后应激障碍的儿童对引起强烈焦虑的创伤有周期性、强迫性的记忆，因而儿童便通过压抑这些记忆并回避能勾起创伤回忆的情境，试图缓解自己的焦虑。凡是可以唤起个体创伤回忆的内部和外部线索，都可能导致焦虑障碍。

焦虑障碍既包括对威胁和危险的认知，同时也包括随之而产生的紧张、不安和不适的情感状态。如果逼迫儿童接近所恐惧的刺激物，他就会变得非常愤怒。例如让有离别焦虑的儿童看着母亲离开，而自己却留在学校里，他就会发脾气，变得富有攻击性。创伤后应激障碍儿童除了体验到紧张、不安的情绪之外，还可能体验到情感迟钝和麻木，这是因为儿童试图将所有情绪性因素都排除在意识之外。

2. 儿童焦虑障碍产生的原因

因为儿童年龄尚小，相对来说可塑性要强一些。如果成人能知道儿童患焦虑的一些特定原因，将有利于他们清楚地了解、控制和改善那些诱使儿童出现焦虑的情况。儿童焦虑的原因可能有：

- 儿童自身的素质性因素，如敏感、胆小、容易受暗示等性格特征。
- 与事实相连，如被狗咬过的孩子一般都怕狗。
- 成人恐惧对儿童的潜移默化的影响，儿童会通过直接或间接的学习方式，产生对某些事物的恐惧焦虑。
- 教育方法不妥当，如用鬼怪吓唬孩子，或用"再不乖，就不要你了或把你扔了"等语言吓唬孩子。

总的来说，先天易感素质及后天环境因素的相互作用导致了焦虑。易感素质的人常是人格类型中情绪不稳定和内向性格者，这种类型的孩子常常表现出多愁善感、焦虑不安、保守悲观等特征。在后天环境中，父母和家人作为儿童的最初社会交往对象，他们的慢性焦虑及依赖作风会影响儿童的心理素质。当儿童因某些心理因素，尤其是一些突然的应激因素而身处矛盾无法解决时，就会情绪不稳，进而诱发焦虑。因此，不良的环境和不恰当的教育方法是导致或加重儿童焦虑反应的重要原因，常见有以下三种情况：

① 父母的焦虑传染给了儿童

如果父母本身就是焦虑型人格，儿童难免会受到他们潜移默化的影响，从小就处在焦虑的状态之中，这样就很容易导致焦虑。有些父母对某些危险估计过高，如怕偷盗，怕孩子一个人外出会碰上什么事情等，因此常给子女过多的警告、威胁、禁令等，让儿童总是处在做什么事都不安全的状态中。这种由父母直接强加给孩子的影响，其效果绝不亚于孩子通过观察父母的焦虑处事方式而习得的影响。还有一些家长，特别是母亲，总是把孩子视作"贴身的小棉袄"，家里的事情，不论是柴米油盐，还是邻里冲突，抑或是夫妻矛盾，都一股脑地倒给孩子，把子女作为自己的"知心人"。这些家长只为一吐为快，从来没有考虑过一个年幼的儿童是不是有能力理解或解决这些复杂的问题，在如此矛盾重重的处境下，儿童容易产生焦虑。

② 一个"坏结果"的预期

在现实生活中，有些孩子做任何事情，不论做得怎么好，都无法有欢喜或愉快的感觉，他们总是对自己不满意。其实这并不是谦虚、有上进心的表现。要知道一个孩子缺少了做事情的愉快感觉是一件多么可怕的事情！究其原因可能是家长或老师们对孩子要求太高，标准太高，即便孩子做到了，家长或老师们也不会有满意的感觉流露出来，反而常常表示"你做得不够，你还应该做得更好"。于是儿童也开始对自己不满意，对自己不能实现预期的目标而出现焦虑的反应。达到了标准不一定有表扬，而一旦达不到标准，却会经常有处罚降临头上。这种处罚不仅会造成肉体上的伤痛，而且会带来精神上的创伤。惩罚会使儿童害怕，当他不能完成任务时，对将会受到的处罚感到十分焦虑。同样，在学校中，若因为学校课程的设置没有考虑到儿童的能力、需要、文化背景，而导致学习负担过重，成绩不理想。在这种情况下，儿童就会对自己的能力产生怀疑，担心自己无法完成老师安排的任务，由此而构成很大的精神压力，出现焦虑、害怕等反应。

③ 内外交加的双重压力

马斯洛认为人类天生就有自我实现的倾向，即人类天生就有不断提升自己、不断完善自己的要求。这个道理就好像植物总是要向上生长这么简单，无需证明。如果这种前提假设成立的话，那么当外界，比如学校对学生的成绩或某些特殊才干等提出过高要求，再加上学生本来就有取得优异成绩的自我要求，必然会构成极大的精神压力，从而导致焦虑。但是如果外界没有一点压力，放任不管的话，那么也会导致焦虑，因为学生不知道应该如何努力去进一步提高自己，会迷失方向。此外，在人生的某个时期，比如青少年期，如何适应青春期的生理及心理变化，如何克服自己的弱点而达到自己追求的目标，也会成为焦虑的诱因。所以，外界的压力与自我的要求构成了双重压力，对于自我要求高、承压能力低的个体应以鼓励为主，否则就会引发焦虑。

3. 儿童焦虑障碍的治疗

这里主要介绍恐惧性焦虑的治疗方法，以下三种方法是由浅入深的关系，展现了循序渐进的认知行为疗法的全过程。

(1) 心理教育法

心理教育法是从对焦虑障碍的认识开始的。在与父母和儿童就焦虑问题进行沟通时，要告诉他们焦虑有三个不同的成分：害怕时的想法（认知），害怕时的身体感觉，以及儿童逃避害怕情境的行为模式。这种解释很有用，正是害怕时的想法和视情境为危险的习惯才是焦虑产生的根源。一个怕狗的孩子会把狗看成危险，因为他不由自主地想到狗可能会咬他。但是，想法还可以是另外的样子，如把狗看作是最好的朋友。如果儿童这样看待狗，他就不会有害怕的想法。随恐惧想法而生的身体感觉是焦虑的第二个部分。焦虑时人的自主神经被高度唤醒，表现为血液中肾上腺素水平升高，心跳加速，呼吸急促，肌肉紧张。这是因为对危险情境害怕的想法会使身体被调动起来，做好与危险战斗或者逃离危险的准备。快速呼吸可能导致昏厥，紧张的肌肉可能会导致头痛或胃痛。有时这些身体变化本身就构成了危险，因而会导致更多的身体变化。恐惧的想法和伴随的身体感觉使儿童要尽力从恐惧情境中逃离，或者避免再次遇到。这就是焦虑的第三个成分，即儿童躲避恐惧情境的行为模式。

通常人们都尝试使用强迫的方法来帮助儿童面对恐惧情境，但当他们看到儿童是那样紧张和悲恐，往往就会放弃。之后，他们便网开一面，允许儿童形成逃避危险情境的行为习惯。但不幸的是，这会使焦虑问题更加恶化。儿童需要学习控制焦虑的技能,要接受训练,以便在遇到恐惧情境时,能够利用训练中所学到的技能来应对恐惧。焦虑治疗过程包括学习控制焦虑的技能训练,以及利用技能直接面对恐惧情境,直到对该情境的焦虑消失。总之,排除焦虑和摆脱危险想法、焦虑感受、疼痛、昏厥以及逃避行为模式的唯一办法就是:直接面对恐惧情境,并在其中停留至焦虑彻底消失。一般来说,治疗焦虑问题不会有其他的方式。要想先解决了焦虑问题,再进入恐惧情境,那是不可能的。

(2) 监控法

恐惧和焦虑来源于恐惧情境,来源于恐惧的对象。只有在恐惧情境中才可以检验恐惧和焦虑的程度是否减轻。所以训练儿童获得面对恐惧情境的技能,然后让他们进入情境中运用这些技能,并在其中停留至焦虑彻底消失,这样才算治愈。目前来说,治疗焦虑问题不会有其他更有效的方式。

监控法是指训练患者学习监控焦虑中的认知、躯体感受和行为模式(焦虑三成分),并考察在恐惧情境中使用各种应对技巧的情况。首先,可以训练儿童辨认发生在恐惧情境中的焦虑认知。在治疗时,可以为家庭成员呈现一系列含义不清的情境,然后让他们对这些情境作危险或不危险的解释。这样就会使家庭成员对情境危险与否的认知方式得到公开讨论,从而使父母和儿童了解到自己原来是这样解释外界情境的。肯代尔(kendall)设计了一个用于个体治疗和群体治疗的指导手册,用于教会患者进行自我认知监控的技能。其中一个部分使用了很多动画人物,这些动画人物出现在一系列可以作出很多解释的模糊情境中,要求儿童在卡通人物头部附近的思考注释框中写下该人物正在想些什么。治疗是利用儿童的这些反应以及他们倾向于选择危险想法的事实,来帮助儿童认识到认知评价在焦虑产生中的作用。一旦儿童认识到情境可以有很多解释,就可以让他们在描述恐惧情境和恐惧感受的同时,监控自己的"恐惧想法"。学会这种技能后,可以进一步训练儿童挑战自己的"恐惧想法",尝试用其他观念替代"恐惧想法",并奖赏自己的挑战和替代行为。

其次,训练儿童在引起焦虑的情境中辨别出不适感背后的情感和躯体体验。有些儿童会感到胃不适,甚至腹痛;另一些人则有高度警觉,出现头晕的症状;还有一些人则变得忐忑不安,紧张得到处乱跑。通过仔细的谈话,并使用绘画、木偶及比喻等手法,能够帮助儿童描述出焦虑体验中的核心情感和躯体感觉。一旦儿童学会了识别这些感觉,就可要求儿童在面对恐惧情境时,用10点量表评估这些体验的强度。

最后,通过要求儿童或他们的父母记录儿童在恐惧情境发生时的行为类型,来监控儿童对恐惧情境的接近和逃避行为。例如,对于那些怕黑的儿童来说,可以记录他们是独自睡在自己的床上,还是睡在父母的床上。对于有广场恐惧症的青少年,则可以记录他们每天离开家门的距离。对于有牙医恐惧的儿童,记录他们坐在牙医椅子上忍受的时间长短。此外,可以要求儿童或他们的父母指出每一次儿童面对恐惧情境时所采用的应对策略,来监控儿童的应对反应,如是否采用放松技能,应对时的自我言语,是否有自我强化技能,是否得到来自父母、教师或同伴的支持,父母是否强化了儿童对恐惧情境的接近行为等。

以上这些都是对焦虑三成分进行细致观察和监控的过程。当儿童或父母觉察到自己的认知、躯体感受和行为模式,并愿意去记录和讲述这些的时候,他们在以一种接纳的态度面对恐惧,这就为后面的认知重构提供了基础。

(3) 认知重构法

认知重构或自我引导应对技能要求患者以不具危险性的方式重新解释含义不清的刺激情境,并尝试验证其他替代解释的有效性,验证之后还要进行自我强化。前面的"监控法"已描述了训练儿童辨认"恐惧想法"的方法。自我引导应对技能的具体操作过程是:挑战——检验——奖赏。首先,要求儿童通过问自己还有没有其他解释可能性,来挑战自己的"恐惧想法";然后去验证哪些想法的结果具有灾难性,哪些想法的结果则不具有危险性;最后,每当解释恐惧情境时会想到那些不具有危险性的想法时,就进行自我强化。例如,一个接受过挑战——检验——奖赏方法训练的恐狗症儿童,其认知重构的内部对话如下所示:

——它是危险的,会来咬我。(恐惧想法)

——不,另一种可能的想法是:它想成为我的朋友。(挑战恐惧想法)

——我不要逃走。我没有逃走,而且它也没来咬我。它确实很友好。(验证其他想法)

——这次我表现得不错。(自我奖赏)

四、攻击性行为

　　明明和丽丽正在画画。明明缺一支红色的画笔,看见丽丽笔盒里正好有一支,伸手就去拿,嘴里还说:"这是我的。"丽丽也正想要,不肯给明明。明明气得把丽丽画画的东西全扔掉,并把丽丽推倒在地上,还用小脚去踢丽丽。

　　明明所表现出来的行为就是典型的儿童攻击性行为。具有攻击性行为的儿童通常具有对他人有意挑衅、侵犯或对事物有意损毁、破坏等心理倾向和行为,这样的孩子毫无疑义是有情绪问题的。但一般人显然还未予以充分的认识,如此明目张胆的攻击行为实际上是情绪及其他问题显露的迹象。

1. 攻击性行为的特点

　　具有攻击性或暴力倾向的人,发作多半是因为怒不可遏。他们在出现攻击行为之前就已经在内心具有攻击行为的偏向,而且这种内心偏向很少仅仅停留在心理层面上,很容易会表现出这样那样的攻击行为。攻击性行为分为直接攻击、转向攻击和自我攻击等形式。直接攻击是把攻击目标指向使其产生烦恼或造成挫折的人或事物;转向攻击,则是把攻击目标指向使其产生烦恼或造成挫折的人或事物的替代人或替代物,而危及旁人或其他事物;自我攻击是把攻击目标经过潜意识内向投射机制,由指向外界转向针对自身,从而出现自罚、自虐、自伤和自杀行为。不论是哪种攻击性行为,都极具危险性和破坏性。在儿童和青少年中自我攻击比较少见。

2. 攻击性行为产生的原因

　　有研究表明,挫折是引起孩子攻击性行为的重要原因之一。当儿童的要求得不到满足,尝试和努力遭遇失败或者正巧受到他人不经意的侵犯时,最容易爆发攻击性行为。长期得不到关注也会引发儿童的攻击性行为,比如有些儿童通过制造麻烦来引起父母的注意。还有一部分攻击性儿童是因为父母常常对孩子采取摸不着头脑的严刑重罚——棍棒打出来的孩子多少有些偏执或好斗。

另外儿童自身的因素也是重要原因之一。比如有些儿童对信号的反应过于敏感,对信号意义的加工不恰当,没有办法客观判断他人的行为尺度和行为意图,因而他们常常错把一些中性行为当作威胁信号。如果有人无意中冲撞了他们,他们可能视为奇耻大辱,于是耿耿于怀。这使得其他孩子躲避他们,进一步疏远、孤立他们,这又加剧了他们的怀恨情绪。

这类儿童在情感上其实是很脆弱的,他们的不良情绪很容易被情境激发。这可能跟他们没有得到足够的安全感有关,或者曾经受到过伤害。他们极力保护自己,像刺猬一样,以求得安全之地。

可以说攻击性儿童的心理偏向是他们屡遭麻烦的根本原因。有研究发现,暴力犯罪的少年犯与攻击性高的学生有一种共同的心理定势:当他们与某人关系不和睦时,他们立刻以对抗性的态度看待对方,立即断定对方有敌意,而不会客观地去多了解一点情况或换一种更心平气和的方式来解决分歧。有些儿童会选择用武力解决问题,比如打架,在行动之前他们不会评估可能的消极后果。因此在矫治攻击性行为时也要注意让儿童对自己的行为后果负责。

3. 矫治措施

对有攻击性行为的儿童和青少年可以采用以下矫治措施:

(1) 情绪温度计

情绪也是有温度的,让儿童认识到这一点是矫治的第一步。在小学儿童教育中,加入有关情绪温度计的内容,有助于他们养成关注自身情绪的习惯。对于那些有攻击性行为的儿童,家长和老师可以以这样直观的方式告诉儿童,他出现不好的行为是因为情绪温度升高了。低年龄儿童的自我控制和调节水平还没有发展起来,尤其适合用这种方式进行情绪认知的启蒙教育。

(2) 情绪监控法

这种方法的目的在于帮助攻击性儿童控制自己的对抗倾向,改变他们的态度,中止他们的行为向越轨违纪的方向演变,避免造成严重的后果。该方案每周进行两次,12—24次为一个周期。让这些有攻击性行为的儿童处在一个实际的场景中,这个场景可能会使他们发脾气或受到挑衅、嘲弄等。然后让他们学习观察自己生气时机体的反应,如感到血液涌上脸部或肌肉紧张,学会把这些感受当作应当终止的信号并冷静考虑下一步该怎么做,而不是像过去一样率性出手。教他们学习以普通儿童的眼光看待事物,感受他人对自己的看法,搞清楚他们的情绪反应与其他儿童的反应有何两样。

(3) 角色扮演

让那些动辄发怒的人在一个人为设置的情境中,比如在一辆公共汽车上,当事人遭到了车上其他人的故意奚落。这时可以有指导地引导他们尝试以友好的方式作反应,让他们体会这种截然不同的做法会给现有的局面带来什么样的效果,当事人的心理感受是否会有不同,出现的这种结果是否和他们之前的预期结果相同。这种友好的做法既能保证维持自己的尊严,又不至于混战一场或面子丢尽,逃之夭夭。国外曾经对接受过培训与未受过培训的人有过一个跟踪3年的控制愤怒的研究,结果表明,这些接受过训练的人对自己更有信心,有更积极的自我感受。

另外,现在的儿童暴露在各种类型的动画节目中,如果父母不加甄别很有可能使孩子无意中习得一些攻击性行为。所以专家们呼吁,"儿童在看电视或上网时,父母最好能够花时间陪在旁边"。罗厄尔·休斯曼(L. R. Huesmann)博士的研究报告也显示:"父母陪同孩子看电视,适时对电视画面中的暴力行为提出解释或评论,可以有效降低电视暴力情节对儿童所产生的负面影响。"也许只是短短闲聊的一句话,如"小宝,你看这个人的行为多么粗鲁,很不应该"。这是很有教化意义的提醒,让孩子那尚未成熟的认知系统接收到来自父母的善意提醒,分清好坏,弄明白对错,这样在遇到类似的情景或要求自己独自面对一些事情的时候,就不会表现得过分"抓狂"。

总的来说,治疗的重点是营造氛围引导儿童认识自己的愤怒情绪,学会把情绪作为行为前的信号,然后再做出行动。当然让儿童思考攻击性行为的后果,并且承担自身行为后果,也是非常重要的。这样的矫治方法是认知疗法和行为疗法的结合,从另一侧面说明,认知、情绪和行为是相互影响的统一整体。

五、社交恐惧症和人际交往不良

在众多恐惧症中,与情商关系最为密切的是社交恐惧症。不要小看社交恐惧症,目前它已是发病率排名较前的心理疾病之一。这可能是因为现代人面临的生存压力愈来愈大,特别是网络时代的来临,为人们带来了新的社交领域。若长期沉溺于网络虚拟社会的社交活动,则会弱化真实社会中人与人间直接交流的能力。

据统计,平均每10个人中就有1个人为社交恐惧症所苦,但就诊者却寥寥无几。不及时治疗的后果是什么呢?许多患者因长期处于人际关系障碍及社交功能丧失的情况下并发了酒瘾、毒瘾或抑郁症等精神疾病。我们每天都要与人打交道,怎能将自己孤立起来呢?

1. 认识恐惧

恐惧是一种比较原始的情绪,也是人类得以延续到今天的法宝之一。试想,在原始社会中,要是人没有一点恐惧情绪,敢于赤手空拳与野兽搏斗、与自然灾害对抗的话,那么人类的发展史可能就会仅仅停留在原始阶段。在现代社会中,恐惧让我们有效地躲避危险,让我们懂得适可而止,让我们增加了自身的安全感……适当的恐惧对生存来讲,确实是好处多多,但是恐惧感过分高的话,可能就会给自身带来不必要的麻烦,给自己招来的是别人"奇怪的眼神"。从人类历史发展来看,除了根植于潜意识的对蛇和黑夜的恐惧外,绝大多数的恐惧都是由不合理的认知所导致,进而引发机体各种各样的反应。在触发恐惧的情景下,那种明显的、压倒一切的生理唤醒占据了我们的大脑,从而使我们从来都没有仔细留意过在强烈的情绪反应之前,曾经有一段非常不合理的认知思想,它如流星一般划过。不合理的认知带来过分强烈的情绪,那么学会用合理的认知来获得适当的情绪,则是情绪智力要研究的问题。

恐惧是人们面对威胁自身幸福、安全和健康的刺激时作出的自然反应。这种反应包含着认知、情感、生理和行为等。在认知水平上,刺激和情境被评估为具有危险或威胁性。在情感水平上,个体体验到忧虑、紧张及不安。对刺激或情景潜在危险性作出准确评估后出现的恐惧具有适应性,而对潜在威胁作出模糊评估后所引发的恐惧则是非正常的,非适应性的。非适应性恐惧通常也被称为焦虑,引起恐惧焦虑的刺激源多是十分明确的物体、事件或情景。恐惧心理虽然是一种痛苦的情绪体验,但并不是完全消极有害的,它也是一种自我防御机制。在危险场合下产生恐惧,会促使人们迅速离开险境,这对人是有利的。一般来说,正常发育过程中出现的恐惧为时短暂,随着年龄增长而消失,一种恐惧很少持续一年以上,多数在3个月内消失,这种恐惧一般表现不甚严重,很少会对儿童的行为产生严重的影响,故不属于真正的恐惧症。

2. 恐惧症的定义及其病因

恐惧症是一组以对某种特定物品、情景或活动产生过分的、不合理的恐惧,并回避其所恐惧的对象或情境为主要特征的障碍。

对恐惧症的病因研究很多,其中各种理论解释也已经初具规模。这里主要提及一些与认知有关的因素。

大量研究表明,恐惧症患者对有关恐惧对象或情境存在注意和归因偏差。在一系列有关信息处理的研究中发现,与非恐惧症的对照组相比,恐惧症患者对与凶兆有关的信息倾注了过多的注意。恐惧症患者表现出对恐惧对象的歪曲感知和认识,如对蛇或蜘蛛恐惧的患者在治疗前倾向于高估它们的活动程度,而治疗后的估计则要恰如其分得多。一项关于社交恐惧症患者的认知研究发现,与非恐惧症的对照组相比,患社交恐惧症的人对其自身当众演讲的操作倾向于更为苛刻的评价。而且,与非焦虑的被试相比,社交恐惧症患者在与他人交往时倾向于消极评估自我以及低估自己的操作成绩。尽管社交恐惧症患者有很明显的归因和注意的偏差,而且这些偏差在有效治疗后均能得以改善,但迄今为止,人们仍不清楚究竟是患者所表现的认知偏差导致了恐惧的形成和发展,抑或是这些认知偏差仅仅是恐惧的表现之一。

3. 社交恐惧症的表现及其治疗

社交恐惧症的表现有:

① 脸红。几乎所有的社交恐惧症患者都会出现这一植物性神经的症状。患者或者害怕见人时脸红被别人看见,或者坚信自己脸红已被别人发现,因而惴惴不安。社交恐惧症因此而曾经被称为"赤面恐惧症"。

② 害怕与别人对视。患者或者认为自己眼睛的余光在窥视别人,或者担心别人会审视自己,因而惶恐不安。社交恐惧症甚至因此而曾被称为"对人恐惧症"。

③ 不同亚型的临床特征存在差异。与局限性社交恐惧症相比,广泛型社交恐惧症患者倾向于更年轻、受教育程度较低、更不容易保持稳定的职业,以及伴有更多的抑郁或焦虑、更关注他人对自己的消极评价,当然痛苦的体验也更为严重。

这里介绍一种比较系统的治疗方法——交友小组疗法。交友小组疗法是由人本主义心理学家卡尔·罗杰斯提出来的。他认为从某种意义上说,治疗就是一种真正的人与人交往的体验,并发展出一种新的治疗方法——交友小组疗法。这是利用集体来帮助患者改变其适应不良行为或解决心理问题的一种途径。此疗法试图创造适当的人际环境,使小组成员最大限度地利用个人潜能,消除心理障碍,以达到自我实现的目的。

交友小组疗法的目的在于创造一个安全的环境,让患者在不受防御机制阻碍的情境下揭示自己最核心的情感,看到真实的自我。治疗者应该致力于创造这样一个安全的环境,积极地鼓励患者表达自己的真实情感和态度。认可每一次成员之间的良性互动,并以自己为表率示范一些言语表达行为。这样小组中的成员通过其他成员给予的肯定或否定的反馈,逐渐真正地认识自我。同时,患者从别人对自己的积极关注中感受到自己存在的价值,增强自我意识和责任感,从而改变自己的适应不良行为。

交友小组活动的开展是渐进的,一般分为三个阶段。

① 破冰阶段。小组在刚开始活动时会产生沉默,人际关系尚未形成时产生的沉默很正常,但也会成为参加者较大的心理负担。治疗师在引导小组成员打破沉默的同时,要特别注意态度的亲切和自然,应善意而友好地启发大家说出对参加交友小组的初衷、期望和要求,并且介绍小组的性质和典型经验等。同时,还要以更多的肢体语言进行情感交流。

② 思维碰撞阶段。在这一阶段里,参加者对自己既有一定的评价,也有真诚的坦露,相互都听到真实的、理性的声音。在自我探索中,获得对自我的新的认识;在倾听他人的陈述中,获得自我认识的能力。这种相互理解对于人际关系的深化和心理成长是最基本的条件。但当两个人的思维方法不同而又处于同一心理水平时,有时可能会产生对立情绪。这时治疗者要运用自己的人格力量化解矛盾,创造轻松、宽容、相互信赖的气氛,巧妙地组织一些游戏,以营造一种超言语的交流气氛,借此敞开心扉。在此过程中必须强调尊重个人的独立性和自由的思考,允许不同意见的存在。另外也要多讨论小组成员各自的感受,在动态互动中观察和觉知。

③ 融洽阶段。此时,参加者能直率地表达自己,如实地应答他人,相互信赖感大增,表现出对他人的关心,愿意倾听彼此的意见,整个小组出现了强烈的共存感。小组气氛和谐、亲密、情绪高涨,小组成员无所不谈,身心两方面都得到了放松。这样的经历和感受将会作为小组成员成功的人际交往经验保存下来。最后,治疗师可以带领成员回顾小组成长过程中的变化,讨论变化背后的原因。

4. 人际交往不良

人际交往不良是各年龄段普遍存在的一个问题,在幼儿园就可以发现善于交往和不善交往儿童间的极端差异。随着年龄增长,个体对人际交往的需要不断增多;步入社会后,我们的人际交往行为也影响着工作表现。我们从人际交往中寻求安抚,获得信息,在关系中快速成长。因此,人际交往的重要性不言而喻。

情商高的人和情商低的人在人际交往方面会有很大的差异。可以说,情商高的人,他们的人际交往能力也一定很强,因为他们懂得察言观色,懂得在特定的场合做出合适的行为。人际交往能力是需要学习的,可以从父母身上模仿得来,也可以由老师给予引导。当出现人际交往不良问题的时候,作为老师或家长,首先要去分析儿童或青少年有哪些行为表现以及可能的原因,这样才可以有针对性地开展辅导。下表对人际关系不良的行为层次、线索表征、原因分析及辅导策略进行了总结。

表3　人际关系不良的行为层次、线索表征、原因分析及辅导策略

行为层次	可能之线索表征	可能之原因分析	辅导策略
层次一： 生活在自我世界里，失去人际关系学习机会。	1. 沉默寡言，很少与同学交谈。 2. 面对陌生人会退缩。 3. 说话紧张，无法完整表达自己的意思。 4. 独来独往，少有朋友。	1. 缺乏人际交往能力，不知如何应对。 2. 自我封闭，不爱说话。 3. 自信心不足。 4. 不喜欢与人打交道。	1. 在活动中刻意地教导学生人际交往的良好方式。 2. 对学生进行自我肯定训练。 3. 安排同学主动与他接近。 4. 通过"小组讨论"方式，鼓励学生发表意见，表达看法。 5. 培养兴趣，结交朋友，扩展人际关系。
层次二： 自我意识强烈，坚持己见，不愿合群，易与人产生误会和争论。	1. 朋友不多。 2. 遭人排挤。 3. 意见特别多。 4. 对任何事情常持怀疑的态度。 5. 喜好争辩，常与人针锋相对。 6. 常挑剔别人意见或被别人挑剔。 7. 经常与人相见形同陌路，不点头也不打招呼。	1. 以较自我中心的思考形式与同伴互动，易导致自私自利，不易与人妥协。 2. 不善于表达意思，缺乏沟通技巧。 3. 主观意识强烈，强词夺理。	1. 实施个别辅导，促使学生开放自己，接纳他人。 2. 落实自治活动，培养领导的能力，学习服从的态度。 3. 培养民主风度，尊重他人看法，接纳不同意见。 4. 设计活动，让学生学习沟通技巧。 5. 辅导学生提出建设性意见，减少负面批评。 6. 辅导以理性温和的言辞代替辩论。
层次三： 出言不逊，行为偏激，人际间不协调，偶有冲突事件发生。	1. 言行偏激，态度傲慢。 2. 不服管教，顶撞师长。 3. 耍老大，欺负弱小。	1. 人格发展较不健全： （1）有强烈的自我中心倾向； （2）冲动易怒，缺乏同情心。 2. 以抗拒权威当作英雄主义的表现，并以之作为肯定自我的方式。 3. 自尊心受到伤害，挫折忍受能力低。 4. 疑似精神疾病。	1. 培养学生发展出健全人格： （1）落实生活伦理教育及公民道德教育，培养知礼善群的美德。 （2）鼓励学生参加各种社团活动，学习守法、服务的生活态度。 （3）教导学生学习良好的人际互动方法，学会互相尊重，互相帮忙。 2. 采用人性化的行为规范准则，以理性民主的态度来指导学生。 3. 提供学生自我表现的机会，使学生从成功的经验中获得自我肯定。 4. 请辅导老师或校外资源协助了解学生的真正问题，或联系心理辅导机构、心理医师协助医疗。

六、青少年网络成瘾

近年来,青少年网络成瘾问题一直是社会各界关注的热点,特别是2009年广西网瘾少年邓某被送进"训练营"10多个小时后突然死亡事件,以及遭到卫生部紧急叫停的临沂市第四人民医院杨永信的"电击治疗网瘾"事件发生后,一时间更成了街头巷尾的焦点话题。

1. 网络是一把"双刃剑"

网络在改变我们工作方式的同时,也改变了我们的生活。根据2015年2月中国互联网络信息中心发布的一份统计报告显示:截至2014年12月,我国网民规模达6.49亿,全年共计新增网民3 117万人,互联网普及率为47.9%,较2013年底提升了2.1个百分点;我国网民以10—39岁年龄段为主要群体,比例合计达到78.1%,其中20—29岁年龄段的网民占比最高,达31.5%;53.1%的网民认为自身依赖互联网,其中非常依赖的占12.5%,比较依赖的占40.6%;中国网络游戏用户规模达到3.66亿,网民使用率从2013年底的54.7%升至2014年的56.4%,增长规模达2 782万。由此可见,网络正以迅雷不及掩耳的速度入侵着我们的生活。我们经常在地铁上看到四五岁的小孩捧着iPad玩游戏,不禁惊叹于时代的发展。可是网络是一把双刃剑,正处在身心发展重要时期的青少年群体如何抵制网络以及网络游戏的诱惑,避免网络成瘾,这已成为社会各界关注的重点。有研究表明,"网络成瘾的发病年龄在15—40岁之间,中学生是易患高发人群"。关于青少年网络游戏成瘾而体质下降、厌学退学、离家出走甚至走上犯罪道路的报道屡见不鲜。

网络成瘾无疑也危害着情商的发展。首先,人与人之间的直接互动被网络虚拟世界代替,这影响着儿童对表情的感知学习。表情可以分为面部表情、姿态表情和声调表情,而这些在网络世界中是不存在的。我们知道感知和识别他人情绪的能力是情绪智力的基础能力,如果儿童这方面的经验匮乏,那么情绪智力不可能正常发展。其次,网络中的不健康内容,如色情画面、暴力和攻击性言语都会对青少年产生消极影响。根据著名心理学家班杜拉的社会学习理论,儿童通过观察他们生活中重要人物的行为而习得社会行为，这些观察以心理表象或其他符号表征的形式储存在大脑中，来帮助他们模仿行为。如果能分辨是非并具有一定判断力和自制力，那么受网络不健康内容的影响较小，但儿童一般还不具备这样的能力。最后，网络成瘾的孩子容易变得孤僻，回避与人交往，待人冷漠；有的表现为警觉性增高，自负、敏感、容易冲动；严重的还会精神不振、悲观、消极，丧失自信和自尊，缺乏兴趣和动机，甚至出现自杀意念和行为。儿童成天待在电脑前，渐渐减少了与现实生活的接触，与家人交流、沟通时间减少，也渐渐失去与他人交往的兴趣。对父母撒谎或隐瞒上网的次数和时间，为了达到上网的目的，私自拿父母的钱或说谎向父母要钱。若父母不满足儿童的要求，他们就发脾气、打骂父母、砸东西、离家出走，有些还出现了偷窃和抢劫等恶劣行为。由此可见，网络成瘾严重威胁着情商的发展。

2. 网络成瘾综合征及其症状

"网络成瘾综合征"(internet addiction disorder，简称IAD)最初是由纽约的一位精神病医生戈德堡(I. Goldberg)于1994年提出的，临床上是指由于患者对互联网过度依赖而导致明显的心理异常症状以及伴随生理性受损的现象。我国台湾学者周荣与周倩在世界卫生组织(WHO)对物质成瘾定义的基础上作了一定调整，将"网络成瘾"定义为："由重复地对网络使用所导致的一种慢性或周期性的着迷状态，并带来难以抗拒的再度使用之欲望。同时并会产生想要增加使用时间的张力与忍耐、克制、戒断等现象，对于上网所带来的快感会有一种心理与生理上的依赖。"

患上网络成瘾综合征的人对网络有一种心理上的依赖感，在使用网络过程中不能有效地控制时间，沉湎于网上的虚拟世界，"嗜网如命"而无法自拔，几乎使网络成为现实社会的替代品，从中获得满足感和愉悦感，从而导致心理、生理受损。其症状表现为食欲不振、头昏眼花、情绪低落、注意力难以集中等，严重的甚至会神经紊乱，免疫功能降低，引发心血管疾病、抑郁症及眼睛方面的疾病等。青少年网络成瘾具体表现为6种形式：网络游戏成瘾、网络关系成瘾、网络色情成瘾、网络信息成瘾、网络交易成瘾以及其他强迫行为。

3. 网络成瘾的原因

青少年网络成瘾现象为什么会如此严重？原因是多方面的，依据现有对网络成瘾原因的研究，可以归结为以下几点：

(1) 互联网的特性

网络具有高科技性、自由性、时尚性、超越时空性、虚拟性、实时性、交互性、全球性等八大特征，这些特征对于青少年而言尤其具有不可抗拒的吸引力。青少年的世界观、人生观、价值观还没完全形成，他们对新鲜事物充满了好奇，网络能够带给青少年足够的新鲜感和刺激感，使他们容易沉湎于其中。

(2) 青少年自身的个性特点

为什么青少年更容易网络成瘾呢？研究显示，网络成瘾综合征患者往往具有以下人格特点：孤独、敏感、抑郁、倾向于抽象思维、警觉、不服从社会规范。他们往往缺乏对自我的正确认识，人际技巧方面也不怎么好，寂寞感、忧郁感较强。青少年正处于青春期，上述特点与青春期的心理特点十分吻合。

(3) 缺乏社会支持

社会支持较低是网络成瘾的原因之一。社会支持低者，或因现实生活中可以进行情感交流的人较少；或因社交羞怯及缺乏社交技巧，社会支持利用度较低。在现实生活中他们不能进行正常的情感交流与情感宣泄，网络的匿名性为其提供了一个无需面对面互动的机会，他们期望在网络中发展自己的人际关系，通过网络与人交往、交流，锻炼自己的社交技能，寻找精神慰藉和归属，弥补他们在现实生活中未得到满足的社交需求。缺少社会支持易于形成焦虑、抑郁、孤独等人格特征，而具有这些人格特征者更容易网络成瘾，这可能是社会支持低者网络成瘾发生率高的另一原因。

(4) 网络能给青少年带来另一种成就感

研究发现，大多数沉溺于网络世界不能自拔的孩子，一般学习成绩比较差，他们在现实生活中体验不到学习所带来的成就感。但在网络这个虚拟世界里，他们可以扮演心目中的理想角色；在网络游戏中，他们通过练习就有可能战胜对手，"通关升级"，获得虚拟的奖励，甚至虚拟的财产。虚拟世界里的成功帮助青少年摆脱了现实世界带来的自卑感，满足了对优越感的需求。

(5) 家庭因素

家庭因素主要有以下三点：一是由于家庭教育观念的错误。在高竞争压力下很多家长重智轻情,只关注孩子的分数,对孩子的内心情感关心较少。二是家庭成员之间沟通少。父母忙于工作忽略了与孩子的交流,根本不了解孩子在想些什么。三是不当的教育方式。专制型的家长对孩子干涉过多,孩子犯错就惩罚,从不顾及孩子的情感需求,导致孩子胆小、叛逆心理严重;溺爱型的家长过度溺爱孩子,满足孩子的一切条件,使孩子的独立性很差;放任型的家长对孩子不管不问,任由其发展,使孩子孤单无助。因此,在这几种家庭背景下成长起来的孩子,要么缺乏温暖和关爱,要么缺乏人际交往和沟通能力。他们更容易转向网络,通过网络宣泄情绪,寻求关爱,同时满足交往和沟通的欲望。

(6) 负性生活事件

心理学家研究发现,恋爱受挫、人际关系紧张、考试失败、与他人发生争执、误会等负性生活事件是网络成瘾的客观危险因素。

4. 应对方法

针对以上原因可以进行相应的防治措施,比如增加社会支持,父母改变不正确的教养方式,干预不良人格品质,注意负性生活事件的影响,寻求心理咨询师的帮助,等等。

七、挫折情绪和儿童抑郁症

1. 挫折情绪

由于生活水平的提高,现在的儿童大多成长在备受关注甚至被溺爱的环境中。三世同堂的家庭,两代人教育理念的不一致,导致孩子很早就学会了"看人下菜"的策略,总能获得自己想要的东西。这样的孩子刚进入学校环境时往往会很不适应,遇到一点挫折就哭闹不休。人都是在挫折中成长起来的,不能接受挫折就没有办法客观地认识自我和他人,所以挫折教育是儿童情商发展的必经之路。如果父母长辈对孩子保护过度,孩子承受挫折的能力就得不到发展。

挫折情境是父母培养孩子情商的好机会,在应对时父母应做到以下几点。

① 理解陪伴:父母要理解孩子的心情,倾听孩子的想法,并把理解说给孩

子听；

② 注意力转移：当哭闹持续时间过长时，父母可以岔开话题转移孩子的注意力，即使在哭闹中父母也可以提议孩子做某件自己擅长的事情，比如画画；

③ 分享感受：等孩子平静后，父母可以分享自己遇到这样的挫折时是什么感受，会怎么想，怎么做，引导孩子表达自己的感受；

④ 达成约定：最后可以约定以后遇到这样的情况要怎么做，并给予孩子鼓励和信心。

如果挫折情绪没有得到及时处理，而是不断地累积，那么儿童在无所适从的哭闹中会渐渐丧失应对的勇气和信心，长此以往很有可能会产生习得性无助感。"习得性无助"是美国心理学家塞利格曼 1967 年提出的，他用狗作了一项经典实验。起初把狗关在笼子里，只要蜂音箱一响，就给以电击，狗逃脱不了。多次实验之后，蜂音箱一响，在给电击前，先把笼门打开，此时狗不但不逃，而且不等电击出现就先倒地开始呻吟和颤抖。习得性无助是指一个人经历了失败和挫折后，面对问题时产生了无能为力的心理状态和行为。当一个人将不可控制的消极事件或失败结果归因于自身的智力、能力时，一种弥散的、无助的和抑郁的状态就会出现，自我评价就会降低，动机也会减弱到最低水平，无助感由此产生，严重的话将会造成儿童抑郁。

2. 儿童抑郁症的临床表现

儿童抑郁症的临床表现具体有情绪异常、行为异常、精神运动迟滞和躯体症状 4 个方面。

(1) 情绪异常。情绪低落、没有愉快感是最主要的症状，儿童常觉得自己什么也做不好，表现为易激惹、敏感、哭闹等。还有的表现为自暴自弃，认为别人不喜欢自己或者瞧不起自己，内心感到愤懑。有些表面似乎淡漠，而内心孤独、寂寞。有些甚至出现自残、自杀行为。与成人不同，儿童抑郁症患者很少主动表达抑郁情绪，需要详细的系统检查才会发现抑郁症状。

(2) 行为异常。可表现为多动、冲动、不听话，害怕去学校或者反复要求转学等。有时甚至以行为障碍为突出的表现。

(3) 精神运动迟滞。表现为行动缓慢，活动减少，行为退缩。严重时成类木僵状态,表现为缺乏主动行为和动作,反应极端迟钝,经常呆坐不动或卧床,缄默不语,不主动流露任何意愿要求。

(4)躯体症状。患者还可表现出多种躯体症状,诸如头昏头痛、疲乏无力、胸闷气促、胃痛等,及睡眠障碍、食欲下降、体重减轻、遗尿遗粪等。因此,儿童抑郁症常被误诊为躯体疾病。

以上表现还根据年龄不同有比较大的差别。例如,婴儿依附性抑郁症以啼哭、易激惹、食欲下降、体重不增、睡眠障碍为主;学龄前期儿童抑郁症以不快乐、兴趣丧失、不与小朋友玩耍、退缩、活动减少、食欲下降等为主要表现;学龄期儿童抑郁症,除有学龄前期儿童抑郁症的表现外,还出现了自我评价低、自责自罪、注意力不集中、学习成绩下降等状况,甚至出现想死或自杀的念头及行为;青春期青少年抑郁症则表现得更接近成人,自杀的念头及行为明显增多。

3. 儿童抑郁症的危害

抑郁症儿童总是避免主动进行社会接触,即使别的孩子采取主动,他们也会逃开,这在其他儿童看来当然意味着断绝交往,最终结果只能是更加孤单,无人搭理。类似的人际交往体验空白揭示,他们缺失了本应在儿童游玩时的争执冲突与妥协和解中自然学到的东西,使得他们在社交技能、情感技能上大大落后。相比于健康儿童,抑郁症儿童在社交上更无助、朋友更少、更不受欢迎,与其他儿童交往时存在困难和麻烦。

抑郁症给儿童造成的另一危害是影响学业成绩。因为抑郁会干扰记忆,影响注意力集中,使得儿童记不住老师课堂所讲的内容,影响他们的课堂表现。抑郁症儿童的患病时间与他们的学习成绩直接相关,随着病程的加长,他们的成绩也直线下滑。而学业失败自然更加深了抑郁程度。

4. 儿童抑郁症的治疗

抑郁症的治疗方法很多,这里只介绍几种比较适合儿童抑郁症的治疗方法。每种方法都有不同的侧重点,应该根据儿童的特征及治疗的可实施程度选择最为合适的方法。也可以同时使用两种或两种以上的方法进行治疗,这样治愈的可能性更大,耗时也会更短些。

(1) 家庭治疗

家庭治疗是儿童和家庭成员共同作为治疗的对象,有时被称为亲情拓展游戏。它假定儿童抑郁症的产生是由于家庭成员之间的功能关系(如距离、亲密或支持)不良所致。治疗的目的就是通过选择恰当的互动和交往模式,重建适当的功能关系。在具体实施过程中,要求父母在患儿面前尽量避免吵闹,言教不如身教;并要求父母放下平日的权威架子,和儿童一起完成每一个项目。通过共同协作或共同游戏,儿童与父母间的关系变得亲密,亲子互动的质量会不断提高。

(2) 人际心理治疗

根据该治疗理论,不管导致抑郁的原因是什么,抑郁总是与缺乏亲密支持性的人际关系相关,治疗的重点就是通过改变儿童的行为方式来达到改善人际关系的目的。如学会表达自己的主张、拒绝不合理的要求以及主动承担责任等,这些都能帮助儿童用社会认可的方式来表达自己的思想和情感,可应用角色扮演来实现。另外,帮助儿童与一两位同龄人建立稳定的友谊甚至亲密关系,对儿童抑郁将会有更直接的疗效。

(3) 阅读疗法

这种方法尤其适合性格内向、爱好读书的儿童。1969年美国出版的《图书馆学和情报学百科全书》给阅读疗法的定义是:在疾病治疗中利用图书和相关资料。弗洛伊德学派认为阅读疗法对患者有认同、净化和领悟等作用。"认同"就是患者在阅读过程中有意识和无意识地将人物的特征归在自己身上,与作品中的人物产生共鸣,从而获得情感上的支持。"净化"是指患者在作者设定的情景中体验恐惧、紧张,将内心的焦虑、恐惧导向外部,使超负荷的抑制得到释放。"领悟"是指随着患者的内心冲突外向化,产生一系列心理活动变化,反过来又会内化作品中的正能量。由此可见,阅读所促发的内心之变化是非常微妙的。一本优秀的、适合儿童当下特征的书,将有可能解开儿童的抑郁心结,使其感受到生活的美好。

八、情感孤独

"孤独的感觉,是在一个午后醒来,呆坐在床上,却发现无所适从,对于未来,因不确定而感到渺茫。

孤独的感觉,是一个人走在车水马龙的大街上,看着人来车往的街道,有一种陌生想流泪的冲动。

孤独的感觉,是昔日的好友,变得如此陌生又遥远。

孤独的感觉,是在上网的时候,QQ上的头像一片灰暗。邮件箱里赫然显示着新邮件为0。看了一出爱情剧,蹩脚又夸张,毫无新意可言。下了网之后,才发现原来孤独的感觉更深了。

孤独的感觉,是你发现周围的人都戴着面具在生活。每个人都在小心翼翼,斟词酌句,不去表达自己的真实想法。

孤独的感觉,有太多,说也说不清。

不甘心,不罢休。"

这是一个网友的内心独白,这些很好地勾勒出现在的都市男女所面临的一个非常普遍的现象——"情感孤独"。

1. 情感孤独的含义

人们的生活节奏不断加快,孩子们在生下来之前就早早地被呼吁"不要输在起跑线上"。从小学生到大学生,甚至研究生,学习始终是他们生活中的主旋律,小学二年级最值得骄傲的事情就是已经考出了英语3级,大学生们更是为考托福、高级口译忙得不亦乐乎。上班族们除了要不断学习,提高所谓的"竞争力"之外,更要延长自己的工作时间,以期能够跟得上时代前进的步伐……既然都这么忙了,我们哪会有时间"胡思乱想",哪会有时间去体验"情感孤独"呢?

可是事实是怎么样呢?逻辑推理并不等于事实!虽然人是自然界的一分子,他必然要符合自然界规律,但是,人之所以为人,自然有他特殊的地方,也就有用纯粹的自然规律所解释不了的地方。人的身体体积可能就这么大,可是他的内在精神容量可以无限大。所以,虽然很多事情、杂务占据着他的身体、他的时间,但是,占据不了人本身辽阔的精神空间。白天工作越忙,就越凸显出夜晚的寂静、寂寞。难怪,现在最流行的、甚至连大爷大妈都知道的一个词就是"郁闷"。

那么,情感孤独的含义是什么呢?情感孤独是指个体在某些新环境或不利处境下,由于本身的易感个性,适应能力不良,以及由此产生的以烦恼、抑郁等情绪表现为主的不良状态，从而导致学习、工作、生活及人际交往等社会功能都有一定程度的损害。

情感障碍的表现形式多种多样，有的表现得很剧烈，很容易引起家人的注意，也比较容易得到必要的治疗和照顾；而有些相对来说要温和许多，情感孤独就是这一类。

2. 情感孤独的类型

走在熙熙攘攘的都市，耳畔充满了嘈杂的声音，我们一方面忍受着城市的拥挤，另一方面却感受着前所未有的孤独，一种身处闹市的孤独。矛盾么？表面看起来好像是。其实呢？

在心理学里，孤独感是指长时间独处所产生的心理感受。比如，长期独自海上航行的航海家、看守灯塔的人、孤身一人守卫边防哨所的战士、呆在狭小空间航行在太空的宇航员、野外形单影只的旅行者……这些个体都会体验到深深的孤独感。

有心理学家把孤独分为三种类型。第一类是慢性孤独。这类孤独是由于一个人长期以来没有获得一个满意的人际关系网而产生的。人是社会性动物，任何人的健全的社会生活都必须有完整的社会关系网络，以满足社会性的需求，获得依赖，享受亲密感，得到心理和情感上的支持。

第二类是转换型孤独。这类孤独是由于社会关系网的丧失所引起的，如至亲至爱的某个人离世，婚姻关系破裂，工作、生活环境的变换导致原有的情感维系中断，从而陷入孤独。

第三类是暂时性的孤独。这种孤独是短暂的、偶尔发生的，这种孤独即使是生活得非常幸福的人也会有所体验。

3. 情感孤独的病因

情感孤独的病因可以分为环境因素和个人因素两大类。

(1) 环境因素。环境因素主要是指一些不寻常的心理社会刺激。如果一个人处在比较稳定、比较平和的环境里却出现一些比较明显的情绪、生理、行为等症状的话，那么就应该考虑别的疾病而不是适应性障碍。

环境因素的具体表现形式很多,最常见的是家庭人际关系不良,如父母感情不和或父母离婚,父母之一或双方远离儿童或死亡等。移迁远方如转学或搬家,没有新同学与自己建立友谊,教学方法不适应或因语言不通、生活习惯不同和受当地人歧视等;家庭的经济地位低下,工作压力太大,人际关系紧张等。这些都是导致情感孤独的环境原因。

过去认为孤独情感障碍是由"严重的"心理社会刺激引起的,现在则认为这种严重程度对不同的个体来说是相对的,是与个体的适应能力高低相对而言的。很少有什么心理社会刺激会使所有人产生情感孤独障碍,而在临床上引起情感孤独障碍的许多环境因素,对许多人来说并不成为诱因。例如父母感情破裂对所有的孩子来说都是一个很明显的心理社会刺激,但只有一部分孩子会产生情感孤独障碍,另一些孩子则不会,还有一部分虽然会,但是并未严重到需要加以治疗的程度。又比如说人际关系问题,有的人把握得游刃有余,而有些人面对这种问题却非常头痛,如临大敌。所以所谓"严重的"心理社会刺激是因人而异的。

(2) 个人因素。个人因素主要指个人适应能力的高低。适应能力的高低与遗传因素及其他许多因素有关,例如躯体健康水平、认知能力、过去经历和克服困难的经验和技巧、人际关系的好坏、遭遇困难时别人的关心和支持情况等,其中社会适应能力强弱的关键是正确处理人际关系能力的高低。当个体面临环境因素时是否会发生情感孤独这一障碍,个体的内在心理生理素质起着同等重要的作用。个体容易出现情感孤独障碍与以下几种影响适应能力的情况有关:

性格方面的缺陷。 如敏感、多疑、胆怯、偏执等,往往妨碍了个体良好的社会适应,甚至与环境格格不入。这种性格往往导致更多不良的社会心理刺激,同时又难以有效地抵御这些刺激,自作自受,从而易于发生各种心身障碍,产生过度的心理生理反应,出现适应不良行为。

个体应对应激的方式的缺陷。 这被认为是产生情感孤独障碍的重要原因。一般认为,个体应激的应对方式往往较固定,不因应激源改变而变化,这样,那些有损个体社会功能的不良应付方式会反复导致适应不良的行为。有调查发现,与正常者比较,情感孤独障碍者无论是病前还是病期中,其社会适应能力均差异显著。此外,个体对自身应对应激的方式的缺陷有无充分认识也是一个重要原因,如果面对自己适应不了的状况毫不自知或认知后进一步出现沮丧、焦虑与绝望的情绪,那就有可能造成恶性循环,使适应不良进一步加剧。

个体利用资源的能力。 有些人可能不太善于利用社会、家庭支持系统。良好的社会、家庭支持网络不仅可以减少个体生活中的应激来源,而且也有助于个体顺利地应付刺激,保持身心健康。

4. 情感孤独的预防和治疗

一个人不可能时时刻刻都是快乐的,所以我们要学会恰当地处理不愉快的情绪。实际上,那些表面负性的情绪为我们的成长提供了契机。在成长的过程中,我们必须经历一个逐渐反省情绪的过程。有了成熟的反省,我们才能经得起情绪的冲击,才能不做情绪的奴隶。孤独的情感就是这样一个契机!

当你产生孤独的时候,不妨深入地体会自己正经历的感受是什么。

你的感受一定不是没有原因的,或许你并不知道这个确切的原因是什么。就是这种认知上的模糊让我们不得不延长受孤独煎熬的时间,从而错过了用认知来调节情绪的最佳时机。所以,这时你不妨问问自己如下问题:

- 我怎样形容自己的孤独?
- 是什么人(事)使我有这样的感受,为什么?
- 我的孤独与事实成正比吗?
- 这些孤独感与过去的经历有关吗?
- 我准许自己有这样的孤独情绪吗?如果不能,为什么?

当我们能够了解和接纳自己的情绪时,情绪的困扰差不多已经解决了一大半。然而,情绪其实只是一个指标,它告诉我们现在正处于怎样的现实之中。所以,要想真正彻底地面对自己的情绪,有时我们还需要改变一些不太正确的想法,调整一些不良的生活习惯,或重建与某人的关系。

认知上: 要不断提高自己的认知水平,使自己对自己所处的状态有一个明确的认识,有句话说,"错了并不可怕,可怕的是并不知道自己做错了"。其实,这并不是说我们寻找的填补情感空白的方法是错的,而是在强调我们要对自己的状态有所觉知。我们天生并不是一个只有思想、可以四处自由飘游的存在,我们是有载体的,我们是有肉身的凡人,所以这就注定了我们要身处这个物质性的世界,注定了我们要在现实世界中与各种不同的人、不同的事、不同的物相碰撞。所以,虚拟毕竟是虚拟,活在虚拟中的人是不健康的,始终是在逃避这个与生俱来的现实,就像是一个人在极力逃避自己的身体,我们都会觉得这种努力很可笑。

社会交往上：孤独的体验对谁来说都是沉重的，不能承受的。同伴交往可以使心中的烦恼得以排解，不良的情绪体验得以宣泄，使当事人在情感上得到同伴的支持和宽慰，从而产生安全感及对同伴、团体和社会的归属感。常用的社会交往技能训练是角色扮演，即把当事人一一配对，然后让其中一个当事人担任需要别人帮助的角色，另一个当事人扮演帮助别人的角色，他要想出方法来帮助别人，并且要表现出来。然后两个人变换角色。这种方法可使两个当事人在活动中相互协调。鼓励当事人观察模仿他人的亲近社会的行为，改变自身不受欢迎的行为，从而得到尊重和友谊。在咨询室里模拟过后，还必须到实际的生活中去历练一下。在现实生活中，可以先从帮助别人做起，从中感受自己被人需要的快乐。之后，可以依据个人的爱好，交几个好朋友，这样的话，就可以拓展自己的生活空间。

行为上：增加现实世界的吸引力，让情感不再空白。多做些活动，让活动占据你的身体，然后占据你的心，最后再占据你的灵魂，使现实有力量和虚拟相抗衡。多做一些对自己有良好评价的事情，比方说资助一个贫困的孩子，用你的行动去影响一个孩子的成长，多做这些"有意义"的事情，它会让你发现生活的美好。先对别人表现出爱，让自己的努力在他人的生活中留下痕迹，带给他人生命更加丰富的意义。另外，当在活动中表现出某种亲近社会的行为时，应该及时给予社会的或物质的奖励，增强与人成功交往的信念。

第五篇 情绪智力的测量

以梅耶和萨洛维为主导的学院派,将情绪智力纳入智力的家族,并坚持科学量化的道路;以戈尔曼、巴昂为领导的实务派,将预测成功作为导向,试图在传统智力以外找出能够预测成功的所有重要因素。因此,以梅耶和萨洛维为代表提出的能力模型是能力取向的情绪智力,侧重情绪本身以及与认知、思维的关系,现在已发展成为智力研究的一个新领域;戈尔曼、巴昂等人提出的混合模型是特质取向的情绪智力,不仅包含心理能力,而且还包含多种其他人格特征,如动机、意识状态和社交活动等。

能力取向的情绪智力也称为认知情绪能力,是关于个体识别、加工和利用情绪信息的认知能力。测量方法是采用答案有正误之分的项目来测量任务绩效。特质取向的情绪智力也称特质情绪自我效能,是指一系列与情绪相关的行为特质和个体识别、加工及利用情绪信息的自我觉知能力。测量方法是采用自我报告法来测量典型行为。

一、国外情绪智力评估量表简介

情绪智力量表的实用性研究是心理学研究的热点。随着人们对情绪智力测量兴趣的增加,心理学家已经编制了不少情绪智力量表。这些量表对于教学、诊断、培训、选拔、职业倾向测试等领域具有重要的价值。

情绪智力的测定以及对结果的解释可配合学校开设的情绪教育课程,作为心理辅导和心理教育的辅助教学资料,着重提高学生的情绪反应能力、理解他人的感受、人际关系处理、自我意识与自我激励等情绪智力和技巧。目前测量儿童情绪智力的量表非常缺乏,随着社会及教育需求的增长,儿童情绪智力量表的研究将会增多。

家庭成员之间的情绪沟通、训练中也可使用情绪智力测验。家庭是提高孩子情绪智力的第一课堂,同时家庭也是夫妻之间、亲子之间最重要的一种人际沟通场合,良好的家庭情绪气氛有助于维持一个温馨、和谐、美满的家庭环境,这样的环境有利于培养高情绪智力的孩子。

情绪智力量表也可运用于企业人事部门的人才招聘、选拔以及白领阶层或高级人才的培训学习和测评。情绪智力与企业管理、企业效益是紧密相关的,有了高情绪智力的企业管理人才,企业可以更高效率地工作,高效率地发展。研究表明情绪智力和工作业绩之间存在着极大的相关,因而被认为可以作为预测工作成功可能性的重要指标。因此,情绪智力量表可以在企业环境中用于选拔、培训人员或预测员工的表现。在现有的情绪智力量表中,巴昂的 EQ-i 是帮助选拔有成功潜力职员的理想工具。

情绪智力量表还可以作为个人心理咨询的参考资料。当你想使自己的情绪健康稳定,做一个积极乐观、与人为善的人,你可以通过情绪智力测定的结果,在心理咨询过程中,有的放矢地解决心理问题。

另外,在生活中成功的类型也可以用情绪智力测验进行有效的预测,因为在从事这些活动的过程中需要运用特定的情绪技能。如果情绪智力量表可以预测人们在未来活动中的成功可能性,那么它可能会像认知智能测验一样被广泛地应用。

此外，情绪智力的研究和应用中存在一个文化差异的问题。由于我国文化传统的影响，中国人表达情绪的方式与西方人不同，我们应致力于建立符合中国人心理特点的情绪智力模型以及在此基础上编制自己的情绪智力量表，翻译和修订只是权宜之计。

1. 基于特质取向的情绪智力

（1）巴昂情商量表（EQ-i）

巴昂是以色列裔美国著名的心理学家，是国际应用情绪智力研究所主席，也是美国学业、社交与情绪学习协会（Collaborative for Academic, Social, and Emotional Learning, CASEL）和美国组织情商研究联合会（Consortium for Research on Emotional Intelligence in Organization, CREIO）的合作者。作为国际上较早研究情绪智力的专家，自1980年以来他一直致力于有关情绪智力的界定、测量和应用的研究，取得了丰硕的成果。经过多年的不懈努力，1997年他编制出版了世界上第一个测量情绪智力的标准化量表：巴昂情商量表（Bar-On Emotional Quotient Inventory, EQ-i）。该量表已成为国际上著名的心理量表之一。

巴昂根据自己的专业经验，在世界范围内测试了85 000多名被试，并融合了其他学者在该领域中的研究，在此基础上开发出这一自陈量表。它共有5个成分量表（其中包括15个分量表）和4个效度量表，共133个自陈项目。其中成分量表有：内省量表、人际量表、适应性量表、压力处理量表、总体情绪量表；4个效度量表是：积极印象成分、消极印象成分、遗漏等级成分和非一致性指标，用于测量测验中出现的不诚实和不认真回答的情况。

量表采用自陈法，以五点记分。最后可得出5个成分量表分数、15个分量表分数、4个效度量表分数和1个总的情商分数。EQ-i将原始分数转化为标准分数，其情商的平均分数为100，标准差为15（与智商分数相类似）。情商分数的解释是：70分以下，情商显著低下，有典型的情绪能力障碍，需要加以治疗；70～79分，情商很低，情绪能力没有得到发展；80～89分，情商低，情绪能力发展极不完善，需要改善；90～109分，情商一般，情绪能力得到了发展；110～119分，情商高，情绪能力发展良好；120～129分，情商很高，情绪能力得到了充分的发展；130分以上，情商极高，情绪能力发展得极好。

EQ-i 具有较高的内部一致性信度和重测信度;通过因素分析表明该量表具有较高的结构效度;通过与 16PF、MMPI 等量表的相关研究,还表明该量表具有较高的聚合效度和区分效度。

巴昂本人使用 EQ-i 研究了职业压力与情绪智力的关系,具体分析了警员、保育员和心理健康指导员的情绪智力的职业差异和性别差异。斯塔雷尼厄斯(G. Sitarenios)用 EQ-i 对各类专业人员的情绪智力进行了调查,得出了工程师、中小学教师、律师、心理学家、会计、程序员、公务员、社工、护士等 21 种专业人员的情商平均分和标准差。据报道,美国空军在招收新兵时,将该量表用作预测成功的工具之一,结果发现多数成功者在情绪智力的自信、共情、幸福感和情绪自我觉察等成分上的得分显著较高。目前,EQ-i 不仅用于心理咨询和治疗,也用于人力资源管理和开发、人格形成和训练、学习能力发展等多个领域。

2000 年,巴昂又与帕克(J. Parker)合作出版了巴昂情商量表青少年版(EQ-i:YV),该量表适合 7—18 岁的儿童青少年使用,它是在 EQ-i 的基础上编制的。首先由一个儿童青少年心理学专家组对成人用 EQ-i 的 133 个项目进行评定,挑选出适合儿童青少年使用的项目,约占 25%,再对这些项目进行修订以更适合儿童青少年使用,然后补充了一些新的项目,形成了一个有 96 个项目的初试量表。经过两次测试及因素分析,对项目进行筛选和补充,最后形成了有 60 个项目的量表。EQ-i:YV 又分两种,一种是完整版情商量表,另一种是简化版情商量表。完整版情商量表包括 60 个项目,分为 7 个分量表:①个体内部成分;②人际成分;③适应性成分;④压力管理能力成分;⑤一般心境成分;⑥积极印象成分;⑦非一致性指标成分。简化版情商量表有 30 个项目,包括五个分量表:①个体内部成分;②人际成分;③适应性成分;④压力管理能力成分;⑤积极印象成分。EQ-i:YV 采用四点记分法,完整版和简化版量表的原始分数不同,但都可根据适当的组合形式把它转换成标准分数,标准分数的平均数都是 100,标准差都是 15。EQ-i:YV 的组合形式有两种,一种是对男性的,另一种是对女性的。而男女又分成了四个不同的年龄阶段:7—9 岁,10—12 岁,13—15 岁和 16—18 岁。该量表通过总数 9 000 余人的样本建立了完整版、简化版四个年龄段的常模。

巴昂不仅构建出了自己的情绪智力理论模型,而且还为情绪智力编制出了标准化的测量工具。他的研究极大地推进了情绪智力理论及其应用的发展。近年来,他还与帕克合作主编了第一本全面研究情绪智力的专业著作:《情绪智力手册》。

(2) 情绪智力量表(EIS)

情绪智力量表(Emotional Intelligence Scale, EIS)是舒特(N. Schutte)等人根据梅耶和萨洛维 1990 年提出的情绪智力模型开发的一份自陈问卷,可用于评估人们对自己以及他人情绪的感知、理解、表达、控制和运用的能力。在此量表上得高分者通常能更清楚地表达自己的感受,更能克制冲动,更快地从极端的情绪体验中恢复常态,更为积极地面对困难,较少发生情感障碍,更富有同情心,更能自我监控情绪。量表共有 33 个项目,分为感知情绪、调控自我情绪、调控他人情绪、运用情绪等 4 个分量表,采用五点记分。

舒尔特用该量表测试了 328 名男性和女性,得出量表的内在一致性信度系数为 0.90,两周后的重测信度为 0.78。

2002 年我国华南师范大学王才康等人修订了该测验的中文版,适用于青少年和成人。

(3) 情绪胜任力量表(ECI)

通过参照博亚齐斯(R. Boyatzis)等人的工作胜任力模型,戈尔曼于 1998 年提出了情绪胜任力模型,并在 2000 年,由博亚齐斯和戈尔曼共同编制了基于该模型的情绪胜任力量表(Emotional Competence Inventory, ECI)。该量表采取七点评分,由 4 个因素 20 种情绪胜任力构成,让被试自己以及与被试熟悉的人对被试的 20 种能力进行等级评定。

有研究用 ECI 对 596 名公司经理,专业人员,和工程系、管理系、社工系毕业的研究生施测,结果发现测验结果的信效度都较好。ECI 是一种比较完整的评价工具,它包括情绪能力的所有内容,而这些能力又可以使人取得骄人的成绩。但是应该注意的是这个工具只是一个发展性工具,不宜用做招聘的依据。ECI 的使用者须经过培训,合格后才能解释被试的情绪能力,才能给被试准确合理的反馈。该量表的许多项目来自对北美洲、意大利、巴西等地的管理者、经理和领导者的研究。

2002 年博亚齐斯和戈尔曼对 ECI 的内容进行了大幅度的修改,出版了 ECI 2.0 版,也称 ECI 360 量表,仍旧由 4 个因素 20 种情绪胜任力构成,内部一致性信度、重测信度、内容效度、结构效度、区分效度和效标效度都很好。

(4) 工作能力量表 EI 版(WPQei)

工作能力量表 EI 版(Work Profile Questionnaire-EI Version, WPQei)由 84

个题项组成,用来测量个人的素质和能力。WPQei 以情绪智力的概念模型为基础,包括七个成分:创新、自我意识、直觉、情绪、动机、移情、社会技能。根据该量表提供的信息,雇员在工作中就可以根据实际情况,有目的地提高自己管理情绪的能力。这个量表得到了梅耶、萨洛维、戈尔曼等人的肯定。

(5) 特质情绪智力问卷(TEIQue)

佩特里迪斯(K. V. Petrides)等人根据特质情绪智力的成分和结构,并针对不同人群,编制了多种测量工具。其中有成人问卷(TEIQue)、儿童问卷(TEIQue-CF)和青少年问卷(TEIQue-AF),都是自陈式问卷。而特质情绪智力问卷360度(TEIQue 360)则是根据他人评估的方式设计问题而编制。上述的四种测量工具基本都存在简化版和完整版两种形式。

① 特质情绪智力成人问卷(Trait Emotional Intelligence Questionnaires, TEIQue)

成人问卷包括简化版和完整版。简化版问卷按照特质情绪智力结构,即1个整体特质情绪智力、4个因素、15个因子,以自我报告的方式编制而成。采用七点评分,从完全同意到完全不同意,逐项进行评定。问卷包括30个陈述项,其中每个因子有2个陈述项。

成人问卷完整版有旧版(TEIQue V1.0)和新版(TEIQue V1.50)两个版本。旧版由144个项目构成,采用五点评分法。它的很多陈述项都来自现有的测量工具,如来自情感沟通测验(Affective Communication Test)、情绪移情测验(Measure of Emotional Empathy)、多伦多述情障碍量表(Toronto Alexythimia Scale)、情绪智力问卷等。项目除了不包括幸福感成分外,基本包括特质情绪智力结构的其他内容。后来,佩特里迪斯编制了新版。新版由153个项目构成,采用七点评分法,从完全同意到完全不同意。与简化版问卷相比,具有较高的内部一致性。

② 特质情绪智力儿童问卷(TEIQue-CF)

儿童问卷的测量目的是评估儿童人格与情绪相关的因素。此问卷并不是简单地改写成人问卷,而是以8—12岁儿童为被试独立编制,所以仅适用于这一年龄段的儿童。问卷由75个陈述项构成,采用五点评分法,测量9个不同的因子。9个因子分别为:适应性、情感倾向、情绪表达、情绪感知、情绪控制、低冲动性、同伴关系、自尊、自我动机。儿童问卷也有简化版,由36个项目组成,采用五点评分。

③ 特质情绪智力青少年问卷(TEIQue-AF)

青少年问卷是在成人问卷基础上编制而成,所以问卷的结构和成人问卷基本一致,包括1个整体特质情绪智力、4个因素、15个因子,共有153个问题项目,采用七点评分。适用对象为13—17岁的青少年。

青少年问卷的简化版是在成人问卷简化版的基础上编制而成,在句法和措辞上比成人问卷简化版要简单一些。由30个简单陈述项目组成,针对特质情绪智力的15个因子,每个因子各有两个项目。比较而言,青少年问卷简化版的内部一致性比青少年问卷完整版低一些。

④ 特质情绪智力问卷360度(TEIQue 360)

问卷360度的最大特点在于问卷采用的不是自我报告的方式,而是他人报告的方式,所以适用于以第三者身份对同伴进行评估。编制此问卷的目的就是为了弥补自我报告法存在的一些缺点,力图尽可能科学、准确地测量特质情绪智力。它在特质情绪智力问卷的基础上编制而成,结构与特质情绪智力问卷相一致,由153个项目构成,采用七点评分。它的简化版由15个项目构成,同样适用于以第三者身份对同伴进行评估,但它采用的是百分数评定法,即从0%—100%中选择一个百分数表示同意程度。而且,简化版还根据性别分成男、女两个量表。

(6) 情绪智力量表(WLEIS)

罗胜强(Kenneth S. Law)和黄炽森(Chi-Sum Wong)教授在2002年以梅耶和萨洛维的情绪智力定义为基础,开发了新的自陈式情绪智力量表(Wong & Law Emotional Intelligence Scale, WLEIS)。这是一项自陈测验,有16个项目,分为4个维度:①自我情绪评估(self-emotional appraisal,简称SEA),这是指个体能够了解自己内心的真正感受并且自然表达出来的能力;②他人情绪评估(others emotional appraisal,简称OEA),这与个体感受和理解他人情绪状态有关;③情绪的控制(regulation of emotion,简称ROE),这是指个体能够很好地控制自己的情绪状态,并且能够使自己从不良的情绪体验中迅速恢复过来;④情绪运用(use of emotion,简称UOE),指个体能够灵活运用自己的情绪,使之朝有利于某种建设性活动的方向发展,同时自觉远离不良情绪的困扰。

罗教授等人检验了情绪智力量表与认知能力和大五人格之间的相关,证明其有较好的效度,他们的研究样本还包括了一些中国的学生和职员在内。但是罗教授也认为,由于传统的情绪智力定义都是基于能力方面,所以基于能力的情绪智力测验比自陈形式的情绪智力测验更为重要。

2. 基于能力取向的情绪智力

(1) 多因素情绪智力量表(MEIS)

梅耶等人根据他们1997年提出的情绪智力模型,于1998年编制多因素情绪智力量表(Multifactor Emotional Intelligence Scale, MEIS)。该量表是能力测验,而非自陈测验。它要求做测验者完成一系列任务,以测量被试觉察情绪、鉴别情绪、理解情绪和控制情绪的能力。量表共有402个项目,包括4个维度12项任务,它们分别是:感知情绪(4项任务)、同化情绪(2项任务)、理解情绪(4项任务)和控制自我情绪(2项任务)。

梅耶和萨洛维用该量表对509名成年人以及229名青年进行了施测,发现这12项任务之间存在正相关。因素分析结果部分支持了假设的4个因子的构架。研究还发现情绪智力随着年龄的增长而有所提高。另外,MEIS全量表的内部一致性信度为0.96,结构效度、会聚效度和区分效度都很高。

1999年梅耶和萨洛维把该测验修订成简化版,共有160个项目,仍分为4个维度,但减至7个任务。原版采用多数人的一致性作为答案正确的指标,而修订版则采用专家评分。

(2) 梅耶—萨洛维—卡鲁索情绪智力量表(MSCEIT)

梅耶—萨洛维—卡鲁索情绪智力量表(Mayer-Salovey-Caruso Emotional Intelligence Test, MSCEIT,也译为梅耶—沙洛维—库索情绪智力量表)在多因素情绪智力量表(MEIS)的基础上修订而成。它是一个基础能力测验,采用了传统智力量表的形式,适用于17岁以上的人群。量表共有141个项目,主要测量梅耶和萨络维1997年提出的情绪智力能力模型中的4个维度,分为经验和策略2个领域,前者包括觉知情绪和情绪促进思维2个维度,后者则包括理解情绪和管理情绪2个维度。

MSCEIT旨在测量人们执行任务、解决情绪问题的质量和程度,而不是依赖个人对自己情绪技能的主观评估。记分采用多数人一致评分和专家评分。分半信度、重测信度和专家一致性评分等均表明该量表是可信的,验证性因素分析数据结果支持他们的四维度情绪智力模型。MSCEIT 是目前最具影响力的情绪智力量表之一。之后编制者对 MSCEIT 进行了修订和完善,2000 年出版了 MSCEIT 2.0 版。

(3) 情绪智力测试(TEMINT)

情绪智力测试(Test of Emotional Intelligence, TEMINT)由施密特-阿泽特(L. Schmidt-Atzert)等人于 2002 年编制而成,用于评估个体的情绪推理能力。具体来说,该量表评估的是个体对诱发情绪的情境和情绪反应之间的关系的理解程度。

编制量表时首先选择一些诱发情绪的情境,并让目标人群报告在该情境下自己的情绪体验,按情绪强烈程度由 0 到 2 打分,0 为很弱,2 为很强。这也作为测题的正确答案。

量表包括 12 个不同情境,并详细描述了不同目标人群所遇到的情境,被试被要求评估目标人群可能的 10 种情绪体验的程度。最终得分由被试评估的分数和正确答案之间的差异计算而得,因此得分越低代表情绪推理能力越高。

该量表的内部一致性信度达到 0.77,也有着不错的结构效度。

(4) 情绪理解情境测验(STEU)& 情绪管理情境测验(STEM)

情绪理解情境测验(Situational Test of Emotional Understanding, STEU)和情绪管理情境测验(Situational Test of Emotion Management, STEM)是由麦卡恩(C. MacCann)和罗伯茨(R. D. Roberts)于 2008 年编制而成。

情绪理解情境测验是基于罗斯曼(I. J. Roseman)2001 年提出的情绪评估理论。该理论认为个体感受到的情绪来源于他们对产生情绪的情境的评估,比如轻松这种情绪,会在"结束或避免一个意外事件"的时候产生。这套理论定义了 17 种不同情绪产生的情境及相应的评估方式,情绪理解情境测验包含了其中的 14 种。在情绪理解情境测验中,项目以如下方式呈现:

  结束或避免一个意外事件,该场景中的人很可能会感觉到:(a)后悔;(b)希望;(c)喜悦;(d)悲伤;(e)放松。

选项 e 就是正确答案。

另外,除了对情绪内容本身的评估外,测验中还有题项是模拟工作和生活中的情境。比如,放松这种情绪在生活中的情境为:

  伊娃很厌烦的邻居搬走了,伊娃最可能感受到的情绪是:(a)后悔;(b)希望;(c)放松;(d)悲伤;(e)喜悦。

放松这种情绪在工作中的情境为:

  阿隆索那不怎么友好的主管要离开公司了,阿隆索最可能感受到的情绪是:(a)喜悦;(b)希望;(c)后悔;(d)放松;(e)悲伤。

情绪理解情境测验共包括42个项目,其中情绪内容本身、工作情境、生活情境各14个。

情绪管理情境测验是基于情境判断测验范式编制而成的,包括两种回答方式:多项选择和程度评分。测验项目通过对50名被试进行半结构化访谈而来,被试分别描述在过去两周内体验到的情绪情境。比如对于生气这种情绪,情境包括:发生争执、目标受到阻碍、不公平。情绪管理情境测验的项目同样也有工作情境和生活情境两类。回答的选项来自对另一批99名被试的访谈,最终每个项目分别有4个不同的回答选项。最后邀请专家对选项进行选择,并对其程度进行评估。

情绪管理情境测验共有44个项目,其中18个为生气情绪的情境,14个为悲伤情绪的情景,12个为恐惧情绪的情境。每个项目有4个不同选项,要求被试作选择,并进行程度的评估。将被试得分同专家的选择和程度评估进行比较,由此得到情绪管理情境测验的得分。

二、国内情绪智力量表简介

1. 国外量表的中文修订

(1) 情绪智力技能问卷中文版

华东师范大学心理测量学者王小慧和金瑜把纳尔逊(D. B. Nelson)和洛(G. R. Low)于1998年编制的情绪智力技能问卷(Questionnaire of Emotional Intelligence Skills)改编成中文版,在上海地区和山东地区的大学和中学随机抽取1 398名被试进行试用研究。

纳尔逊和洛认为,一个人若有高水平的情绪智力,就会以健康而富有力量的方式来识别、体验、理解并表达各种情绪。纳尔逊和洛以情绪智力技能框架为理论基础,编制了英文版的情绪智力技能问卷,直接测量了10种情绪智力技能,如坦诚、融洽、共情、决策、领导能力、自尊、应激处理、动力强度、时间管理与道德承诺。这10种技能相应地由10个分测验来测量。另外对愤怒的控制与处理、恐惧的控制与处理以及积极的个人改变等3种技能采用间接测量的方法,对应的3个分测验分别为攻击性、顺从与改变意向。这3个分测验所测量的问题可组成5个行为表现领域(第一个行为表现领域:应激下的人际关系与人际沟通;第二领域:个人的领导能力;第三领域:生活与职业中的自我管理;第四领域:个体内发展;第五领域:潜在问题领域)。

试用后的结果表明:该问卷的质量比较理想,但仍存在一些问题,如个别分测验的稳定性较低。

(2) 巴昂情商量表青少年版(EQ-i:YV)中文修订试用

张闻根据巴昂情商量表青少年版(EQ-i:YV),翻译修订了适用于中国文化背景的中文版。原量表包含4个维度,7个分量表,共60个题项;中文修订后保存了原有的4个维度,确定了包含60个题项的正式版本,并从四川、重庆、云南、湖南、河南、山东、浙江、广西、新疆等全国九个省、自治区、直辖市的25所学校选取样本,共发放问卷3 227份,回收有效问卷3 101份。

结果发现总问卷内部一致性信度为0.912,各因素内部一致性系数也均在0.74以上,分半信度为0.898。采用因素间的相关系数矩阵和验证性因素分析的方法检验了问卷的结构效度,也检验了问卷的效标关联效度。数据结果表明问卷具有良好的信效度,可以作为测量青少年情绪智力的有效工具。

(3) 情绪智力量表(EIS)中文修订试用

情绪智力量表(EIS)是以梅耶等人的理论为基础编制的自陈测验,共33个题目,施测方便,相对巴昂量表(133题)更简洁,不会引起受测者的疲劳,因此受到研究者的青睐。2002年华南师范大学王才康对该量表进行了中文版的修订,并在大学生和中学生中进行试用,发现量表具有良好的信度和效度。随后王才康使用该量表进行多项有关情绪智力的研究。

刘艳梅于2008年也对情绪智力量表进行了中文修订。原量表包含有4个维度,共33个题项;修订后为5个维度,共21个题项,并用量表对1 200名大学生被试进行试用,对结果进行信度、效度的检验。总量表的内部一致性系数为0.843,分半信度为0.839,因素分析结果表明量表具有良好的效度,可以作为测量情绪智力的有效工具。

(4) 情绪智力量表(WLEIS)中文修订试用

王叶飞在2010年对情绪智力量表(WLEIS)进行了中文版修订。中文版和原量表一样具有4个维度,16个项目,并从大学生、公务员和企业员工这几个具有代表性的成人样本群体中选取749名被试进行了试用。研究结果显示中文版在几个独立样本中都具有较好的信度指标,总量表的内部一致性信度和分半信度都在0.80以上,各分量表的内部一致性信度和分半信度都在0.70以上。因素分析验证结果显示该中文版量表较好地拟合了原量表的理论模型,同时修订后的情绪智力量表对大五人格量表具有较好的判别效度。以员工工作满意度量表和工作倦怠量表为外部效标的分析结果显示,该量表具有良好的效标效度。总之情绪智力量表中文版符合心理测量学要求,是评估中国成人情绪智力的有效测量工具。

2. 国内自主编制的量表

(1) 大学生情商测评量表

东北大学的窦胜功、徐忠波等人编制了"大学生情商测评量表",用以了解目前在校大学生的情商水平状况。他们给情商的操作定义是:所谓情商是一个人把握与控制自己情绪的能力;了解、疏导与驾驭别人情绪的能力;乐观生活、自我激励与自我管理的能力;面对逆境与挫折的承受能力;人际关系的处理能力以及通过情绪的自我调节不断提高生存质量的能力。按此框架,他们设计了大学生情商测评量表。该量表采用问卷形式,由被试做笔答,可以个别施测,也可以团体施测。内容包括自信能力、意志能力、克制能力、抗挫能力、乐观能力、处世能力、自知能力、适应能力、包容能力、性格倾向性、气质随和性和情绪稳定性等12个因素,由121个题项构成。编制者对量表的难度和鉴别力进行了分析,结果表明121个项目中完全符合要求的项目占95.04%,说明该量表能比较好地反映大学生情商的个体差异。

(2) 情绪智力测定量表

华东师范大学心理学者徐光兴编制了"情绪智力测定量表"。该量表从5个尺度、8个方面测量情绪智力。5个尺度是:自我认知能力尺度,自我情绪调控能力尺度,自我激励能力尺度,社会、人际关系处理能力尺度,认知他人情绪与共感能力尺度。8个方面是:①理解自我和自己的情绪;②对自我身处环境的认知和把握;③自我情绪的妥善管理与抵抗压力感;④自我集中力、注意力与成功志向度;⑤他人的表情和内在感情的判断;⑥对他人的理解与交流;⑦人际沟通与人际关系技巧;⑧社会共感能力。在该量表中,第①、第③和第⑧项采用问卷式测量法;第②和第④项采用故事行为心理测量法;第⑤项采用绘画、图形测量法;第⑥项采用知识能力型测量法;第⑦项则采用心理测量学上的"相对语义"印象测量法。测量形式和种类的多样化,测量内容上的新颖有趣,都可避免心理测量中的单调和重复,减轻受测者的心理疲劳度和阻抗。

在心理测验过程中,如果被测者对心理测试有抵触,就会有意识或无意识地做非真实的回答,使测量的准确性大为降低。该量表运用多种形式,如故事图画、心理实验等,使受测者的心理阻抗得到缓解,同时知识性和趣味性可减少受测者的压抑意识,增强测量的真实效果。

根据测试的结果可以将情绪智力分成7种基本型和5种亚型,共12种类型。

① A型(平均型):8个种类的情绪智力测定中,各项标准得分较为接近,平均得分在3以上,而且8个种类测定中没有得分5,也没有得分1,称为平均型或普通型情绪智力。各项的平均得分比3略低或比3略高,称为A′型,为平均型的亚型。

② B型(外向型):8个种类的情绪智力测定中,测定①到测定④的平均得分在3以下,测定⑤到测定⑧的平均得分在3以上,称为外向型情绪智力。如果测定结果与上述标准相差一点(略高或略低),称为B′型,为外向型的亚型。

③ C型(内向型):8个种类的情绪智力测定中,测定①到测定④的平均得分在4以上,测定⑤到测定⑧的平均得分在3以下,称为内向型情绪智力。如测定结果与上述标准相差一点(略高或略低),称为C′型,为内向型的亚型。

④ D型(收缩型):8个种类的情绪智力测定中,没有一种测定的标准得分达到4,至少有一种测定的标准得分是1,至少有2种测定的标准得分是2,称为收缩型情绪智力。如果测量结果与上述标准相差一点(略高或略低),称为D′型,为收缩型亚型。

⑤ E型(扩展型):8个种类的情绪智力测定中,各项标准得分变化较大,处于不均衡状态,其中有2种以上标准得分是5,2种以上标准得分是2,称为扩展型情绪智力。如果测量结果与上述标准相差一点(略高或略低),则称为E′型,为扩展型的亚型。

⑥ F型(成熟型):8个种类的情绪智力测定中,各项标准得分全部在4以

上,称为成熟型情绪智力。

⑦ H 型(混合型):在情绪智力分析图中,与以上 11 种类型的情绪智力形态不同的其他类型,称为混合型情绪智力。

(3) 情绪智力 9 要素测量问卷

北京师范大学的心理学者许远理和李亦菲根据情绪智力 9 要素理论,对每个要素编制 10 个测验题组成一套分测验,共 9 个分测验,合计 90 道题,并根据测验分数对情绪智力的 9 个要素进行了分析和解释。这 9 个要素分别是:①认识自我情绪的能力;②表达自我情绪的能力;③调节自我情绪的能力;④认识他人情绪的能力;⑤表达他人情绪的能力;⑥调节他人情绪的能力;⑦认识环境情绪的能力;⑧表达环境情绪的能力;⑨调节环境情绪的能力。9 个分测验组成了一套完整的量表。通过对 120 名 21—23 岁的被试进行测验,分析了测验的成绩,确定了情商的计算方法,并对情绪智力的个别差异进行了简要分析。

情商计算方法:$EQ = 100 + 15Z, Z = \dfrac{X - \overline{X}}{S} \left(标准分数 = \dfrac{测验得分 - 均值}{标准差}\right)$

表 4　测验得分与情商对应关系以及情商分布情况表

测验得分	情商	等级	理论百分数	实际百分数
≥349	≥130	非常优秀	2.2	2.4
337~348	120~129	优秀	6.7	5.1
325~336	110~119	中上	16.1	15.8
301~324	90~109	中等	50.0	53.3
289~300	80~89	中下	16.1	13.5
277~288	70~79	临界状态	6.7	6.7
≤276	≤69	情绪障碍	2.2	2.2

(4) 大学生情绪智力量表

张进辅与徐小燕认为情绪智力是人们在学习、生活和工作中影响其成功与否的非认知性心理能力,是一个多层次、多因素的结构体系,包括情绪觉知能力、情绪评价能力、情绪适应能力、情绪调控能力和情绪表现能力。

他们综合参考国内外情绪智力理论构想,以巴昂的情绪智力理论为基础,编制了大学生情绪智力量表,量表一共有 126 个题目,采用七点评分,有自陈测验和能力测验两部分。此量表包括 5 个主因素、18 个次因素。5 个主因素为:①情绪觉知能力：指认识、感受、理解和区分自己、他人和社会的情绪情感的能力，包括自我觉察力、移情、社会责任感；②情绪评价能力：指正确地评价、尊重和接受自己、自己的情绪情感以及所取得的成绩，并从中体验到快乐的能力，包括成就感、自我尊重、乐观主义、幸福感；③情绪适应能力：指为达到目的而作出不懈努力，坚定不移地克服各种困难，同时又能客观地认识、验证和有效解决现实问题的能力，包括现实检验、自我激励、问题解决、坚定性；④情绪调控能力：指自主、灵活地处理、控制和应对各种情绪情感问题和心理压力的能力，包括自制力、灵活性、自主性、压力承受力；⑤情绪表现能力：指能有效地表达自己的思想观点和情绪情感，并通过自己的言行和表情影响和感染别人，从而建立良好人际关系的能力，包括人际关系、感染力、表达力。

(5) 情绪智力自陈量表和视频式问答量表

许远理借鉴信息加工论的思想，把情绪智力定义为：加工和处理情绪信息和解决情绪性问题的能力。他提出的情绪智力结构模型由"对象维度"、"操作维度"和"内容维度"三个独立的维度组成。对象维度指的是情绪智力研究的目标范围，它由指向自己、指向他人、指向生态环境三部分组成；操作维度指的是情绪智力的心理活动过程和心理活动方式，它由感知和体验、表达和评价、调节和控制三种操作方式组成；内容维度指的是不同意义的情绪或情绪信息，它是由积极情绪和消极情绪所构成。三个维度的各成分组合在一起，构成3×3×2种情绪能力模式，即情绪智力的因素结构。

根据该理论，许远理编制出了情绪智力纸笔式自陈量表和视频式问答量表。前者采用五点评分，由146个项目构成，测验被试1 054人；后者由134个项目构成，材料为情绪信息强烈的视频材料或截图，测验被试906人。

两个量表的信效度检验以及探索性因素分析结果都表明18个因素的情绪智力理论构想是比较合理的。这18种基本情绪加工能力相对独立，但又相互联系，既可以分为18个相对独立的部分，也可以视为一个整体。

三、EQ趣味测试

尽管心理学界已经编制了不少情商量表，但由于操作的标准化等原因，还需由专业人士来使用。而社会上目前流传着不少有关情绪智力的趣味测试,这些小测试并非科学的测评工具,其结果不能代替专业的测评结果。但这些趣味测试因其题目数量少、测试时间短、操作简便、简单易行,更受到大众的欢迎。本书将向读者介绍这类测试,读者可以根据自己的需要来选择,根据"测试结果评定"介绍的方法进行评分,并阅读"测试结果说明"来了解分数的实际意义。趣味测试的结果可以帮助读者大致地了解自己的情绪智力,并根据结果进行一定的训练和提高,也可以当作对专业测评工具的拾遗补阙。

1. 认识自己的情绪

测试1:了解你和别人之间的关系

请你以"是"或"否"诚实地回答下列问题。

A组

1. 你做任何事情,通常都是慢条斯理而且自信满意的?(　　)
2. 如果有人看着你做事,你会不高兴?(　　)
3. 你做白日梦的时间比大多数你所认识的人多?(　　)
4. 你认为别人很难信任?(　　)
5. 你比较喜欢一直做同样的工作,而不喜欢工作多变化?(　　)
6. 你觉得存钱容易?(　　)
7. 如果有人要求你改变自己的习惯和想法,你是否会觉得很难接受?(　　)
8. 你是否相信"事出必有因,不会空穴来风"这句话?(　　)
9. 你是否觉得,不经过适当的引介,你不容易和陌生人交谈?(　　)
10. 你记过日记吗?(　　)

B组

1. 你喜欢去人潮汹涌的地方度假吗?(　　)
2. 你喜欢经常转换不同种类的工作吗?(　　)
3. 你喜欢身体力行,而不是光看不做吗?(　　)
4. 你是否参加了一些俱乐部或社团?(　　)
5. 你是否很难把注意力集中在细微的地方?(　　)
6. 你是否很难动怒而责骂别人?(　　)
7. 如果遇上麻烦,你通常会迎面痛击吗?(　　)

8. 你认为自己和大多数你所认识的人相比,是个口才一流的人吗?（　　）

9. 你是否比较喜欢来个"即兴式"的聚会或活动,而不喜欢经过安排的娱乐活动?（　　）

10. 你跟异性成员相处时一般都能坦然自若吗?（　　）

测试结果评定

请把 A 组与 B 组中回答"是"的答案分别加起来。

如果你在 A 组中的"是"比 B 组中多,就看下面的"解析 A";如果你在 A 组中的"是"比 B 组中少,就看"解析 B"。如果两组的"是"都在 5(条)以上,就看"解析 AB"。

测试结果说明

解析 A

跟周围的大部分人比起来,你的确比较关心自己的思想与情感。你生性爱干净,几乎到了太过讲究的程度,尤其是在外表、习惯和饮食方面。同时,你也是敏感的人,会深受别人评价的影响,十分有良心。如果遇到尴尬的场合,你可能很容易"脸红"。

虽然你常常想维护自己的利益,但是你可能不会这么做,除非环境给你极大压力。你是个自我中心型的人——过于关心自己的利益。不过,你的自我中心是属于内向型的,关心的是个人内心满足,并非外在荣誉与赞赏所带给你的好处。请注意,不要常常把自己搞得闷闷不乐。如果你多走近人群一点,日子可能更好过些。试着伸出更友善的手,多信赖别人一点吧!

解析 B

做任何事情都透露出一种随和的天性,对周围事物的兴趣广泛。你喜欢户外运动、社交活动以及做实事。

如果你多学会一点自我控制和推理,你的日子会更好过些。你容易冲动行事,而这种个性无疑带给你许多麻烦。因此,冷静一点,不妨偶尔放轻松一点。

你不像前一种性格的人那样会因情感而受到困扰。原因之一是,你不会让情感积压在心中,而是每当有什么感情就表达出来。你很容易摆脱一种情绪或者情感,立即作出另一种心情的反应。

解析 AB

你想在自我中心以及亲切随和的个性之间寻求一个适当的平衡点。也许你对日常生活环境已经调适得很好了。

你喜欢和达官贵人交往,也许是因为这能满足你稍微偏好社会声望的天性,不过,这没什么好责备的。你有充沛的"冲劲"去要求自己的权益,不过,你通常都会替别人设想周到,了解他人需要。

你是个"智慧型的自我中心者"。你知道你要的是什么,而且当你达到时,你会引以为荣,但要避免过火、自负或性情多变。你一般也会极力克制这种倾向。

测试 2：了解你的心理适应能力

本测试共 20 题,每题均有 5 个备选答案,请你从中选择一个最适合你的答案。

1. 假如把每次考试的试卷拿到一个安静、无人监考的房间去做,我的成绩会更好一些。

 a. 很对 b. 对 c. 不知道 d. 不对 e. 很不对

2. 夜间走路,我能比别人看得更清楚。

 a. 是 b. 好像是 c. 不知道 d. 好像不是 e. 不是

3. 每次离开家到一个新的地方,我总爱闹点毛病,如失眠、拉肚子、皮肤过敏等。

 a. 完全对 b. 有些对 c. 不知道 d. 不太对 e. 不对

4. 我在正式运动会上取得的成绩常比体育课或平时练习的成绩好些。

 a. 是 b. 似乎是 c. 不确定 d. 似乎不是 e. 正相反

5. 我每次明明已把课文背得滚瓜烂熟了,可是在课堂上的时候却总要出点差错。

 a. 经常如此 b. 有时如此 c. 吃不准 d. 很少这样

 e. 没有这样的情况

6. 开会轮到我发言时,我似乎比别人更镇定,发言也显得很自然。

 a. 对 b. 有些对 c. 不知道 d. 不太对 e. 正相反

7. 在冬天我比别人更怕冷,夏天比别人更怕热。

 a. 是 b. 好像是 c. 不知道 d. 好像不是 e. 不是

8. 在嘈杂、混乱的环境里,我仍能集中精力学习、工作,效率并不大幅度降低。

 a. 对 b. 略对 c. 不确定 d. 有些不对 e. 完全不对

9. 每次检查身体,医生都说我"心跳过速",其实我平时脉搏很正常。
   a. 是　　　　b. 有时是　　c. 是与否之间　d. 很少是　　　e. 不是

10. 如果需要的话,我可熬一个通宵,第二天仍然精力充沛地学习或工作。
    a. 完全同意　b. 有些同意　c. 无所谓　　　d. 略不同意　　e. 不同意

11. 当父母或兄弟姐妹的朋友来我家做客的时候,我尽量回避他们。
    a. 是　　　　b. 有时是　　c. 是与否之间　d. 很少是　　　e. 不是

12. 出门在外,虽然吃饭、睡觉、环境等变化很大,可是我很快就能习惯。
    a. 是　　　　b. 有时是　　c. 是与否之间　d. 很少是　　　e. 不是

13. 参加各种比赛时,赛场上气氛越热烈,观众越加油,我的成绩反而越上不去。
    a. 是　　　　b. 有时是　　c. 是与否之间　d. 很少是　　　e. 不是

14. 上课回答问题或开会发言时,我能镇定自若地把事先想好的一切完整地说出来。
    a. 对　　　　b. 略对　　　c. 对与不对之间 d. 略不对　　　e. 不对

15. 我觉得一个人做事比大家一起干效率高些,所以我愿意一个人做事。
    a. 是　　　　b. 好像是　　c. 是与否之间　d. 好像不是　　e. 不是

16. 为求得和睦相处,我有时放弃自己的意见,附和大家。
    a. 是　　　　b. 有时是　　c. 是与否之间　d. 很少是　　　e. 不是

17. 在众人和生人面前,我感到窘迫。
    a. 是　　　　b. 有时是　　c. 是与否之间　d. 很少是　　　e. 不是

18. 无论情况多么紧迫,我都能注意到该注意的细节,不会丢三落四。
    a. 对　　　　b. 略对　　　c. 对与不对之间 d. 略不对　　　e. 不对

19. 和别人争吵起来时,我常常哑口无言,事后才想起该怎样反驳对方,可是已经晚了。
    a. 是　　　　b. 有时是　　c. 是与否之间　d. 很少是　　　e. 不是

20. 我每次参加正式考试或考核,成绩都比平时更好些。
    a. 是　　　　b. 有时是　　c. 是与否之间　d. 很少是　　　e. 不是

测试结果评定

凡单号的题目,从 a—e 的回答依次计分为 1、2、3、4、5 分;凡双号的题目,从 a—e 的回答依次计分为 5、4、3、2、1 分。然后加起来获得总分。

测试结果说明

81~100 分:心理适应性很强,情绪稳定。

61~80 分:心理适应性较强,情绪较稳定。

41~60 分:心理适应性一般,情绪波动较大。

21~40 分:心理适应性较差,情绪波动大。

0~20 分:心理适应性很差,情绪极不稳定。

测试3:你属于哪种情绪类型?

15道选择题。每题有3个备选答案,请你在理解题意后,尽可能快地选择最符合或最接近你实际情况的那个答案。请注意,这是要求你填写自己的真实想法和做法,而不是问你哪个答案最正确,备选答案没有好坏之分,不要猜测哪个答案是正确的或是最好的,以免使测试结果失真。

1. 当你烦躁不安时,你知道是什么事情引起的吗?
   a. 很少知道　　　　b. 基本知道　　　　c. 有时知道
2. 当有人突然出现在你身后,你的反应是:
   a. 感受到强烈的惊吓　b. 很少感受到惊吓　c. 有时感受到惊吓
3. 当你完成一项工作或学习任务时,你感到轻松愉快吗?
   a. 没什么特别的感觉　b. 经常有这种体验　c. 有时有这种体验
4. 当你与他人发生口角或关系紧张时,你是否体验到自己的不快?
   a. 能够　　　　　　b. 不能够　　　　　c. 说不清楚
5. 当你专心致志从事某项活动时,你知道这是你的兴趣所致吗?
   a. 知道　　　　　　b. 不知道　　　　　c. 很少知道
6. 在你的生活中,你遇到过令你非常讨厌的人吗?
   a. 遇到过　　　　　b. 没遇到过　　　　c. 说不清楚
7. 当你和家人或亲朋好友在一起的时候,你感到幸福和快乐吗?
   a. 感觉不到　　　　b. 说不清楚　　　　c. 是的
8. 如果别人有意为难你,你感觉如何?
   a. 没什么感觉　　　b. 觉得不舒服　　　c. 感到气愤
9. 假如你排队买东西等了很长时间,有人插到你前面,你感觉如何?
   a. 感到很愤怒　　　b. 觉得不舒服　　　c. 没什么感觉

10. 假如有人用刀子威胁你把所有的钱交出来,你会感到害怕吗?

a. 不害怕　　　　　b. 害怕　　　　　　c. 也许害怕

11. 当别人赞扬你的时候,你会感到愉快吗?

a. 说不清楚　　　　b. 愉快　　　　　　c. 不愉快

12. 你遇到过特别令你佩服和尊敬的人吗?

a. 遇到过　　　　　b. 说不清楚　　　　c. 没有遇到过

13. 假如你错怪了他人,事后你感到内疚吗?

a. 不知道　　　　　b. 内疚　　　　　　c. 不内疚

14. 假如你认识的一个人低级庸俗,但却好为人师,你是否会瞧不起他?

a. 不知道　　　　　b. 是的　　　　　　c. 不会

15. 假如你不得不与你深爱的朋友分手,你会感到痛苦吗?

a. 说不清楚　　　　b. 肯定会　　　　　c. 不会

测试结果评定

请根据你自己的选择,填写下面的记分表,然后算出自己的得分。

序号	评分标准			记分情况	
	a	b	c	你的选择	分数
1	1	3	2		
2	3	1	2		
3	1	3	2		
4	3	1	2		
5	3	1	2		
6	3	2	1		
7	3	2	1		
8	3	1	2		
9	3	1	2		
10	1	3	2		
11	2	3	1		
12	3	2	1		
13	2	3	1		
14	2	3	1		
15	2	3	1		
总分					

测试结果说明

根据分数的高低,可以将识别情绪的能力分为三种水平。

敏感型(36~45分)

能够准确、细微地识别自己的情绪,并能认识到情绪发生的原因。这种能力如运用得当,就能够培养积极的人生观,有利于发展完善的人格。运用不当则可能出现下面几种情况:悲观绝望型,虽然清晰识别自我情绪状态,但采取不抵抗主义,被动接受各种消极情绪,典型的发展为抑郁症。乐天知命型,整天乐呵呵,对各种情绪采取轻描淡写的态度。沉溺型,被卷入自己情绪的狂潮中无法自拔。

适中型(26~35分)

能够识别自己的情绪冲动,能够区分各种基本情绪,但不能区分一些性质相似的情绪,如不能区分愤怒、悲哀、嫉妒等不同的情绪,只是体验为难受。导致情绪区分模糊的原因主要为三个:一是体验情绪的强度不够,二是不能准确识别引发情绪产生的原因,三是掌握情绪的词汇数量太少。

麻木型(15~25分)

这一水平的人很少感受到情绪冲动,对喜怒哀乐等基本情绪缺乏明确的区分。这种类型的人通常表现为冷漠无情,不能与他人进行正常的情感交流,是一种病态症状。如果是这一类型,建议去找心理医生咨询。

测试4:你是个乐观的人吗?

指导语:你是个乐观的人,还是个经常愁眉苦脸的人,就让这个心理测验给你一点启示。请你圈出最能形容你特点的答案。

1. 每天醒来:

a. 我都感到刺激,雀跃地开始新的一天

b. 咒骂讨厌的闹钟,害怕面对烦恼的一天

c. 需要一段时间挣扎才能起床,虽然仍感到疲倦,但明白必须面对新的一天

2. 当我与朋友一起时:

a. 经常担心,究竟他们是否像我喜欢他们一样喜欢我

b. 感到嫉妒他们

c. 经常情绪高涨,没有什么需要顾虑的

3. 我感到我的父母:

a. 非常尊重我,感到他们爱我特别深

b. 未能给予我需要的关心

c. 还行,虽然他们有时对我过分紧张

4. 联想到学校:

a. 我会感到身体不适,总渴望能逃避上课

b. 我深知这对我的前途非常重要,所以我对繁重的功课并不介意

c. 我一点也不介意,反之,我非常热爱

5. 通常我的健康是:

a. 当有流行疾病发生时,我都会是下一位受害者

b. 我偶尔会病倒,但通常都在我身体较弱时

c. 我的父母标榜我是"超人",我不会病倒的

6. 假如有人尝试鼓动我去做一些我不喜欢做的事:

a. 我知道我会与他对立的

b. 我会逆来顺受,避免与人冲突

c. 我并不清楚我会怎样做

7. 照镜子时:

a. 我会看到自己的优点,但必须在很多缺点出现之后

b. 我想:"为什么我总不及其他人?"

c. 我从不自怨自艾,我喜欢我的一切

8. 我的生活是:

a. 非常繁忙,因此我绝少有悠闲的一刻

b. 我一直渴望追求的生活是能有大量时间享受我喜爱的事物

c. 每天都是一模一样,没有什么特别

9. 情绪低落时:

a. 我并不忧心,我相信这很快便能度过

b. 我感到无法平息,令我更加低落

c. 我并不刻意担心,但有时我仍感到悲哀

10. 与他人相比较时,我会说:

a. 我完全比不上他

b. 我跟任何人一样

c. 我深信我是与别人不同的,我是比别人突出的

11. 当我估量我的特别能力及技能时:

a. 我感到我能胜任比现在更多的工作

b. 我没想到我有什么特长

c. 我感到自负和幸运

测试结果评定

请依据以下计分法,统计你的得分:

题号	评分标准			记分情况	
	a	b	c	你的选择	分数
1	2	0	1		
2	1	0	2		
3	2	0	1		
4	0	1	2		
5	0	1	2		
6	2	0	1		
7	1	0	2		
8	1	2	0		
9	2	0	1		
10	0	1	2		
11	1	0	2		
总分					

测试结果说明

19~22分:恭喜你,你是个乐观人!

幸运的你,快乐就像是你的生活嗜好一样。真情流露,你灿烂的情绪,促使别人乐意接近你,你是个很好的伙伴。

10~18分:你是个有着乐观倾向的人!

你虽经常保持乐观的外表,有时候你仍感到生活的小小失意,偶尔也会感到忧愁。花些时间去接近令你喜悦的人和事,尝试调整心情,重拾开心乐观的心情。

0~9 分：什么原因令你把快乐紧紧收藏？

你经常挂着冰冷的面孔，这并不表示你的笑容不灿烂，或许你忽略了部分要素——一个令你推心置腹的知己，一种叫你投入的爱好，或是一份成就感。给自己多一点私人的时间，去填补这份内心的空隙，为灰沉沉的日子添上色彩！如果前面是黑夜，请不要放弃追逐阳光。

2. 表达自己的情绪

测试 1：你善于表达自己的内心感受吗？

请你仔细阅读每一题，从 3 个选择项中找出一个你认为是正确的选项。

1. 当你单独与权威人物在一起的时候，你的表情是：
   a. 很自然   b. 不自然   c. 表面自然，但心里还是有些紧张
2. 当你与朋友在一起聚会，你的言谈举止能够引起他们的共鸣吗？
   a. 很少能够   b. 常常能够   c. 有时能够
3. 如果你有事要外出，正巧有朋友来找你聊天，你的表现是：
   a. 非常焦急的样子，使朋友很难为情
   b. 朋友明白你有事，双方较为自然地结束谈话
   c. 朋友不知道你有事，继续交谈
4. 你言不由衷地赞美朋友的男/女友时，能使他们相信吗？
   a. 能够   b. 不能够   c. 有时能够
5. 你委托某人给你办件事，但他没有尽力给你办。你能够使他知道你有些不满而又不伤和气吗？
   a. 经常能够   b. 一般能   c. 有时能够
6. 如果你本不想留亲戚或熟人在你家吃饭，但碍于情面必须留他，你能使自己真实的想法被对方识别吗？
   a. 有时能够   b. 不能够   c. 能够
7. 你经常与你的朋友、领导、家人、同事进行较深入的交谈吗？
   a. 很少   b. 能够   c. 有时能够
8. 当你与朋友开玩笑时，他们的反应是：
   a. 一般都能接受   b. 经常引起他人的不快
   c. 有时引起他人不快

9. 当你因获得成功而非常激动的时候,别人能观察到你的情绪吗?

　　a. 不能　　　　　　b. 能够　　　　　　c. 有时能够

10. 在外旅游时,同伴知道你对某些事物特别感兴趣吗?

　　a. 知道　　　　　　b. 不知道　　　　　c. 有时知道

11. 如果你看到路上出现惨不忍睹的车祸,事后你能用语言描述你的感受吗?

　　a. 描述不清楚　　　b. 基本不能描述　　c. 能够清楚描述

12. 如果自己做了错事,由于某些缘故而把责任推给他人,事后你能描述这种愧疚的心情吗?

　　a. 描述不清楚　　　b. 能够描述清楚　　c. 基本不能描述

13. 如果你乘车晚点几小时,事后你能描述当时的焦虑心情吗?

　　a. 能够描述清楚　　b. 描述不清楚　　　c. 基本不能描述

14. 当你回想起自己遭受的挫折时,你能将当时的心情生动地描述出来吗?

　　a. 描述不清楚　　　b. 基本不能描述　　c. 能够描述清楚

15. 当你被不公平对待或被他人刁难时,你能描述当时愤怒的心情吗?

　　a. 基本不能描述　　b. 能够描述清楚　　c. 描述不清楚

测试结果评定

序号	评分标准			记分情况	
	a	b	c	你的选择	分数
1	3	1	2		
2	1	3	2		
3	2	3	1		
4	1	3	2		
5	2	3	1		
6	3	1	2		
7	1	3	2		
8	3	1	2		
9	1	3	2		
10	3	1	2		

续 表

序号	评分标准			记分情况	
	a	b	c	你的选择	分数
11	2	3	1		
12	2	1	3		
13	3	2	1		
14	2	1	3		
15	1	3	2		
总分					

测试结果说明

主动健谈型(36~45分)：善于描述和表达内心的感受和体验,能够绘声绘色地描述或夸张自身的情绪感受,这种类型的人情感表达方式有很强的情绪渲染力,常给人留下亲切的印象。但这种人也可能误用自己的情绪表达能力,经常作出虚假的情绪反应,会给人留下虚伪圆滑、华而不实的印象。这种情况被称为癔症型情绪障碍。

被动接受型(26~35分)：基本能够描述自己的情感体验,但很难用语言表达清楚,经常通过身体语言无意识地表现出来。这种类型的人不善于处理复杂的人际关系,朋友较少,但感情很深,一般对集体活动缺乏积极参与的意识。可能会给他人留下冷漠、孤僻、孤傲的感觉。

封闭型(15~25分)：对自身的内心感受比较模糊、迟钝,不能准确描述自己的情感体验,这种类型的人找不到合适的词语表达自己的情绪,也不能通过表情、姿势等身体语言准确表达自己的情绪。精神分析理论认为这种人具有情感冷漠症或情感表达障碍。在西方,这种人被称为电脑人,即缺乏情感,但智能正常。

测试2：你的表达能力是什么水平?

指导语：下面8道测试题是用来测试你的语言才能的,依照你的实际情况回答。

1. 如果你常和讲方言的人或特殊语调的人打交道,你是否发现,过不久你也开始学他说话了?

2. 你看一眼一个外语单词,能根据记忆把它写出来吗?

3. 你学过甲种外语,没有学过乙种外语,你能根据甲种外语的知识,认出一些乙种外语的单词吗?

4. 当你听到外语时,对那些莫名其妙的发音,你是感觉有意思呢,还是浑身起鸡皮疙瘩?

5. 你到了说外语的人堆里时怎么办? 是一言不发还是表达自己的思想感情,哪怕是用手势?

6. 你能很快说出形容词与副词的差别吗?

7. 你会唱外文的歌曲或背诵一首外语诗吗?

8. 当你略懂一点外语之后,你愿意看原版电影片,还是已经翻译过来的?

测试结果评定

第1题:如果"是"这样,你就可以得2分,因为这说明你的听觉记忆力强。

第2题:要是写对了,得1分,说明你视觉记忆力强。

第3题:要是能够的话,得1分。

第4题:如果你感觉有兴趣,得1分。

第5题:如果有主动精神,得2分。

第6题:说对了,得1分。

第7题:能这样做,得2分。

第8题:要是你喜欢看原文,得1分。

测试结果说明

7~11分:说明你很有语言才能。

3~6分:语言才能一般。

2分以下:语言能力较弱。

测试3:你能得体地表达自己的情绪吗?

指导语:下面有7个问题,每个问题都有4个答案可供选择,请根据你的情况选择一个。

1. 当你正在埋头赶一件急事时,有一位朋友来找你倾诉苦闷,你怎么办?

a. 放下手中工作耐心倾听　　　b. 显得很不耐烦

c. 似听非听,心里还在想自己的事　d. 向他解释,和他约别的时间交谈

2. 你的朋友想借你新买的碟片,但你尚未好好看过,你怎么办?

   a. 借给他,但满腹牢骚　　　　　b. 脸色很难看,使你的朋友不得不改口

   c. 假称说已经借给别人了　　　　d. 告诉他你想先看一看,以后再借给他

3. 在车上或船上,你无意踩了别人的脚,对方对你骂个不停,你怎么办?

   a. 充耳不闻,任其去骂　　　　　b. 同他对骂,甚至不惜大吵

   c. 推说因别人挤了我才踩了他的脚　d. 请他原谅,同时提醒他骂人是不对的

4. 在影剧院里,你的邻座旁若无人地讲话,你很讨厌,你怎么办?

   a. 很反感,但自己不吱声,希望别人提意见

   b. 大声指责他们"没教养"

   c. 叫服务员来干涉他们,或者自言自语地指责

   d. 很有礼貌地请对方别讲话

5. 星期天你忙了一整天家务,你的爱人回家后却指责你没有及时烧好晚饭,你怎么办?

   a. 心里很气,但仍勉强地去烧饭

   b. 大发雷霆,骂爱人一顿,要爱人自己去烧

   c. 气得当晚不吃饭

   d. 向爱人解释,然后和爱人一起做饭

6. 一天,你家里有急事,领导不了解情况,要你加班,你怎么办?

   a. 人去加班了,心里却在埋怨领导

   b. 拒绝加班,言语十分生硬

   c. 推说自己身体有病,不能加班

   d. 和领导商量,说明自己有急事,如不行的话就请朋友代班

7. 你辛苦了好几天,满以为工作得不错,不料领导很不满意,你怎么办?

   a. 不耐烦听领导的意见,满怀委屈却不作声

   b. 拂袖而去

   c. 把责任归于客观原因

   d. 注意自己不足的地方,以便今后改正

测试结果评定与说明

   在上述7个问题的4个回答中,如果你多选择a,情绪表达消极,凡事不作争论,但心中并不服气;如果你多选b,说明情绪表达不恰当,不善于待人接物,不容

易说服别人;如果你多选择 c,说明你虽有一定的处世能力,情绪表达尚可,能够在一定程度上影响他人和环境;如果多选择 d,说明情绪和感受都能够恰当表达,容易被人接受,交往能力强,既为人诚实,又讲求艺术。

3. 管理自己的情绪

测试 1:你能有效地化解压力吗?

在选择时,请根据自己的第一印象回答,不要作过多的思考。每道题目有 3 个选项,请在符合情况的答案前做记号。

1. 当收到来自电信局的一封沉甸甸的催款信时,你会:
   a. 试着自己来弄清事情的缘由   b. 装作没看见,随便谁拣去处理
   c. 找个理由推给办公室其他同事处理

2. 你急着赴约,中途却被拥挤的交通所阻,你会:
   a. 变得急躁不堪,同时想象等候者恼火的样子
   b. 设想等候者会体谅你是不得已而迟到
   c. 很着急,但想想无益,干脆不去想了

3. 一件很重要的东西不见了,这时你会:
   a. 急忙把那些可能的地方找一遍   b. 疯狂掀起地毯来搜索
   c. 不动声色地对最近一段时间的行为作一番仔细的回顾

4. 你向来用钢笔写字,现要你换圆珠笔书写,你会:
   a. 感到别扭   b. 有时有点不顺手
   c. 感觉上与用钢笔没什么差别

5. 你在大会上演说的姿态、表情、条理性及准确性与你在科室里讲话相比有差别吗?
   a. 基本上没什么差别   b. 说不准,看具体情况
   c. 显然要逊色多了

6. 改白班为夜班后,尽管你做了努力,但工作效率总不如那些和你同时改班制的人高,是吗?
   a. 对   b. 说不上
   c. 不是这样的

7. 你手头的任务已临近截止日期,你会:

a. 变得更有效率了　　　　　　b. 开始错误百出

c. 心中暗急,但仍勉强维持正常状况

8. 在与人激烈争吵一番后,你会:

a. 转回到工作上,但有时难免会出神

b. 唠叨个不停,工作量递减

c. 不受影响,继续专心工作

9. 你到外地出差或旅游,住进招待所或旅馆,睡在陌生的床铺上,你会:

a. 失眠得厉害,调一种睡眠姿势,换一个枕头也会引起新的失眠

b. 有时会失眠

c. 和在家感觉没什么差别

10. 参加一个全是陌生人的聚会,你会:

a. 先灌几杯酒让自己放松一下

b. 有时感到不自在,有时又能从这种状态中摆脱出来,与人相叙甚欢

c. 立即加入最活跃的一群,热烈谈话

11. 由于工作需要,你白天上班要改为夜班,你会:

a. 在相当长的一段时间内发生紊乱

b. 起初的两三天感到不习惯

c. 很快就习惯了

12. 有人劈头盖脸地给了你一顿指责,你会:

a. 头脑清醒,冷静而适度地予以回击

b. 一下子懵了,过后才去想当时该如何进行反击

c. 当时就还了几句,但不全说中要害

13. 你事先给一位朋友打电话预约登门拜访,他答应届时恭候,可当你如约前往,他却有急事出去了。这时,你会:

a. 有些不满,但既来之则安之　　b. 嘀咕不已

c. 充分利用这一空当,为自己下一步要做的事计划一番

14. 只有在安静的环境中你才能读书,外面喧哗嘈杂时你会分心吗?

a. 是的　　　　　　　　　　　b. 看热闹的程度而定

c. 不,只要不是跟我吵,即使坐在集市货摊之间也照读不误

15. 同学们总说小王脾气执拗,难以相处,你:

a. 倒觉得小王蛮好接近的,大家恐怕太不了解他
b. 说不上对他有什么感觉
c. 也有同感

测试结果评定

题号	评分标准			记分情况	
	a	b	c	你的选择	分数
1	0	3	5		
2	5	0	3		
3	3	5	0		
4	5	3	0		
5	0	3	5		
6	5	3	0		
7	0	5	3		
8	3	5	0		
9	5	3	0		
10	5	3	0		
11	5	3	0		
12	0	5	3		
13	3	5	0		
14	5	3	0		
15	0	3	5		
总分					

测试结果说明

心理调适能力较强(15~29分):能将生活中的各种压力化于无形,时常保持心情愉快,这种精神品质有利于心理平衡与健康,是个生命力强的人。

心理调适能力中等(30~57分):事物的变化及刺激不会使你失魂落魄,一般情形都能作出相应的适度反应。可是如果事件比较重大,变得突兀,适应期就要拖长,最好预先准备,锻炼快速适应能力。

心理调适力差(58~75分):固执己见,难以变通。不过,只要意识到了,还

是有希望改善状况的。首先要从思想上对那些总是看不惯的东西冷静剖析一番,它们真的十分难以忍受吗?其次,要在心理上具备灵活转移、顺应时变的快速反应能力,不要拘泥于固定模式。

测试2:你能主动调整自己的情绪吗?
你想知道你调节自己情绪的能力吗?请如实回答下面的问题,就可以得到一个明确的结论。

1. 如果你因为在家里不顺心而带着不愉快的情绪去上班或上学,你会:
a. 继续不愉快,并显露出来
b. 把烦恼丢在一边,投入工作或学习
c. 继续不快,但很少表露

2. 在电影、电视里看到伤心和悲惨的场面时,你会:
a. 经常哭或觉得要哭   b. 有时哭或觉得要哭
c. 从不哭

3. 你正要去上班时,一个朋友打来电话,向你述说烦恼,你将:
a. 耐心听,宁可迟到
b. 在电话中禁不住埋怨:你知道我必须去上班呀
c. 向他解释上班要迟到了,不过答应中午打电话给他

4. 当你与别人发生冲突时,你会:
a. 非常生气,久久不能平静
b. 很快冷静下来,认为应该谅解他人
c. 主动退让,认为多一事不如少一事

5. 你辛苦干了一天,自己很满意,不料领导却来指责你,你会:
a. 不耐烦地听他埋怨,心中满是委屈,但不作声
b. 拂袖而去,认为自己不该受委屈
c. 耐心听,并在以后找适当机会解释

6. 你在单位食堂吃饭,饭菜的味道不合口味,你会:
a. 向同桌的人发牢骚,指责食堂工作人员的工作
b. 默默吃下去,然后把碗筷搞得乱七八糟
c. 平静地告诉服务员,希望他们改进工作

7. 在影剧院里,你邻座的人吸烟,而你讨厌烟味,你会:

a. 很反感,希望其他人向这个人提意见

b. 大叫吸烟是令人讨厌的习惯,并声言要叫服务员来干涉

c. 问此人是否知道影剧院里不准吸烟,并指给他看"严禁吸烟"的牌子

8. 一位售货员向你热情介绍商品,但你都不满意,你会:

a. 买一件你并不想买的东西   b. 说一声谢谢,然后离去

c. 直率地说这些产品不好

9. 当你敬爱的人去世时,你很悲伤,你会:

a. 长时间想念他,难以自拔,以至于影响工作学习

b. 虽然想念他,但一段时间后能恢复平静

c. 能很快从悲伤中解脱出来,投入正常的工作

10. 当你考试或工作失败时,你会:

a. 灰心丧气,长时间打不起精神来

b. 冷静地从失败中吸取教训,争取今后提高

c. 认为失败是常有的事情,不必认真对待

11. 当你在一个漆黑的夜晚独自行走,你会:

a. 非常害怕,头脑一片空白

b. 有点害怕,设想如何应付突如其来的变化

c. 想象自己是一个英雄,一点也不害怕

12. 一位同事与你差不多,或甚至不如你,但却得到领导的赏识,你会:

a. 感到不公平,找别人评理

b. 加倍努力,争取更多的机会

c. 认为这件事不公平,但很少表露

13. 当你做出一件能够引以自豪的事情时,你会:

a. 总想找机会向别人一吐为快

b. 尽管很激动,但不向别人透露

c. 只告诉家人和知心朋友

14. 每当遇到你很讨厌的人时,你会:

a. 面带笑容与他打招呼   b. 尽量回避与他打招呼

c. 打招呼,但言语和面部表情很难协调起来

15. 当你在工作或学习中取得成绩时,你会:

a. 心情舒畅,认为自己的努力没有白费

b. 心情非常激动,并显著表现出来

c. 尽管内心非常激动,但不表露

测试结果评定

序号	评分标准			记分情况	
	a	b	c	你的选择	分数
1	1	3	2		
2	1	2	3		
3	2	1	3		
4	1	3	2		
5	2	1	3		
6	1	2	3		
7	2	1	3		
8	2	3	1		
9	1	2	3		
10	1	3	2		
11	1	3	2		
12	1	3	2		
13	1	2	3		
14	3	2	1		
15	3	1	2		
总分					

测试结果说明

主动调节型(36～45分):能够主动调节自己的情绪,经常保持一种稳定、快乐的心态。这种类型的人一般具有以下几个特点:①意志坚强,敢于坚持原则;②喜欢独立思考和工作,一旦确立目标,会义无反顾地往前冲;③具有承受意外打击的能力。由于能够调节自己的情绪,这种人很少与他人交流感情和思想,容易给人留下冷漠、不爱交际的印象,通常认为这是成熟人格的典型表现。随着年龄的增长,得分达到这一水平的人所占的比例逐渐增加。

放任型(26～35分)：这种类型的人的特点是：①对情绪不加约束,将它们坦率、自然地表现出来,情绪容易冲动,经常感情用事；②心直口快,喜欢与人交往,常给人留下直率、开朗、活泼的印象；③敢想、敢说、敢干,容易得罪人；④办事容易受情绪影响,经常忽冷忽热；⑤意志力不够坚强,注意对象容易转移。在人群中,大部分人都属于这种类型,在青年人中尤其如此。

压制型(15～25分)：过度调节自己情绪,压制自己的各种亢进情绪,如兴奋、激动、愤怒等,忍受各种低落情绪,如忧虑、悲伤、痛苦等。这种类型的人的特点是：①性格温和,不惹是生非；②人缘较好,易于与别人合作；③缺乏原则性,不愿意得罪人；④受到不公正对待时,容易退缩。

测试3：你的心理耐挫能力怎么样?

用下表测查你的情绪调节能力,以便有针对性地进行锻炼。下面10题,每题有三种应付方法,选一种与你情况相符的应付方法。

冲击力		应对方法	得分
1. 碰到令人担心之事时	A	无法着手工作	
	B	照干不误	
	C	两者之间	
2. 碰到讨厌的对手时	A	感情用事,无法应付	
	B	能控制感情,应付自如	
	C	两者之间	
3. 失败时	A	再不想干了	
	B	努力寻找成功的契机	
	C	两者之间	
4. 工作进展不快时	A	焦躁万分,无法思考	
	B	可以冷静地想办法	
	C	两者之间	
5. 工作中感到疲劳时	A	脑子不好使了	
	B	耐住疲劳,继续工作	
	C	两者之间	

续表

冲击力		应对方法	得分
6. 工作条件恶劣时	A	无法干好工作	
	B	克服困难,创造条件	
	C	两者之间	
7. 感到绝望时	A	不想再干工作	
	B	立即振奋精神	
	C	两者之间	
8. 碰到难题时	A	失去信心	
	B	能开动脑筋	
	C	两者之间	
9. 接到很难完成的任务时	A	顶了回去	
	B	千方百计干好它	
	C	两者之间	
10. 困难落到自己头上时	A	厌恶至极	
	B	欣然努力克服	
	C	两者之间	
总分			

测试结果评定

每题选 A 为 0 分,B 为 2 分,C 为 1 分。将各题的得分相加得到一个总分。

测试结果说明

17 分以上:心理耐挫力、情绪调节能力很强。

10~16 分:说明对某些特定冲击力的抵抗能力较弱。

9 分以下:说明耐冲击力弱。可以根据表中测试的结果做合理的、有针对性的积极暗示和训练。

4. 理解他人的情绪

测试 1:你认识他人情绪的能力如何?

您想了解自己认识他人情绪的能力吗?请如实回答下面 15 个问题,选择适当的选项。

1. 看到别人握手时,你能感觉到他们之间的亲疏关系吗?
   a. 不一定   b. 能   c. 不能

2. 在自由市场购物时,你能够根据商人的表情,判断他的要价合理吗?
   a. 能   b. 不能   c. 不一定

3. 当朋友含糊其辞地答复你的请求时,你能判断出他的真实态度吗?
   a. 能够   b. 不能够   c. 不一定

4. 当别人留你在他家吃饭时,你能够察觉出他是真心的还是礼节性的吗?
   a. 能够   b. 不能够   c. 不一定

5. 你能通过语气、语调、语速等判断他人的肯定、否定或忧郁的态度吗?
   a. 能够   b. 不能够   c. 不一定

6. 在你周围的熟人中,你能够清楚说出他们之间不同的亲疏关系吗?
   a. 不能   b. 不确定   c. 能

7. 你能对好友的脾气性格进行比较贴切的评价吗?
   a. 不一定   b. 能   c. 不能

8. 当你被别人表扬、赞赏时,你能察觉他的真实意图吗?
   a. 能   b. 不一定   c. 不能

9. 你能根据别人接电话时的表情、动作和语调等,判断他与通话人的关系吗?
   a. 能够   b. 不能   c. 不一定

10. 你能够列举几个善于掩饰表情和不善于掩饰表情的熟人吗?
    a. 不能   b. 不一定   c. 能

11. 你能准确觉察到家人的情绪变化吗?
    a. 不能   b. 不一定   c. 能

12. 你能从别人接受礼物的表情上看出他们是否喜欢这一礼物吗?
    a. 不能   b. 能   c. 不一定

13. 你能发现与你谈话的人的注意力是否集中吗?
    a. 能   b. 不一定   c. 不能

14. 你能够根据亲疏程度排出朋友的顺序吗?
    a. 不能   b. 能   c. 不一定

15. 在对某人是否应该获得"工作积极分子"称号进行表态时,你能判断哪些人真正赞成,哪些人顺大流,哪些人反对吗?

  a. 能   b. 不能   c. 不一定

测试结果评定

根据你的选择,填写下面的记分表,然后算出得分。

记分表

序号	评分标准			记分情况	
	a	b	c	你的选择	分数
1	1	3	2		
2	1	2	3		
3	2	1	3		
4	1	3	2		
5	2	1	3		
6	1	2	3		
7	2	1	3		
8	2	3	1		
9	1	2	3		
10	1	3	2		
11	1	3	2		
12	1	3	2		
13	1	2	3		
14	3	2	1		
15	3	1	2		
总分					

测试结果说明

敏感型(36~45分):能够准确认识他人的喜怒哀乐等不同的情感反应,能够破译他人内心深处所隐藏的情绪,能够听出他人言语中的弦外之音。这种类型的人善于处理各种复杂的人际关系,在事业、家庭等方面较容易掌握主动权。但这种类型的人也很容易走向另一个极端,自作聪明,对他人品头论足,如在不适当的场合和时机戳穿他人的掩饰,这样就适得其反了。

适中型(26～35 分):能够分辨他人的积极情感和消极情感,也能够认识到他人对某人亲疏关系以及对某事某物的兴趣和爱好,但是不善于细心观察、剖析他人的内心感受,缺乏对他人情感的微妙变化的关注。这种类型的人给人的印象是忠厚、老实、值得信赖,因此,容易被他人接纳。这就是糊涂自有糊涂的妙处,但是注意不要被别人伪装的情感愚弄和欺骗。

迟钝型(15～25 分):对别人的喜怒哀乐无动于衷,缺乏同情心,很少主动帮助别人,并具有攻击性倾向。这种类型的人是典型的情感自我中心主义者,他们不知道何时结束交谈或挂断电话,只听他一个人喋喋不休,任何时候的话题中心都是他自己,全然不顾及他人的兴趣。如果分数过低,可能具有情感障碍症,最好去看心理医生或采取其他治疗措施。

测试 2:你的观察能力怎么样?

指导语:做这些题目时用不着思考很久,最好立即回答。

1. 进入某个机关时,你会:
   a. 注意桌椅的摆放　　　　　　b. 注意用具的准确位置
   c. 观察墙上挂着什么

2. 与人相遇时,你:
   a. 只看他的脸　　　　　　　　b. 悄悄地从头到脚打量他一番
   c. 只注意他脸上的个别部位

3. 你从自己看过的风景中记住了:
   a. 色调　　　　　　　　　　　b. 天空
   c. 当时浮现在你心里的感受

4. 早晨醒来后,你:
   a. 马上就想起来应该做什么　　b. 想起梦见了什么
   c. 思考昨天都发生了什么事

5. 当你坐上公共汽车时,你:
   a. 谁也不看　　　　　　　　　b. 看看谁站在旁边
   c. 与离你最近的人搭话

6. 在大街上,你:

a. 观察来往的车辆　　　　　b. 观察房子的正面

c. 观察行人

7. 当你看橱窗时,你:

a. 只关心可能对自己有用的东西　b. 看看此时不需要的东西

c. 注意观察每样东西

8. 如果你在家里需要找什么东西,你:

a. 把注意力集中在这个东西可能放的地方

b. 到处寻找　　　　　　　c. 请别人帮忙找

9. 看到你的亲戚、朋友过去的照片,你:

a. 激动　　　　　　　　　b. 觉得可笑

c. 尽量了解照片上的人都是谁

10. 假如有人建议你去参加你不会的赌博,你:

a. 试图学会玩并且想赢　　b. 借口过一段时间再玩而给予拒绝

c. 直言你不玩

11. 你在公园里等一个人,你会:

a. 仔细观察你旁边的人　　b. 看报纸

c. 想某事

12. 在满天繁星的夜晚,你:

a. 努力观察星座　　　　　b. 只是一味地看天空

c. 什么也不看

13. 你放下正在读的书时,总是:

a. 用铅笔标出读到什么地方　b. 放个书签

c. 相信自己的记忆力

14. 你记住你邻居的:

a. 姓名　　　　　　　　　b. 外貌

c. 什么也没记住

15. 你在摆好的餐桌前:

a. 赞扬它的精美之处　　　b. 看看人们是否都到齐了

c. 看看所有的椅子是否都放在合适的位置上

测试结果评定

序号	评分标准			记分情况	
	a	b	c	你的选择	分数
1	3	10	5		
2	5	10	3		
3	10	5	3		
4	10	3	5		
5	3	5	10		
6	5	3	10		
7	3	5	10		
8	10	5	3		
9	5	3	10		
10	10	5	3		
11	10	5	3		
12	10	5	3		
13	10	5	3		
14	10	5	3		
15	3	10	5		
总分					

测试结果说明

100～150 分：对周围环境和他人很注意，是一个观察能力较强的人。这些要素使得你善于分析自己，也能够极其准确地评价别人。

75～99 分：有相当敏锐的观察能力。但是，对别人的评价有时带有偏见。

45～74 分：对别人隐藏在外貌、行为方式背后的东西不关心，尽管你在交往中不会产生多少严重的心理障碍。

44 分以下：你可能不大关心周围人的内心思想。你甚至连分析自己的时间都没有，更不会去分析别人。自我中心倾向严重，对周遭环境漠不关心，而这可能会发展为情绪情感障碍。

测试3：你是一个敏感的人吗？

请你仔细阅读每一题，从数个选择项中找出一个你认为是正确的选项。

1. 如果你们一群人到风景区去旅游，你对那里的自然景观的感受是：

a. 根据别人的情绪表现和评价产生愉快的体会

b. 根据自己的观赏而产生愉快的体验

c. 与平时相比基本没有特别愉快的感觉

2. 如果你去看一场球赛，在双方激烈的竞争过程中，你的反应是：

a. 没有多大反应，无论哪方胜败都与我没有关系

b. 心里很激动，甚至有跃跃欲试的冲动

c. 说不清楚，有时好像很激动

3. 你对当地的风俗和礼仪的了解与应酬如何？

a. 基本不了解，即使必须应酬也要询问他人怎么办

b. 非常了解，能够应酬得得心应手

c. 有些了解，但有时应酬之后还是觉得有些不足

4. 你知道目前的流行时尚吗？如衣食住行或热门话题：

a. 基本不知道　　　b. 知道不多　　　c. 基本知道

5. 假如你碰到一个朋友与一些你不熟悉的人在一块儿聚会，你怎么办？

a. 尽管他们让我留下来，我还是找借口离开

b. 留下来与他们在一起

c. 是否留下来，我往往拿不定主意

6. 假如你观看一次演出，主持者叫喊着鼓掌助兴，你通常怎么办？

a. 不自觉鼓掌　　　b. 有时跟随别人鼓掌

c. 根据自己的感受，决定是否鼓掌

7. 参加会议、聚会、做客等是我们每个人社交活动的重要部分，在选择座位的问题上，你常常是如何处理的？

a. 别人让我坐哪里我就坐哪里

b. 要看那是什么场合，然后选择适当的地方

c. 比较随便，想坐哪里就坐哪里

8. 当你进入朋友的新家参观时，你能够描述自己的感受吗？

a. 能够　　　　　　b. 不能够　　　　　c. 可能描述得很模糊

9. 你决定外出旅游的主要原因是什么?

a. 我想那里一定很美

b. 我想到那里一定会学到很多知识

c. 不清楚,可能是因为别人要去,我也跟着去

10. 假如你参加一个追悼会,你能看得出死者亲属、朋友的悲痛程度的差异吗?

 a. 基本能够   b. 不能   c. 知道得不多

11. 你遇到过几个人在一块非常兴奋和愉快的场面吗?

 a. 经常   b. 很少遇到过   c. 有时遇到过

12. 你遇到过因为你而形成较为别扭的场面吗?

 a. 经常遇到   b. 没有遇到过   c. 很少遇到过

13. 你知道你最喜欢哪种或哪几种颜色吗?

 a. 基本知道   b. 基本不知道   c. 似乎知道,但说不清楚

14. 当你在街上碰到商场大减价时,你会受吸引而去购物吗?

 a. 很少如此   b. 有时如此   c. 经常如此

15. 你能把你所在群体里领导与领导、领导与群众、群众与群众等人际关系的亲疏程度大致列举出来吗?

 a. 基本能够   b. 基本不能   c. 只能列举一部分

测试结果评定

序号	评分标准			记分情况	
	a	b	c	你的选择	分数
1	2	3	1		
2	2	1	3		
3	1	3	2		
4	1	2	3		
5	3	1	2		
6	1	2	3		
7	2	3	1		
8	3	1	2		
9	3	2	1		

续 表

序号	评分标准			记分情况	
	a	b	c	你的选择	分数
10	3	1	2		
11	3	1	2		
12	3	1	2		
13	1	3	2		
14	3	2	1		
15	3	1	2		
总分					

测试结果说明

敏感型(36~45分)：善于欣赏大自然的美景，也能从音乐、绘画、舞蹈等艺术中获得美的感受；对风俗人情和大众礼节很敏感；能准确认识人群中正常的或异常的气氛，如体育比赛中的起哄气氛，团体成员间的互助、互爱、开诚布公或勾心斗角、尔虞我诈、拉帮结伙等。

中间型(26~35分)：具有一定的认识环境情绪的能力，与敏感型的人相比，对环境情绪的认识较为模糊，认识得较为肤浅和片面，很难把握环境情绪的变化，尤其是在复杂的社会和人际环境情绪的变化中，可能很容易被某种表面现象所迷惑，易于被别人鼓动。

迟钝型(15~25分)：认识环境情绪的能力较差，很难对环境情绪产生共鸣。知识面狭窄，自我封闭。很难辨识人际间的尔虞我诈，在社会交往中比较被动，容易被别人控制和操纵。

5. 控制他人的情绪及环境

测试1：你能主动调节他人的情绪吗？

请你仔细阅读每一题，从数个选择项中找出一个你认为符合自己的选项。

1. 你与单位的同事或朋友发生冲突后，结果可能是：

   a. 彼此有些意见，但表面上不流露

   b. 一般情况下，都能化干戈为玉帛

c. 他不主动找我解释,我也不会主动找他

2. 当朋友向你诉说他要报复某人时,你的劝解对他起作用吗?

a. 很少起作用　　　　　b. 有时起作用　　　　　c. 起作用

3. 假如你的亲属之间或朋友之间闹些小矛盾,你能把他们的矛盾化解开吗?

a. 基本能够　　　　　b. 我不喜欢自找麻烦　　　　　c. 很难说

4. 你批评别人时,他心服口服吗?

a. 不能够　　　　　b. 一般能够　　　　　c. 有时能够

5. 如果有人托你办一件事,而你因为某种原因不愿意办,你的解释和委婉拒绝能够使对方理解吗?

a. 有时能够理解　　　　　b. 对方表面上表示理解,但内心很有意见

c. 基本能够理解

6. 请你评价一下你在同辈朋友中的地位如何?

a. 常处于支配地位　　　　　b. 常处于被支配地位　　　　　c. 介于两者之间

7. 假如你的亲朋好友遇到不顺心的事,情绪非常低落,而你的一次劝说没有使他的精神振作起来,怎么办?

a. 认为自己已经尽力了　　　　　b. 一次不行再来一次

c. 很想再去劝,但又担心没有能力说服他

8. 你经常赞美别人吗?

a. 经常赞美　　　　　b. 有时赞美　　　　　c. 很少赞美

9. 你经常当面指出别人的缺点和错误吗?

a. 有时这样　　　　　b. 很少这样　　　　　c. 经常这样

10. 你感到孤独吗?

a. 很少有这种感觉　　　　　b. 经常有这种感觉　　　　　c. 有时有这种感觉

11. 如果别人指出你的某些缺点和错误时,你时常如何反应?

a. 基本能够诚心接受　　　　　b. 表面上能够接受,但内心还是不舒服

c. 当时基本不能够接受

12. 在讨论到哪去郊游时,你提出一个建议,但一部分人与你的意见不一致,你能够说服大家支持你的建议吗?

a. 可能性不大　　　　　b. 可能性很大　　　　　c. 很难说

13. 一个同事生病了,你会

a. 打个电话问候或捎个口信

b. 利用业余时间看望他或照顾他,希望他早日康复

c. 有点埋怨,因为你要做更多的工作

14. 由于有些事情需要与别人合作才能更好地完成,你能使别人认为那些事情对他也很重要吗?

a. 不能　　　　　　b. 能　　　　　　c. 有时能

15. 你知道你周围的人和发生的事吗?

a. 知道很多　　　　b. 不知道　　　　c. 知道得不多

测试结果评定

记分表

序号	评分标准			记分情况	
	a	b	c	你的选择	分数
1	2	3	1		
2	1	2	3		
3	3	1	2		
4	1	3	2		
5	2	1	3		
6	3	1	2		
7	1	3	2		
8	3	1	2		
9	2	3	1		
10	3	1	2		
11	3	2	1		
12	1	3	2		
13	2	3	1		
14	1	3	2		
15	3	1	2		
总分					

测试结果说明

主动调节型(36~45分)：能够主动调节他人的情绪,减轻他人心里的烦恼、精神上的痛苦,消除他人的敌对情绪,握手言欢。这种人不但能够辨识和破译他人的感受和情感,并能大致知晓他人情绪产生的根源,而且能收放自如地调控自己的情绪与行为去感染对方的感受与情绪。通常这种人具有较高的鼓动能力、管理能力、公关能力、劝解能力等,但也要时时提醒自己,不要给他人留下权利欲、支配欲过强,好为人师的不良印象。

被动调节型(26~35分)：具有调控他人情绪和情感的较基本的能力。能够感知和破译他人外显的或内隐的情感体验,具有一定的消除别人疑虑、平息别人怒火、解决争端、化解矛盾、劝人为善的能力。有时,也能巧妙地使别人按照自己的意愿行事。懂得如何将自己的情绪适时适地地投射到他人身上。若把这种类型的人与主动调节型的人比较,不同之处是他缺乏主动和耐心,不愿在复杂的人际互动中投入大量精力。

回避型(15~25分)：与别人相处时,属于逆来顺受型。内在情感体验丰富,也能清楚知道他人的情感变化及产生的原因。但害怕得罪人,对自己的调控能力缺乏信心,唯恐弄巧成拙。由于对他人情感进行调控的经验不足,有时偶尔为之,可能失败多于成功。这样久而久之,形成性格上的缺陷,给他人留下较为软弱的印象。

测试2：你能主动调节环境氛围吗？

请你仔细阅读每一题,从数个选择项中找出一个你认为符合自己的选项。

1. 你能把你的居室布置得赏心悦目、别具一格吗？

   a. 不能　　　　　　b. 不确定　　　　　　c. 能

2. 你在同学或同事中的威信如何？

   a. 很高　　　　　　b. 不高　　　　　　　c. 一般

3. 在你演讲的过程中,会不会出现很多尴尬的场面？

   a. 基本不会　　　　b. 肯定会　　　　　　c. 很难预测

4. 如果让你接待外地来的几个客人,你能让客人感到满意吗？

   a. 能够　　　　　　b. 很难说　　　　　　c. 不能

5. 如果请你设计一个招待会的会场,你认为自己能出色完成任务吗？

  a. 能够   b. 很难说   c. 不能

6. 如果让你策划一个晚会,你能办得非常精彩吗?

  a. 能够   b. 没有把握   c. 不能

7. 假如你的两个朋友发生冲突,你的劝解双方能接受吗?

  a. 不能   b. 一般能够   c. 没有把握

8. 如果让你组织一次募捐活动,你能说服别人倾囊相助吗?

  a. 基本能   b. 基本不能   c. 很难说

9. 你的朋友很多吗?

  a. 不多   b. 很多   c. 介于两者之间

10. 你喜欢与别人合作完成一项工作吗?

  a. 喜欢   b. 不喜欢   c. 介于两者之间

11. 如果让你安排一次活动,别人都很乐意听你的调遣吗?

  a. 基本不能   b. 基本能   c. 介于两者之间

12. 你能使群体成员积极奋进吗?

  a. 能够   b. 不能   c. 没有把握

13. 假如让你参加一次广告设计比赛,你估计你能拿到名次吗?

  a. 拿得到   b. 拿不到   c. 没有把握

14. 你出差回来后,朋友喜欢听你说所见所闻吗?

  a. 很少人愿意听   b. 很多人愿意听   c. 说不清楚

15. 你所在群体要参加歌咏比赛或体育竞赛,如果让你在比赛前进行宣传、动员,你估计你的能力在群体成员中的位置如何?

  a. 前几名   b. 后几名   c. 中间

测试结果评定

记分表

序号	评分标准			记分情况	
	a	b	c	你的选择	分数
1	1	2	3		
2	3	1	2		
3	3	1	2		

续 表

序号	评分标准			记分情况	
	a	b	c	你的选择	分数
4	3	2	1		
5	1	3	2		
6	3	2	1		
7	1	3	2		
8	3	1	2		
9	1	3	2		
10	1	2	3		
11	1	3	2		
12	3	1	2		
13	3	1	2		
14	1	3	2		
15	3	1	2		
总分					

测试结果说明

主动调节型(36～45分)：善于通过改变规划设计和美化周围的环境，创造出多姿多态的情景交融意境。语言犀利，感染力强，能够监控和调节观众的情绪变化。好胜心强，有时可能把自己的想法强加于他人，使他人感到威胁，喜欢出风头表现自己。

被动调节型(26～35分)：具有一定的创设场景的潜能，在处理和调控人际环境情感方面，能够较为清楚地知道周围人们之间的情感变化，也知道所在群体的士气、凝聚力，群体成员之间的合作与竞争等情感氛围的动态变化，但在处理这些问题时被动多于主动，不愿与别人一争高低。

回避型(15～25分)：缺乏规划和改造场景环境的能力，自己生活的小天地可能显得有些凌乱，在群体情绪方面属于被支配型，缺乏组织社会活动的能力和领导能力。逆来顺受、与世无争、老实可信。有时可能很极端，显得孤独、自卑、自我封闭、脾气古怪、固执。重要的是能充分认识到自己的不足，常反省，注意总结经验和教训,调控环境情感的能力是能够快速提高的。

结语

萨洛维和梅耶1997年对情绪智力修订后的定义包括4个方面:情绪的认知、评估和表达能力;思维过程中的情绪促进能力;理解与分析情绪、获得情绪知识的能力;对情绪进行成熟调节的能力。

以此为理论依据,编者从情绪的觉知、体验、评价、表现、调控等诸多方面搜集了一系列与情绪智力相关的测验。其中的任何一个单一测验只能为理解和测量个人情绪智力的某一侧面提供参考,如果把各个相关元素组合起来考评,再进行进一步的比较、分析,就可以从多方面、多层次把握性格、人际交往及情绪智力特点。如进一步从正确的情绪反应、理解他人的感受、人际关系处理、自我意识与自我激励等方面开展有的放矢的训练,并在社会生活中积极实践,那么成长为一个情绪健康稳定、积极乐观、受人欢迎的人就是可能的。

参考文献

第一篇

郭德俊,赵丽琴.情绪智力探析[J].首都师范大学学报(社会科学版),1998(01):123—127.

郭庆科,柳爱民.当前情绪智力的模型及其问题[J].辽宁师范大学学报,2004(04):48—51.

刘海燕,郭德俊.近十年来情绪研究的回顾与展望[J].心理科学,2004(03):684—686.

卢家楣.对情绪智力概念的探讨[J].心理科学,2005(05):1246—1249.

彭正敏,林绚晖,张继明,车宏生.情绪智力的能力模型[J].心理科学进展,2004(06):817—823.

王晓钧.情绪智力:理论及问题[J].华东师范大学学报(教育科学版),2002(02):59—65.

王晓钧,刘薇.梅耶—沙洛维—库索情绪智力测验(MSCEIT V2.0)的信度、结构效度及应用评价研究[J].心理学探新,2008(02):91—95.

谢宝珍,金盛华.实践智力、社会智力、情绪智力的概念及其教育价值[J].心理学探新,2001(02):21—25.

徐小燕,张进辅.情绪智力理论的发展综述[J].西南师范大学学报(人文社会科学版),2002(06):77—82.

许远理.情绪智力与社会智力关系的探讨[J].首都师范大学学报(社会科学版),2004(02):111—115.

张俊,卢家楣.情绪智力结构的实证研究[J].心理科学,2008(05):1063—1068.

第二篇

陈国鹏.做个高情商的人[M].北京:中国发展出版社,2006.

陈亮.幼儿情绪智力的培养[J].考试周刊,2011(35):234—235.

陈瑞莉.论学生情绪智力的培养[J].江苏经贸职业技术学院学报,2009(06):46—49.

仇艳玲.家庭对儿童情绪智力的影响及其培养对策.科教文汇(下旬刊),2008(10):37.

丹尼尔·戈尔曼.情商2:影响你一生的社交商[M].魏平,等,译.北京:中信出版社,2010.

丹尼尔·戈尔曼.情商3:影响你一生的工作情商[M].葛文婷,译.北京:中信出版社,2013.

丹尼尔·戈尔曼.情商4:决定你人生高度的领导情商[M].任彦贺,等,译.北京:中信出版社,2014.

丹尼尔·戈尔曼等.情商:为什么情商比智商更重要[M].北京:中信出版社,2010.

杜好强.幼儿情绪智力培养的方法和途径[J].教育导刊(幼儿教育),2008(12):28—30.

冯晓杭,张向葵.自我意识情绪:人类高级情绪[J].心理科学进展,2007(06):878—884.

郝宗英,吴锡改.青少年情商素质与主观幸福感的关系研究[J].教书育人,2011(04):51—53.

洪娜.空乘人员情绪表达规则知觉、人格、职业认同与情绪耗竭的关系研究[D].首都师范大学硕士论文,北京,2007.

侯丽英.论青少年情绪智力的发展与提升[J].快乐阅读,2012(02):8—10.

匡玲.培养高中生社会责任感的实践与思考[D].广西师范大学硕士论文,桂林,2007.

兰燕.合理控制欲望,培养儿童自我延迟满足能力[J].时代教育,2014(24):103—104.

黎宇东.论马斯洛自我实现理论及其管理学意义[D].华中师范大学硕士论文,武汉,2011.

林崇德.发展心理学[M].杭州:浙江教育出版社,2002.

刘明蕾.中小学教师情绪表达规则知觉及其相关因素的研究[D].广州大学硕士论文,广州,2012.

马可一.工作情景中的压力管理[J].外国经济与管理,2001(10):26—28.

玛希雅·休斯,詹姆斯·布拉德福德·特勒尔.情商培养与训练:65种活动提高你的情商(第2版)[M].赵雪,赵嘉星,等.北京:电子工业出版社,2012.

宁雅童.森田神经质性格、自尊在完美主义与社交焦虑间的中介作用[D].第四军医大学硕士论文,西安,2013.

隋莉晖.浅谈幼儿情绪智力的培养[J].山东教育学院学报,2004(06):6—7.

孙炳海,苗德露,李伟健,张海形,徐静逸.大学生的观点采择与助人行为:群体关系与共情反应的不同作用[J].心理发展与教育,2011(05):491—497.

汤冬玲,董妍,俞国良,文书锋.情绪调节自我效能感:一个新的研究主题[J].心理科学进展,2010(04):598—604.

王才康,何智雯.父母养育方式和中学生自我效能感、情绪智力的关系研究[J].中国心理卫生杂志,2002(11):781—782.

约翰·戈特曼等.培养高情商的孩子[M].付瑞娟,译.杭州:浙江人民出版社,2014.

张奇勇,卢家楣.情绪感染的概念与发生机制[J].心理科学进展,2013(09):1596—1604.

左世江,王芳,石霞飞,张啸.简单情绪感染及其研究困境[J].心理科学进展,2014(05):791—801.

Katharina Krmer,罗思阳.文化与社会交互对情绪知觉的影响[C].第十五届全国心理学学术会议论文集,广州,2012.

第三篇

白小波. 世界上最神奇的 24 堂情商课[M]. 北京：电子工业出版社，2012.
陈琛. 情商：决定一生成败的最关键因素[M]. 哈尔滨：黑龙江科学技术出版社，2008.
成杰. 我最想上的情商课[M]. 北京：中国华侨出版社，2012.
邓瑞雪. 情商的秘密：为什么情商比智商更重要[M]. 北京：外文出版社，2013.
董妍，王琦，邢采. 积极情绪与身心健康关系研究的进展[J]. 心理科学，2012（02）：487—493.
高红敏. 人体情绪使用手册[M]. 海口：南海出版公司，2009.
胡宝林. 情商决定命运[M]. 北京：光明日报出版社，2012.
开治中. 爱情满意度与包容及情的关系[J]. 中国健康心理学杂志，2013（09）：1424—1426.
克里斯汀·韦尔丁. 情商：令你变得更卓越[M]. 尧俊芳，译. 天津：天津教育出版社，2009.
李百珍，王凯，李静. 人际关系的协调[M]. 北京：科学普及出版社，2013.
李剑峰. 情商决定一切：让你成为情商高手的 6 大方法[M]. 北京：台海出版社，2006.
李响. 情绪表达性对人际关系的影响概述[J]. 社会心理科学，2011（09）：12—14.
龙玉川，唐平，张涛. 364 名大学生的情商和智商高低对学习成绩影响的相关性研究[J]. 泸州医学院学报，2002（02）：185—186.
罗辉辉，孙飞. 情绪宣泄方式与心理健康的关系研究[J]. 科协论坛（下半月），2010（09）：62—63.
马银文. 决定一生的 10 堂情商课[M]. 北京：台海出版社，2012.
牧之. 三分智商七分情商[M]. 武汉：华中科技大学出版社，2012.
祁凯. 哈佛最神奇的情商课：经典励志珍藏版[M]. 北京：中国纺织出版社，2011.
千高原. 幽默与人际关系[M]. 南京：江苏美术出版社，2012.
尚芳子. 哈佛最经典的 12 堂情商课[M]. 北京：北京工业大学出版社，2011.
石若坤. 每天一堂情商课[M]. 北京：北京工业大学出版社，2011.
苏山. 哈佛最神奇的 8 堂情商课[M]. 北京：中国言实出版社，2012.
汪海彬，卢家楣，陈宁. 情绪智力的基础：情绪觉察的研究现状与展望[J]. 心理科学，2013（03）：748—752.
西武. 哈佛情商课[M]. 北京：新世界出版社，2009.
徐宪江. 哈佛情商课全集[M]. 北京：中国城市出版社，2011.
姚先桥. 职场情商 9 堂课[M]. 北京：中国财富出版社，2013.
叶一舵. 心理健康标准及其研究的再认识[J]. 东南学术，2001(06)：169—175.
约翰·格雷. 男人来自火星，女人来自金星[M]. 苏晴，译. 北京：中央编译出版社，1996.
约翰·辛德勒. 情绪是健康的良药[M]. 邱宏，译. 北京：群言出版社，2006.
曾国平. 培养高情商孩子[M]. 重庆：重庆大学出版社，2011.
曾莉. 把情商当回事：卓越人生必备的元技能[M]. 北京：商务印书馆，2012.
曾莉. 情商 15 课：人生早晚要补的课[M]. 北京：中信出版社，2013.
张婧. 情商左右你的职业生涯[M]. 北京：朝华出版社，2010.
张佩云. 家庭教育应重视对孩子的情商培养[J]. 绍兴文理学院学报，2001(S1)：127—129.

赵简,孙健敏,张西超.情绪调节策略对工作家庭关系的影响:情绪的中介作用[J].中国临床心理学杂志,2012(06):861—864.

志刚.情商决定成败[M].北京:中国华侨出版社,2011.

庄明科.乔哈里视窗:帮助人们实现有效沟通[N].健康报,2012-07-20(6).

第四篇

陈静,张珊云.中学生厌学心理及原因调查分析[J].职业与健康,2001(08):66—67.

丹尼尔·戈尔曼等.情商:为什么情商比智商更重要[M].北京:中信出版社,2010.

杜萍.大学生人际交往不良论析[J].重庆大学学报(社会科学版),1999(02):80—82.

杜亚松.儿童青少年情绪障碍的常见类型及防治[J].中国儿童保健杂志,2005(03):231—234.

方俊明.特殊教育学[M].北京:人民教育出版社,2005.

方双虎.学生厌学的心理卫生学分析[J].教育评论,1997(02):34—36.

高艳霞.儿童抑制加工的认知神经机制——来自试听跨通道的 ERP 证据[D].山东师范大学硕士论文,山东,2009.

郭秀英,喻兴波.中学生厌学原因及对策分析[J].吉林省教育学院学报(上旬),2013(02):43—44.

黄红.儿童情绪障碍及其他常见心理行为障碍[J].实用儿科临床杂志,2006(23):1678—1680.

黄俊官.青少年网络成瘾原因及解决对策研究[J].教育与职业,2006(32):182—183.

姜季妍,李晓非,任传波,杜亚松.儿童少年情绪障碍260例分析[J].中国全科医学,2003(03):229—230.

李永鑫,张阔,赵国祥.教师工作倦怠研究综述[J].心理与行为研究,2005(03):234—238.

理查德·格里格,菲利普·津巴多.心理学与生活[M].王垒,王甦,等,译.北京:人民邮电出版社,2003.

卢家楣.对情绪智力概念的探讨[J].心理科学,2005(05):1246—1249.

欧居湖.青少年学生网络成瘾问题研究[D].西南师范大学硕士论文,重庆,2003.

申自力,刘丽琼,崔建华,陈力,彭茹静,刘宁.我国中小学生厌学研究存在的问题[J].现代中小学教育,2013(04):64—67.

童辉杰.孤独、抑郁、焦虑与心理控制源[J].中国临床心理学杂志,2001(03):196—197.

王维宇.上海大学生网络成瘾的成因研究[D].上海师范大学硕士论文,上海,2005.

王希林,任桂英,赵晓明.孤独、抑郁情绪及其相互关系探讨[J].中国心理卫生杂志,2000(06):367—370.

王云辉.大学生人际交往心理特征及问题应对[J].湖南省社会主义学院学报,2008(04):57—58.

魏晓娟,岳慧兰.儿童攻击性行为的影响因素及预防和矫正[J].内蒙古师范大学学报(教育科学版),2002(04):52—55.

徐小燕,张进辅.巴昂的情绪智力模型及情商量表简介[J].心理科学杂志,2002(03):332—335.

许又新.神经症(第二版)[M].北京:北京大学医学出版社,2008.

薛萍.当前青少年厌学情绪浅析[J].宿州师专学报,2001(04):82—84.

亚伯·艾里斯,凯瑟琳·麦克赖瑞.理情行为治疗[M].刘小菁,译.成都:四川大学出版社,2005.

阎克乐,张文彩,张月娟,封文波,袁立壮,王兰爽,唐一源.心率变异性在心身疾病和情绪障碍研究中的应用[J].心理科学进展,2006(02):261—266.

于春燕.青少年网络成瘾原因研究综述[J].哈尔滨工业大学学报(社会科学版),2008(04):42—47.

于宗富,张朝.网络成瘾原因研究新进展[J].中国现代医学杂志,2011(05):621—625.

张海青.青少年网络成瘾原因及对策[J].合作经济与科技,2010(04):122—123.

张雯,刘亚茵,张日昇.团体箱庭疗法对人际交往不良大学生的治疗过程与效果研究[J].中国临床心理学杂志,2010(02):264—265.

第五篇

韩玺英,廖凤林.情绪智力:模型介绍、异同点比较及评价[J].信阳师范学院学报(哲学社会科学版),2007(03):54—57.

刘秀丽,张娜.特质情绪智力的理论与研究[J].学术交流,2012(09):45—50.

刘艳梅.Schutte情绪智力量表的修订及特点研究[D].西南大学硕士论文,重庆,2008.

王娟,王伟.情绪智力量表述评[J].河南社会科学,2008(S1):54—56.

王小慧.情绪智力技能问卷(中文版)试用报告[D].华东师范大学硕士论文,上海,2001.

王叶飞.情绪智力量表中文版的信效度研究[D].中南大学硕士论文,长沙,2010.

徐小燕.大学生情绪智力量表的编制与实测[D].西南师范大学硕士论文,重庆,2003.

徐小燕,张进辅.情绪智力理论的发展综述[J].西南师范大学学报(人文社会科学版),2002(06):77—82.

许远理.情绪智力组合理论的建构与实证研究[D].首都师范大学博士论文,北京,2004.

许远理,李亦菲.情感智力"9要素"理论建构及量化研究[J].信阳师范学院学报(哲学社会科学版),2000(02):47—50.

张闻.巴昂情绪智力量表(青少年版)的修订及试用[D].西南大学硕士论文,重庆,2007.

竺培梁.情绪智力的概念、结构和测量[J].外国中小学教育,2008(11):38—43.

E. J. Austin. Measurement of Ability Emotional Intelligence: Results for Two New Tests[J]. British Journal of Psychology, 2010, 101(3): 563 - 578.

G. Blickle, T. Momm, Y. Liu, A. Witzki, & R. Steinmayr. Construct Validation of the Test of Emotional Intelligence (TEMINT): A Two-Study Investigation[J]. European Journal of Psychological Assessment, 2011, 27(4): 282 - 289.

C. MacCann, & R. D. Roberts. New Paradigms for Assessing Emotional Intelligence: Theory and Data[J]. Emotion, 2008, 8(4): 540 - 551.